複素関数論

複素関数論

森　正武
杉原正顯　著

岩波書店

まえがき

　コンピュータとそれに続く IT 環境の発展とも相まって，工学や自然科学の分野で"応用できる数学"の役割が一段と大きくなっている．複素関数論はその応用できる数学の典型の一つである．さらにいえば，複素関数論は"応用できる数学"の基盤を支えるものである．Fourier 解析，Laplace 解析はもとより，常微分方程式，偏微分方程式，固有値問題など，複素関数論がその基盤を支えている分野は数え上げればきりがない．

　このような状況に応えて，1993 年岩波講座応用数学の中に 2 分冊として『複素関数論 I，II』が刊行された．本書はそれを 1 冊にまとめて単行本としたものである．読者の方々が本書を通じて"応用できる数学"への関心を少しでももって下さることを願っている．

　本書は，大学初年級の解析学の知識があれば十分読み進めることができる．前半では微分と積分を中心に複素関数の数学的枠組みを比較的丁寧に解説し，後半では応用を念頭に置いて，積分の計算，複素関数のいろいろな表示，等角写像の具体例等を中心に解説した．

　本書の内容構成は執筆者 2 名の合議によるものであるが，執筆の手順としては，第 1 章から第 4 章までは杉原が第一次原稿を書き，森がこれに加筆修正した．第 5 章以下は，杉原の意見を反映させながら，森が執筆した．

　最後に，本書の執筆に際して貴重な助言を下さった藤田宏先生に厚くお礼申し上げたい．また，原稿の誤りの訂正や問題解答の作成等に協力してくれた降籏大介，緒方秀教，松尾宇泰，森明子の諸君に感謝の意を表したい．

　　2003 年 3 月

　　　　　　　　　　　　　　　　　　　　　　　　　森　　正　武
　　　　　　　　　　　　　　　　　　　　　　　　　杉　原　正　顯

目次

まえがき

第 1 章 複素数 1
 §1.1 複素数 1
  (a) 複素数の導入 I 1
  (b) 複素数の導入 II 3
 §1.2 複素平面 5
  (a) 複素平面 5
  (b) 複素数の極形式 7
  (c) 平面幾何学概念の複素数による表示 13
 演習問題 17

第 2 章 複素数列と複素級数 19
 §2.1 複素数列 19
  (a) 極限の定義 19
  (b) Cauchy の収束定理 21
  (c) 極限の加減乗除 21
  (d) 極限の極形式による表現 22
  (e) 複素変数の指数関数 24
 §2.2 複素級数 25
  (a) 複素級数の和 25
  (b) 絶対収束級数 26
  (c) 複素級数に対する操作 28
 演習問題 30

第3章　複素変数の初等関数 ・・・・・・・・・・・ 33
§3.1　多項式 ・・・・・・・・・・・・・・・・・ 33
(a)　1次関数 ・・・・・・・・・・・・・・・・・ 35
(b)　2次関数 ・・・・・・・・・・・・・・・・・ 36
§3.2　有理関数 ・・・・・・・・・・・・・・・・・ 38
(a)　1次分数関数 ・・・・・・・・・・・・・・ 38
(b)　無限遠点と複素球面 ・・・・・・・・・・・ 41
(c)　2次分数関数 ・・・・・・・・・・・・・・ 43
§3.3　指数関数と三角関数 ・・・・・・・・・・・・ 45
(a)　指数関数 ・・・・・・・・・・・・・・・・ 45
(b)　Euler の公式 ・・・・・・・・・・・・・・ 47
(c)　三角関数 ・・・・・・・・・・・・・・・・ 47
§3.4　無理関数 ・・・・・・・・・・・・・・・・・ 50
(a)　平方根 $z^{1/2}$ ・・・・・・・・・・・・・ 50
(b)　関数 $(z^2-1)^{1/2}$ ・・・・・・・・・・・ 55
(c)　一般の無理関数と代数関数 ・・・・・・・・ 57
§3.5　対数関数 ・・・・・・・・・・・・・・・・・ 58
§3.6　一般のベキ乗関数 ・・・・・・・・・・・・・ 60
§3.7　逆三角関数 ・・・・・・・・・・・・・・・・ 62
演習問題 ・・・・・・・・・・・・・・・・・・・・ 64

第4章　複素関数の微分 ・・・・・・・・・・・・・ 67
§4.1　連続関数 ・・・・・・・・・・・・・・・・・ 67
(a)　連続性の定義 ・・・・・・・・・・・・・・ 67
(b)　連続関数の1次結合，積，商，合成 ・・・・・・・ 68
(c)　Re z, Im z, $|z|$, arg z の連続性 ・・・・・・ 69
(d)　複素関数の連続性と複素関数の実数部，虚数部の連続性 ・・ 69
§4.2　複素関数の極限 ・・・・・・・・・・・・・・ 71
(a)　極限の定義 ・・・・・・・・・・・・・・・・ 71
(b)　関数の1次結合，積，商の極限および合成関数の極限 ・ 72

§4.3 複素関数の微分 · · · · · · · · · · · · · · · 72
  (a) 微分の定義 · · · · · · · · · · · · · · · · · · 72
  (b) 定義域に関する仮定 · · · · · · · · · · · · · 73
  (c) 微分の基本的性質 · · · · · · · · · · · · · · 75
  (d) Cauchy-Riemann の微分方程式 · · · · · · · · 77
  (e) $\partial/\partial z$ と $\partial/\partial \bar{z}$ による演算 · · · · · · · · · · 82
  (f) 微分可能写像の等角性 · · · · · · · · · · · · 84
§4.4 正則関数 · · · · · · · · · · · · · · · · · · · 85
  (a) 正則性の定義 · · · · · · · · · · · · · · · · · 85
  (b) 正則関数の基本的性質 · · · · · · · · · · · · 87
  (c) 逆関数定理 · · · · · · · · · · · · · · · · · · 89
演習問題 · 90

第5章 複素積分と Cauchy の積分定理 · · · · · · · 93

§5.1 複素積分の導入 · · · · · · · · · · · · · · · 93
  (a) 実関数の積分 · · · · · · · · · · · · · · · · · 93
  (b) 複素積分の導入 · · · · · · · · · · · · · · · · 94
  (c) 複素積分の基本的性質 · · · · · · · · · · · · 99
  (d) 積分路の近似 · · · · · · · · · · · · · · · · 101
§5.2 Cauchy の積分定理 · · · · · · · · · · · · · 102
  (a) 原始関数 · · · · · · · · · · · · · · · · · · · 102
  (b) Cauchy の積分定理 · · · · · · · · · · · · · 104
  (c) 不定積分 · · · · · · · · · · · · · · · · · · · 110
  (d) 積分路の変更 · · · · · · · · · · · · · · · · 112
演習問題 · 117

第6章 Cauchy の積分公式と Taylor 展開 · · · · · 119

§6.1 Cauchy の積分公式 · · · · · · · · · · · · · 119
  (a) Cauchy の積分公式 · · · · · · · · · · · · · 119
  (b) 微分に対する Cauchy の積分公式 · · · · · · 122

- (c) Morera の定理 ・・・・・・・・・・・・・・・ 124
- §6.2 最大値原理 ・・・・・・・・・・・・・・・・・ 125
  - (a) 最大値原理 ・・・・・・・・・・・・・・・・ 125
  - (b) Liouville の定理 ・・・・・・・・・・・・・ 127
  - (c) 代数学の基本定理 ・・・・・・・・・・・・・ 128
- §6.3 関数のベキ級数展開と孤立特異点 ・・・・・・・ 129
  - (a) Taylor 展開 ・・・・・・・・・・・・・・・・ 129
  - (b) Laurent 展開 ・・・・・・・・・・・・・・・ 131
  - (c) 孤立特異点 ・・・・・・・・・・・・・・・・ 134
  - (d) 無限遠点を中心とする Laurent 展開 ・・・・・・ 137
  - (e) 有理形関数 ・・・・・・・・・・・・・・・・ 138
- 演習問題 ・・・・・・・・・・・・・・・・・・・・・ 139

第7章 留数定理と実積分の計算 ・・・・・・・・・・ 141
- §7.1 留数定理 ・・・・・・・・・・・・・・・・・・ 141
  - (a) 留数 ・・・・・・・・・・・・・・・・・・・ 141
  - (b) 無限遠点における留数 ・・・・・・・・・・・ 142
  - (c) 留数の計算法 ・・・・・・・・・・・・・・・ 143
- §7.2 実積分の計算 I ・・・・・・・・・・・・・・・ 146
  - (a) 有理関数の無限区間における積分 ・・・・・・・ 146
  - (b) 三角関数と有理関数の積の無限区間における積分 ・・・ 147
  - (c) 三角関数の有理関数の積分 ・・・・・・・・・・ 150
  - (d) Cauchy の主値積分 ・・・・・・・・・・・・・ 151
  - (e) 級数の総和 ・・・・・・・・・・・・・・・・ 152
- §7.3 実積分の計算 II ・・・・・・・・・・・・・・・ 155
  - (a) 有理関数の有限区間における積分 ・・・・・・・ 155
  - (b) 有理関数の半無限区間における積分 ・・・・・・ 160
  - (c) 代数関数の半無限区間における積分 ・・・・・・ 163
- §7.4 偏角の原理 ・・・・・・・・・・・・・・・・・ 165
  - (a) 偏角の原理 ・・・・・・・・・・・・・・・・ 165

(b)	Rouché の定理	167
演習問題		169

第 8 章　関数の表示 ... 173

- §8.1　複素関数列の収束 ... 173
  - (a)　関数列とその一様収束 ... 173
  - (b)　連続関数列の収束 ... 176
  - (c)　正則関数列の収束 ... 177
  - (d)　関数項級数とその収束 ... 179
- §8.2　ベキ級数とその収束 ... 181
  - (a)　ベキ級数と収束円 ... 181
  - (b)　ベキ級数の項別微分 ... 183
- §8.3　一致の定理と解析接続 ... 185
  - (a)　一致の定理 ... 185
  - (b)　解析接続 ... 187
- §8.4　整関数の無限乗積表示 ... 194
  - (a)　無限乗積とその収束 ... 194
  - (b)　整関数の無限乗積表示 ... 196
- §8.5　有理形関数の部分分数展開 ... 200
- §8.6　Γ 関数と鞍点法 ... 205
  - (a)　Γ 関数と解析接続 ... 205
  - (b)　Γ 関数と無限乗積 ... 206
  - (c)　Γ 関数の関係式と表示 ... 209
  - (d)　Γ 関数の積分表示 ... 210
  - (e)　正則関数の鞍点 ... 211
  - (f)　鞍点法 ... 213
- 演習問題 ... 215

第 9 章　等角写像とその応用 ... 219

- §9.1　1 次変換 ... 219

	(a)	1次変換の基本的性質	219
	(b)	1次変換の構成	222
§9.2		多価関数による写像	224
	(a)	Schwarz–Christoffel 変換	224
	(b)	長方形への変換	225
§9.3		境界値問題への応用	228
	(a)	複素ポテンシャル	228
	(b)	流れの問題への応用	229

演習問題 · 233
参考書 · 235
演習問題解答 · · · · · · · · · · · · · · · · · · · 237
索引 · 253

第1章

複素数

§1.1 複素数

(a) 複素数の導入 I

平方して -1 となる数を考え，これを i で表す：
$$i^2 = -1.$$
この i を**虚数単位**とよぶ．二つの実数 x, y に対して
$$x + iy$$
と表される数を**複素数**といい，x を**実数部**，y を**虚数部**という．複素数を z と書くとき，z の実数部を $\operatorname{Re} z$, 虚数部を $\operatorname{Im} z$ で表す．実数部が 0 の複素数をとくに**純虚数**とよぶ．虚数部が 0 の複素数は**実数**である．

二つの複素数 $z = x + iy$, $w = u + iv$ に対して，z と w が等しい：$z = w$ とは，$x = u$, $y = v$ を意味するものとする．また，複素数の計算は実数の計算と同じように行って，ただ i^2 を -1 で置き換えればよい．たとえば，二つの複素数 $z = x + iy$, $w = u + iv$ に対して四則演算 (加減乗除) は次のようになる．

$$\text{加法：} z + w = (x + u) + i(y + v) \tag{1.1}$$

$$\text{減法：} z - w = (x - u) + i(y - v) \tag{1.2}$$

$$\text{乗法：} zw = (xu - yv) + i(xv + yu) \tag{1.3}$$

$$\text{除法：} w \neq 0 \text{ のとき } \frac{z}{w} = \frac{xu + yv}{u^2 + v^2} + i\frac{yu - xv}{u^2 + v^2} \tag{1.4}$$

例 1.1 具体的計算例として，$\dfrac{(5+i)^4}{1+i}$ を上記の規則に則って計算すると

$$\frac{(5+\mathrm{i})^4}{1+\mathrm{i}} = \frac{5^4 + 4\cdot 5^3 \cdot \mathrm{i} + 6\cdot 5^2 \cdot \mathrm{i}^2 + 4\cdot 5 \cdot \mathrm{i}^3 + \mathrm{i}^4}{1+\mathrm{i}}$$
$$= \frac{476 + \mathrm{i}480}{1+\mathrm{i}} = \frac{956 + \mathrm{i}4}{2} = 478 + \mathrm{i}2$$

となる. □

複素数 $z = x + \mathrm{i}y$ に対して, $x - \mathrm{i}y$ を z の**共役複素数**といい, $\bar{z}$ で表す. 共役複素数に関して次の一連の関係式が成り立つ (証明は容易なので省略する).

$$\bar{\bar{z}} = z \tag{1.5}$$

$$\overline{z+w} = \bar{z} + \bar{w}, \quad \overline{z-w} = \bar{z} - \bar{w} \tag{1.6}$$

$$\overline{zw} = \bar{z}\bar{w}, \quad \overline{\left(\frac{z}{w}\right)} = \frac{\bar{z}}{\bar{w}} \ (w \neq 0) \tag{1.7}$$

$$\mathrm{Re}\, z = \frac{z + \bar{z}}{2}, \quad \mathrm{Im}\, z = \frac{z - \bar{z}}{2\mathrm{i}} \tag{1.8}$$

最後の式 (1.8) から自明ではあるが, 次の関係はしばしば役に立つ.

$$z \text{ が実数} \iff z = \bar{z} \tag{1.9}$$

$$z \text{ が純虚数} \iff z = -\bar{z} \tag{1.10}$$

実数の絶対値の拡張として, 複素数 $z = x + \mathrm{i}y$ の**絶対値**を $|z| = \sqrt{x^2 + y^2}$ と定義する (定理 1.1 参照). このとき, 次の関係が成り立つ.

(1) $|z| \geqq 0$ (等号成立は, z が 0 の場合に限る)

(2) $|\bar{z}| = |z|$ \hfill (1.11)

(3) $|z|^2 = z\bar{z}$ \hfill (1.12)

(4) $|zw| = |z||w|, \quad \left|\dfrac{z}{w}\right| = \dfrac{|z|}{|w|} \ (w \neq 0)$ \hfill (1.13)

(5) $|z + w| \leqq |z| + |w|$ (等号成立は, $z\bar{w}$ が 0 または正の実数の場合に限る. 演習問題 1.1 参照.) \hfill (1.14)

(6) $||z| - |w|| \leqq |z - w|$ \hfill (1.15)

［証明］ (1), (2) 絶対値の定義より, 自明である.

(3) $|z|^2 = x^2 + y^2 = (x + \mathrm{i}y)(x - \mathrm{i}y) = z\bar{z}$.

(4) (3) を用いると $|zw|^2 = zw\bar{z}\bar{w} = z\bar{z}w\bar{w} = |z|^2|w|^2$. この等式で平方根をとって, $|zw| = |z||w|$. 第 2 の等式は $|z| = |(z/w)w| = |z/w||w|$ (第 1 の等式を用いた) による.

(5) $|z+w|^2 \leq (|z|+|w|)^2$ を示せばよい. (3) を用いると, $|z+w|^2 - (|z|+|w|)^2$
$= z\bar{w} + \bar{z}w - 2|z||w| = 2(\text{Re}(z\bar{w}) - |z||w|)$. ここで, 一般に $\text{Re}\,z - |z| \leq 0$ (等号成立は z が 0 または正の実数の場合に限る) であるから, $\text{Re}(z\bar{w}) - |z||w|$
$= \text{Re}(z\bar{w}) - |z\bar{w}| \leq 0$ (等号成立は $z\bar{w}$ が 0 または正の実数の場合に限る) が成立ち, $|z+w|^2 - (|z|+|w|)^2 \leq 0$.

(6) (5) において, 二つの複素数を w, $z-w$ とすると, $|z| \leq |w| + |z-w|$. したがって, $|z| - |w| \leq |z-w|$. 同様に, (5) において, 二つの複素数を z, $w-z$ とすると, $|w| - |z| \leq |z-w|$. ゆえに, $|z-w| \geq \max(|z|-|w|, |w|-|z|)$
$= ||z| - |w||$. ∎

複素数の絶対値の特徴付けに関して次の定理が成り立つ (証明は演習問題 1.2 参照).

定理 1.1 (複素数の絶対値の特徴付け定理) 複素数 z に非負実数を対応させる関数 $\rho(z)$ が次の条件を満足するならば, $\rho(z) = |z|$ である.

(1) z が実数 x ならば, $\rho(x) = |x|$ ($=$ 実数 x の絶対値)

(2) $\rho(zw) = \rho(z)\rho(w)$

(3) $\rho(z+w) \leq \rho(z) + \rho(w)$

∎

つまり, 実数の絶対値の概念を複素数に拡張するにあたって, 実数の絶対値のもっていた重要な性質: $|xy| = |x||y|$, $|x+y| \leq |x| + |y|$ が成り立つことを要求すると, 複素数の絶対値は必然的にわれわれが先に定義したものになってしまうのである.

(b) 複素数の導入 II

上記の §1.1 (a) 複素数の導入 I を見れば, その演算は容易にできる. ところで, §1.1 (a) で述べた "二つの実数 x, y に対して $x + iy$ と表される数を複素数という" は複素数の定義として妥当であろうか. そもそも $+$ は何を意味するのか. また, iy は虚数単位 i に実数 y を乗じたものなのか. そのときの乗法の意味は何か.

上の定義は演算を先取りしていて, 定義として必ずしも妥当とはいえない. そ

こで,複素数が二つの実数 x, y から成る数であることを意識して,複素数を二つの実数 x, y の組 (x,y) と定義する.組の同等は,素直に,各成分が等しいときとする.そして,その四則演算は,(1.1) – (1.4) を意識して次のように定義する:

加法: $(x,y)+(u,v)=(x+u,y+v)$
減法: $(x,y)-(u,v)=(x-u,y-v)$
乗法: $(x,y)\cdot(u,v)=(xu-yv,xv+yu)$
除法: $\dfrac{(x,y)}{(u,v)}=\left(\dfrac{xu+yv}{u^2+v^2},\dfrac{yu-xv}{u^2+v^2}\right),\quad$ ただし $(u,v)\neq(0,0).$

このとき,特殊な形の複素数 $(x,0)$ を実数 x と同じものとみなす.このように見なしてよいのは,$(x,0)\leftrightarrow x$ という対応により,$(x,0)$ の形の複素数の四則演算: $(x,0)+(u,0)=(x+u,0)$, $(x,0)-(u,0)=(x-u,0)$, $(x,0)\cdot(u,0)=(xu,0)$, $\dfrac{(x,0)}{(u,0)}=\left(\dfrac{x}{u},0\right)$ が,実数の四則演算に完全に一致するからである.

さて,複素数 $(0,1)$ について,乗法の定義によって
$$(0,1)^2=(0,1)\cdot(0,1)=(-1,0)=-1$$
が成り立つ.最後の等式で,複素数 $(-1,0)$ が実数 -1 と同一視できることを用いた.したがって,$(0,1)$ を虚数単位とみなすことができ,これを i と書くことにする.すると,乗法と加法の定義によって,
$$(x,y)=(x,0)+(0,y)=(x,0)+(0,1)\cdot(y,0)=x+\mathrm{i}y.$$
これによれば,§1.1 (a) で述べた複素数の定義 "二つの実数 x, y に対して $x+\mathrm{i}y$ と表される数を複素数という" の意味も明らかであろう.

次に,複素数 (x,y) の計算が実数の計算と同じ形で実行できることを確かめる必要がある.本来ならば,まず実数の計算の基礎 (われわれが無意識のうちに行っている実数の計算が許されることの根拠) について論じるべきであろうが,ここでは,小平邦彦:解析入門(岩波基礎数学選書,岩波書店,1991)を参考文献として挙げるにとどめ,われわれが行っている実数の計算が許されるのは,次のような四則演算に関する基本的な法則が成り立つゆえであることを認めることにする.

$$\alpha + (\beta + \gamma) = (\alpha + \beta) + \gamma \quad \cdots \text{ 加法の結合法則}$$
$$\alpha + \beta = \beta + \alpha \quad \cdots \text{ 加法の交換法則}$$
$$\alpha + 0 = 0 + \alpha = \alpha$$
$$(\beta - \alpha) + \alpha = \beta$$
$$\alpha \cdot (\beta \cdot \gamma) = (\alpha \cdot \beta) \cdot \gamma \quad \cdots \text{ 乗法の結合法則}$$
$$\alpha \cdot \beta = \beta \cdot \alpha \quad \cdots \text{ 乗法の交換法則}$$
$$\alpha \cdot 1 = 1 \cdot \alpha = \alpha$$
$$\frac{\beta}{\alpha} \cdot \alpha = \beta \ (\alpha \neq 0)$$
$$\alpha \cdot (\beta + \gamma) = \alpha \cdot \beta + \alpha \cdot \gamma \quad \cdots \text{ 分配法則}$$

したがって,複素数の計算が実数と同じ形で実行できることを示すためには,上記の四則演算の基本的な法則が複素数の四則演算についても成り立つことを示せばよい.ただし,実数 x は複素数 $(x,0)$ と同一視するので,$0 = (0,0)$,$1 = (1,0)$ である.一つ一つの法則を確かめる作業は手数はかかるが容易なので,すべて読者の演習問題とする.

§1.2 複素平面

(a) 複素平面

実数は直線上の点として表される.複素数の場合,複素数は二つの実数によって決まるから,それを平面上の点で表してみようと考えることは至極自然なことである.つまり,平面上に直交座標をとり,その上の点 (x, y) が複素数 $z = x+iy$ を表していると考える.このように,平面上の各点が複素数を表すと考えたとき,その平面を**複素平面**という.以後,複素平面を記号 $\boldsymbol{C}$ で表す.このとき,座標軸の横軸,縦軸をそれぞれ**実軸**,**虚軸**といい,複素数 z を表す点を単に点 z という (図 1.1).複素平面も平面に他ならないから,さまざまな平面幾何学的概念 (点,直線,円,多角形,角度,距離などといった概念) は,複素平面上にも定義されていることに注意せよ.

複素数に関するいろいろな概念を複素平面上の幾何学的概念を用いて言い表すと,その意味が直観的に理解し易くなることがしばしばある.たとえば,複

素数 z の実数部 $\mathrm{Re}\,z$, 虚数部 $\mathrm{Im}\,z$ は点 z の横座標, 縦座標であり, z の共役複素数 $\bar{z}$ は点 z の実軸に関する対称点である. また, $z = x + \mathrm{i}y$ の絶対値 $|z| = \sqrt{x^2 + y^2}$ は点 z と原点 0 との距離であり, $z = x + \mathrm{i}y$ と $w = u + \mathrm{i}v$ の差の絶対値 $|z - w| = \sqrt{(x-u)^2 + (y-v)^2}$ は点 z と点 w との距離である (図 1.1).

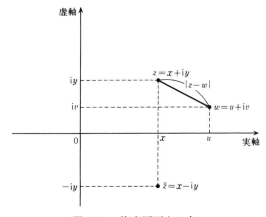

図 1.1　複素平面上の点

複素数 z を複素平面上の**ベクトル**と考えることが便利な場合もある. すなわち, 複素数 z を, 点 z を表す位置ベクトル $\overrightarrow{0z}$ (原点 0 を始点とし, 点 z を終点とするベクトル) を任意に平行移動して得られる**ベクトル**と考えるのである (図 1.2).

このように考えると, 複素数 z, w の和 $z + w$ や差 $z - w$ は, 図 1.3 (a), (b) のようにベクトルの和や差として表すことができる.

複素数を表すベクトルの大きさはその複素数の絶対値に等しいから, 図 1.3 (a) において, 三角形の二辺の長さの和は他の一辺の長さよりも大きいことより
$$|z| + |w| \geqq |z + w|,$$
また, 図 1.3 (b) において, 三角形の二辺の長さの差は他の一辺の長さよりも小さいことより
$$||z| - |w|| \leqq |z - w|$$
を得る. これらの不等式は, 先に複素数の絶対値の定義に従って計算によって導いたものである.

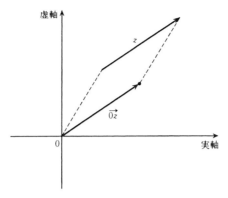

図 1.2　複素数とベクトル

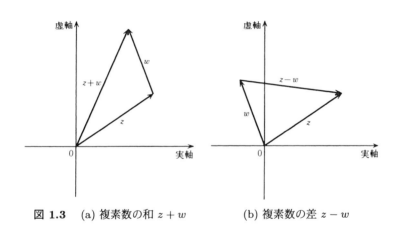

図 1.3　(a) 複素数の和 $z+w$　　(b) 複素数の差 $z-w$

(b)　複素数の極形式

§ 1.2 (a)において，平面上に直交座標をとり，座標 (x,y) をもつ点を複素数 $z = x + \mathrm{i}y$ と考えた．ところで，平面上の点は極座標によって表現できるから，複素数を"極座標形"で表現することもできるはずである．実際，直交座標 (x,y) をもつ点の極座標を (r,θ) (r = 動径の長さ，θ = 偏角) とすると，

$$x = r\cos\theta \quad y = r\sin\theta \tag{1.16}$$

が成り立つから，複素数 $z = x + \mathrm{i}y$ は

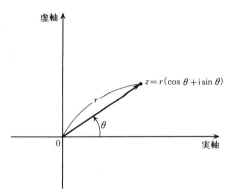

図 1.4　複素数の極形式

$$z = r(\cos\theta + \mathrm{i}\sin\theta) \tag{1.17}$$

と表現される．この複素数の表現を複素数の**極形式**という (図 1.4)．

r, θ を z に関する概念で表現すれば，r は，$r = \sqrt{x^2 + y^2}$ で与えられるから，z の**絶対値** $|z|$ であり，θ はベクトル $\overrightarrow{0z}$ と実軸の正の方向とのなす角である．θ を z の**偏角**といい，$\arg z$ で表す．ただし，偏角は一意には決まらない．実際，$z \neq 0$ のとき，偏角の特定の一つを θ_0 とすれば，$\theta_0 + 2n\pi$ $(n = 0, \pm 1, \pm 2, ...)$ のすべてが θ の候補になり，$z = 0$ のときはすべての実数が θ の候補になる．偏角はこれら θ の候補のうちの一つの値である．なお，$z \neq 0$ のとき，θ の範囲を $-\pi < \theta \leq \pi$ に制限すると，θ は一意に定まる．その値を偏角の**主値**[*1]といい，$\mathrm{Arg}\, z$ で表す．この偏角の主値を用いれば，$z\, (\neq 0)$ の偏角は

$$\arg z = \mathrm{Arg}\, z + 2m\pi \quad (m = \text{ある整数}) \tag{1.18}$$

と表現できる．

注意　複素数 $z = x + \mathrm{i}y\, (\neq 0)$ の偏角の主値 $\mathrm{Arg}\, z$ は，その定義から容易にわかるように，逆正接関数 Arctan (主値) を用いて次のように表すことができる．

$$\mathrm{Arg}\, z = \begin{cases} \mathrm{Arctan}\, \dfrac{y}{x} & (x \geq 0) \\ \mathrm{Arctan}\, \dfrac{y}{x} + \pi & (x < 0, y \geq 0) \\ \mathrm{Arctan}\, \dfrac{y}{x} - \pi & (x < 0, y < 0) \end{cases} \tag{1.19}$$

[*1] 主値としては他のとり方もある．たとえば $0 \leq \theta < 2\pi$ ととることもある．

例 1.2 極形式の例.

$$1 + \mathrm{i} = \sqrt{2}\left(\cos\frac{\pi}{4} + \mathrm{i}\sin\frac{\pi}{4}\right)$$

$$1 + \mathrm{i}\sqrt{3} = 2\left(\cos\frac{\pi}{3} + \mathrm{i}\sin\frac{\pi}{3}\right)$$

□

複素数の極形式に基づく複素数の同等,四則演算,共役複素数を調べておこう.二つの複素数 z, w が次のように極形式で表されているとする.

$$z = r(\cos\theta + \mathrm{i}\sin\theta)$$
$$w = s(\cos\phi + \mathrm{i}\sin\phi)$$

このとき,二つの複素数 z, w の同等 $z = w$ は,定義によって

$$r\cos\theta = s\cos\phi, \quad r\sin\theta = s\sin\phi$$

と同値である.これは,容易にわかるように,

$$\begin{cases} r = s = 0 \\ \text{または} \\ r = s \neq 0 \text{ かつ } \theta \equiv \phi \pmod{2\pi} \end{cases} \tag{1.20}$$

を意味する.$\theta \equiv \phi \pmod{2\pi}$ は,等号の両辺の値が 2π の整数倍を無視して等しいことを表す.この同等条件を z, w を用いて書けば,

$$\begin{cases} z = w = 0 \\ \text{または} \\ |z| = |w| \neq 0 \text{ かつ } \arg z \equiv \arg w \pmod{2\pi} \end{cases} \tag{1.21}$$

となる.

積 zw および商 z/w ($w \neq 0$) の極形式は,三角関数の加法定理を用いると次のように簡単に表現される.

$$\begin{aligned} zw &= rs((\cos\theta\cos\phi - \sin\theta\sin\phi) + \mathrm{i}(\sin\theta\cos\phi + \cos\theta\sin\phi)) \\ &= rs(\cos(\theta+\phi) + \mathrm{i}\sin(\theta+\phi)) \end{aligned} \tag{1.22}$$

$$\begin{aligned} \frac{z}{w} &= \frac{r}{s}((\cos\theta\cos\phi + \sin\theta\sin\phi) + \mathrm{i}(\sin\theta\cos\phi - \cos\theta\sin\phi)) \\ &= \frac{r}{s}(\cos(\theta-\phi) + \mathrm{i}\sin(\theta-\phi)) \end{aligned} \tag{1.23}$$

ここで，複素数の同等が (1.20) を意味することに注意すれば，これらの等式から絶対値および偏角に関する次の一連の等式を得る．

$$|zw| = |z||w|, \quad \left|\frac{z}{w}\right| = \frac{|z|}{|w|} \quad (w \neq 0)$$

$$\arg zw \equiv \arg z + \arg w \pmod{2\pi} \quad (z \neq 0, \ w \neq 0) \tag{1.24}$$

$$\arg \frac{z}{w} \equiv \arg z - \arg w \pmod{2\pi} \quad (z \neq 0, \ w \neq 0) \tag{1.25}$$

絶対値に関する等式は，§1.1 (a) で絶対値の定義に従って計算によって導いた等式 (1.13) と同じものである．

和 $z+w$ および差 $z-w$ の極形式は，積や商のようには簡単に表現できない．

z の共役複素数 $\bar{z}$ の極形式は

$$\bar{z} = r(\cos\theta - i\sin\theta) = r(\cos(-\theta) + i\sin(-\theta)) \tag{1.26}$$

となる．この等式から，

$$|\bar{z}| = |z|, \quad \arg \bar{z} \equiv -\arg z \pmod{2\pi} \quad (z \neq 0). \tag{1.27}$$

絶対値に関する等式は，(1.11) と同じものである．

次に，ここで導いた極形式に関するいくつかの等式の応用例を挙げよう．

例 1.3 例 1.2 より，$1+i$, $1+i\sqrt{3}$ の極形式はそれぞれ $\sqrt{2}(\cos(\pi/4) + i\sin(\pi/4))$, $2(\cos(\pi/3) + i\sin(\pi/3))$ で与えられるから，その積および商の極形式は次のようになる．

$$(1+i)(1+i\sqrt{3}) = 2\sqrt{2}\left(\cos\frac{7\pi}{12} + i\sin\frac{7\pi}{12}\right)$$

$$\frac{1+i}{1+i\sqrt{3}} = \frac{1}{\sqrt{2}}\left(\cos\frac{-\pi}{12} + i\sin\frac{-\pi}{12}\right)$$

この等式から，$\cos(7\pi/12)$ などの値を陽に求めることができる．実際，この等式の左辺を複素数の積および商の定義に従って計算すると，それぞれ $(1-\sqrt{3}) + i(1+\sqrt{3})$, $(1+\sqrt{3})/4 + i(1-\sqrt{3})/4$ となり，実数部と虚数部を比較して

$$\cos\frac{7\pi}{12} = \sin\frac{-\pi}{12} = \frac{1-\sqrt{3}}{2\sqrt{2}},$$

$$\sin\frac{7\pi}{12} = \cos\frac{-\pi}{12} = \frac{1+\sqrt{3}}{2\sqrt{2}}$$

§1.2 複素平面

を得る． □

例 1.4 (Machin の公式)　例 1.1 で示した等式 $(5+i)^4/(1+i) = 478+i2$ から，(1.24)，(1.25) を用いて，偏角に関する次の等式を得る．

$$4\arg(5+i) - \arg(1+i) \equiv \arg(478+i2) \pmod{2\pi}$$

この等式で，(1.18)，(1.19) に注意して，偏角を逆正接関数 Arctan(主値) を用いて表現すれば，

$$4\operatorname{Arctan}\frac{1}{5} - \operatorname{Arctan} 1 \equiv \operatorname{Arctan}\frac{1}{239} \pmod{2\pi}.$$

ここで，$\operatorname{Arctan} 1 = \pi/4$，$0 < 4\operatorname{Arctan} 1/5 < \pi/2$ であるから，結局

$$\frac{\pi}{4} = 4\operatorname{Arctan}\frac{1}{5} - \operatorname{Arctan}\frac{1}{239}$$

を得る．この式は Machin の公式と呼ばれ，右辺を級数展開して π を数値計算するために用いることがある[*1]．　□

例 1.5 (i) **複素数の n 乗**　n を正の整数とするとき，(1.22) より $z = r(\cos\theta + i\sin\theta)$ の n 乗の極形式は

$$z^n = r^n(\cos n\theta + i\sin n\theta) \tag{1.28}$$

となる．この式で $r = 1$ とおいた式

$$(\cos\theta + i\sin\theta)^n = \cos n\theta + i\sin n\theta$$

を **de Moivre の公式**という．

(ii) **複素数の n 乗根**　(1.28) を用いることによって，複素数 $z = r(\cos\theta + i\sin\theta)$ の n 乗根 (正確には n 乗根の極形式) を求めることができる．$Z = R(\cos\Theta + i\sin\Theta)$ を z の n 乗根とすると，Z は 2 項方程式

$$Z^n = z$$

を満たすから，(1.28) の公式によって，

$$R^n(\cos n\Theta + i\sin n\Theta) = r(\cos\theta + i\sin\theta).$$

ここで，二つの複素数が同等であるための条件 (1.20) より，

$$R^n = r = 0$$

または

[*1] π の数値計算に関しては，J. M. Borwein and P. B. Borwein, Pi and the AGM, John Wiley & Sons, New York, 1987 などを参照せよ．

$$R^n = r \neq 0 \quad \text{かつ} \quad n\Theta \equiv \theta \pmod{2\pi}$$

が成り立つ．第 1 の条件は，$z = 0$ の n 乗根 Z が 0 であることを示している．また第 2 の条件は，$z \neq 0$ の n 乗根 $Z = R(\cos\Theta + i\sin\Theta)$ について

$$R = \sqrt[n]{r} \neq 0 \quad \text{かつ} \quad \Theta = \frac{\theta + 2k\pi}{n} \quad (k = \text{任意の整数})$$

であることを示している．ただし，k が動くとき対応する偏角をもつ Z が無限個の相異なる値をとるわけではない．k_1, k_2 を整数とするとき，$(\theta + 2k_1\pi)/n$, $(\theta + 2k_2\pi)/n$ を偏角にもつ Z の値は，$(\theta + 2k_1\pi)/n \equiv (\theta + 2k_2\pi)/n \pmod{2\pi}$，すなわち $k_1 \equiv k_2 \pmod{n}$ のとき相等しくなる．したがって，Z の相異なる値は

$$\Theta = \frac{\theta + 2k\pi}{n} \quad (k = 0, 1, 2, \cdots, n-1)$$

によってすべてを数え上げたことになる．結局，複素数 $z = r(\cos\theta + i\sin\theta)$ の n 乗根は次のようにまとめられる．

(1) $z = 0$ のとき，その n 乗根 Z は 0．

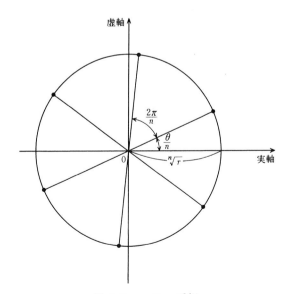

図 **1.5** z の n 乗根

(2) $z \neq 0$ のとき，その n 乗根 Z は n 個あり，それらは

$$Z = \sqrt[n]{r}\left(\cos\frac{\theta+2k\pi}{n} + i\sin\frac{\theta+2k\pi}{n}\right) \quad (k=0,1,2,\cdots,n-1) \qquad (1.29)$$

で与えられる．これらの値を複素平面上で考えれば，原点が中心で，半径 $\sqrt[n]{r}$ の円周の n 等分点である (図 1.5)．

以下，z の n 乗根を $z^{1/n}$ と表す．

(c) 平面幾何学概念の複素数による表示

ここでは，複素平面上のいくつかの幾何学概念を複素数を使って表す．

[**内分点**] 複素平面上の 2 点 α, β を結ぶ線分を $1:k$ に内分する点 γ を考える．k の符号によっては外分する点となるが，その場合も含めて内分する点と呼ぶことにする．容易にわかるように

$$\gamma = \frac{k\alpha + \beta}{k+1} \qquad (1.30)$$

である．とくに，α, β を結ぶ線分の中点は，(1.30) で $k=1$ とおいて

$$\frac{\alpha+\beta}{2}. \qquad (1.31)$$

[**二つのベクトルのなす角**] ベクトル $\overrightarrow{\alpha\beta}$ ($\neq \overrightarrow{0}$) とベクトル $\overrightarrow{\gamma\delta}$ ($\neq \overrightarrow{0}$) のなす角 θ は

$$\theta \equiv \arg\frac{\delta-\gamma}{\beta-\alpha} \pmod{2\pi}. \qquad (1.32)$$

[証明] まず，θ の定義によって $\theta =$ (ベクトル $\overrightarrow{\gamma\delta}$ が実軸の正の方向とのなす角) $-$ (ベクトル $\overrightarrow{\alpha\beta}$ が実軸の正の方向とのなす角) であるが，§1.2 (a) で見たように，ベクトル $\overrightarrow{\alpha\beta}, \overrightarrow{\gamma\delta}$ はそれぞれ複素数 $\beta-\alpha, \delta-\gamma$ で表されるから (図 1.3 (b) 参照)，ベクトル $\overrightarrow{\gamma\delta}$ およびベクトル $\overrightarrow{\alpha\beta}$ が実軸の正の方向となす角は，それぞれ $\delta-\gamma$ の偏角および $\beta-\alpha$ の偏角に等しい (2π の整数倍を無視する)．したがって，(1.25) より

$$\theta \equiv \arg(\delta-\gamma) - \arg(\beta-\alpha) \equiv \arg\frac{\delta-\gamma}{\beta-\alpha} \pmod{2\pi}.$$

[**二つのベクトルの平行条件と直交条件**]　(1.32) の応用として，ベクトル $\overrightarrow{\alpha\beta}$ とベクトル $\overrightarrow{\gamma\delta}$ が平行であるための条件，およびベクトル $\overrightarrow{\alpha\beta}$ とベクトル $\overrightarrow{\gamma\delta}$ が直交するための条件を与えよう．容易にわかるように，

$$\overrightarrow{\alpha\beta} \text{ と } \overrightarrow{\gamma\delta} \text{ が平行} \iff \arg\frac{\delta-\gamma}{\beta-\alpha} \equiv 0 \text{ または } \pi \pmod{2\pi}, \quad (1.33)$$

および

$$\overrightarrow{\alpha\beta} \text{ と } \overrightarrow{\gamma\delta} \text{ が直交} \iff \arg\frac{\delta-\gamma}{\beta-\alpha} \equiv \frac{\pi}{2} \text{ または } -\frac{\pi}{2} \pmod{2\pi} \quad (1.34)$$

が成り立つ．ここで，$z \neq 0$ について

$$\arg z \equiv 0 \text{ または } \pi \pmod{2\pi} \iff z \text{ が実数} \quad (1.35)$$

および

$$\arg z \equiv \frac{\pi}{2} \text{ または } -\frac{\pi}{2} \pmod{2\pi} \iff z \text{ が純虚数} \quad (1.36)$$

が成り立つことに注意すれば，(1.33), (1.34) は

$$\overrightarrow{\alpha\beta} \text{ と } \overrightarrow{\gamma\delta} \text{ が平行} \iff \frac{\delta-\gamma}{\beta-\alpha} \text{ が実数} \quad (1.37)$$

および

$$\overrightarrow{\alpha\beta} \text{ と } \overrightarrow{\gamma\delta} \text{ が直交} \iff \frac{\delta-\gamma}{\beta-\alpha} \text{ が純虚数} \quad (1.38)$$

と書くこともできる．

[**直線の方程式**]　(1.38) から，1点 z_1 を通り与えられた複素数 $\nu\,(\neq 0)$ に対応するベクトル $\overrightarrow{0\nu}$ に垂直な直線の方程式を容易に導くことができる．直線上の任意の点を z とすると，$z = z_1$ であるか，あるいは $\overrightarrow{z_1 z}\,(\neq \overrightarrow{0})$ が $\overrightarrow{0\nu}$ と直交するかのどちらかであるから，(1.38) から z は条件

$$z = z_1 \text{ または } z \neq z_1 \text{ かつ } \frac{z-z_1}{\nu} \text{ は純虚数}$$

を満たす．この条件は

$$\frac{z-z_1}{\nu} \text{ は純虚数}$$

のように簡単にまとめることができる．この条件は，さらに (1.10) より

§1.2 複素平面

$$\frac{z-z_1}{\nu} = -\overline{\left(\frac{z-z_1}{\nu}\right)} = -\frac{\bar{z}-\bar{z}_1}{\bar{\nu}}$$

と書くことができる．分母を払って簡単にすると

$$\bar{\nu}z + \nu\bar{z} = \bar{\nu}z_1 + \nu\bar{z}_1 \tag{1.39}$$

を得る．これが求める直線の方程式である．

(1.39) の右辺は実数でかつ定数であるから，これを c で表すと

$$\bar{\nu}z + \nu\bar{z} = c \qquad (\nu\,(\neq 0) = 複素数,\ c = 実数) \tag{1.40}$$

が成り立つ．実は，この方程式が複素数を用いたときの直線の方程式の一般形である．これを見るには，0 でない任意の複素数 ν と任意の実数 c に対して，(1.40) が (1.39) の形に変形できること，すなわち $c = \bar{\nu}z_1 + \nu\bar{z}_1$ を満たす z_1 が存在することを示せばよい．これは，$z_1 = (c/2)(\nu/|\nu|^2)$ とおけばよいことが容易にわかる．方程式 (1.40) は，点 $z_1 = (c/2)(\nu/|\nu|^2)$ を通り，複素数 ν に対応するベクトル $\overrightarrow{0\nu}$ に直交する直線を表しているわけである．

[**円の方程式**]　円は，定点から一定距離 $r > 0$ の点の集合である．したがって，定点を α，円上の任意の点を z とすると，

$$|z - \alpha| = r \quad (r > 0). \tag{1.41}$$

これが円の方程式である．絶対値を用いない表現を得るために，両辺を 2 乗して，(1.12) を用いて変形すると

$$z\bar{z} - \bar{\alpha}z - \alpha\bar{z} + \alpha\bar{\alpha} - r^2 = 0 \quad (r > 0). \tag{1.42}$$

ここで，$\alpha\bar{\alpha} - r^2$ は実数でかつ定数であるから，これを c で表すと

$$z\bar{z} - \bar{\alpha}z - \alpha\bar{z} + c = 0. \tag{1.43}$$

ただし，$r^2 > 0$ より $|\alpha|^2 > c$．(1.43) も複素数を用いたときの円の方程式である．

円の表現として，円周角を用いるものもある．平面幾何でよく知られているように，$\theta\ (0 < \theta < \pi)$ を与えられた実数とするとき，2 定点 α, β から点 z を見込む角 $\angle\alpha z\beta$ (= ベクトル $\overrightarrow{z\alpha}$ とベクトル $\overrightarrow{z\beta}$ のなす角) が θ または $\theta - \pi$ である点 z の軌跡は円である (正確にいうと，2 点 α, β は除く．図 1.6 (a) を参照)．この円の方程式は (1.32) より，

$$\arg\frac{\beta-z}{\alpha-z} \equiv \theta\ \ または\ \ \theta - \pi\ (\mathrm{mod}\ 2\pi) \tag{1.44}$$

で与えられる．この方程式から，(1.41) の形の円の方程式を導くことも容易であり，結果は $\varepsilon = \cos\theta + i\sin\theta$ とおくと

$$\left| z - \frac{\varepsilon\alpha - \bar{\varepsilon}\beta}{\varepsilon - \bar{\varepsilon}} \right| = \frac{|\alpha - \beta|}{|\varepsilon - \bar{\varepsilon}|} \tag{1.45}$$

となる (演習問題 1.5 参照)．なお，$\theta = 0, \pi$ のときは，(1.44) を満たす z の軌跡は α, β を通る直線になる．

(1.44) は $(\beta - z)/(\alpha - z)$ の偏角に関する条件であったが，$(\beta - z)/(\alpha - z)$ の絶対値に関する条件

$$\frac{|\beta - z|}{|\alpha - z|} = k \quad (k = \text{正の実数かつ} \neq 1) \tag{1.46}$$

からも円 (Apollonius の円という) が得られる (図 1.6 (b))．これを (1.41) の形の方程式に書けば，

$$\left| z - \frac{\beta - k^2\alpha}{1 - k^2} \right| = k\frac{|\beta - \alpha|}{|1 - k^2|} \tag{1.47}$$

となる (演習問題 1.6, 1.7 参照)．なお，$k = 1$ のときは，(1.46) を満たす z の軌跡は線分 $\alpha\beta$ の垂直二等分線になる．

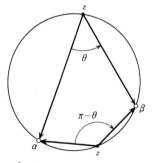

(a) 円周角を与えた円

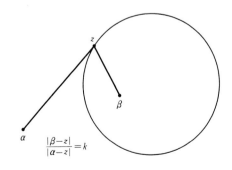

(b) Apollonius の円

図 **1.6**

演習問題

1.1 (三角不等式の等号成立条件の幾何学的意味) 絶対値に関する不等式 $|z+w| \leqq |z|+|w|$ の等号成立条件 "$z\bar{w}$ が 0 または正の実数の場合に限る" (式 (1.14) 参照) は，次の各条件とも同値であることを示せ．
(1) $z=0$, または $w=0$, または $z \neq 0, w \neq 0$ であってかつ $\arg w \equiv \arg z \pmod{2\pi}$.
(2) 複素平面上で 点 $0, z, w$ が同じ半直線上にある．

1.2 定理 1.1 (複素数の絶対値の特徴付け定理) を次の指示に従って証明せよ．
(1) $\rho(\mathrm{i}) = 1$ を示せ．
(2) θ を実数とするとき，任意の自然数 n に対して $\rho((\cos\theta + \mathrm{i}\sin\theta)^n) = \rho(\cos n\theta + \mathrm{i}\sin n\theta) \leqq 2$ が成り立つことを示し，$\rho(\cos\theta + \mathrm{i}\sin\theta) \leqq 1$ を示せ．
(3) (2) において θ の代わりに $-\theta$ を考えることによって，$\rho(\cos(-\theta) + \mathrm{i}\sin(-\theta)) \leqq 1$ を示せ．
(4) $\rho(\cos\theta + \mathrm{i}\sin\theta) = 1$ を示せ．
(5) $\rho(z) = |z|$ を示せ．

1.3 ($\pi/4$ を Arctan を用いて表す公式) 例 1.4 を参考にして，次の等式を証明せよ．
(1) $\dfrac{\pi}{4} = 5\operatorname{Arctan}\dfrac{1}{7} + 2\operatorname{Arctan}\dfrac{3}{79}$
(2) $\dfrac{\pi}{4} = \operatorname{Arctan}\dfrac{1}{2} + \operatorname{Arctan}\dfrac{1}{5} + \operatorname{Arctan}\dfrac{1}{8}$
(3) $\dfrac{\pi}{4} = 3\operatorname{Arctan}\dfrac{1}{4} + \operatorname{Arctan}\dfrac{1}{20} + \operatorname{Arctan}\dfrac{1}{1985}$
(4) $\dfrac{\pi}{4} = 6\operatorname{Arctan}\dfrac{1}{8} + 2\operatorname{Arctan}\dfrac{1}{57} + \operatorname{Arctan}\dfrac{1}{239}$

1.4 (sin, cos の多倍角公式) n を任意の自然数，θ を実数とするとき，次の等式 (sin, cos の多倍角公式) を証明せよ．
$$\sin n\theta = \sum_{k=0}^{[(n-1)/2]} (-1)^k \binom{n}{2k+1} \sin^{2k+1}\theta \cos^{n-2k-1}\theta$$
$$\cos n\theta = \sum_{k=0}^{[n/2]} (-1)^k \binom{n}{2k} \sin^{2k}\theta \cos^{n-2k}\theta$$

1.5 (1.44) より (1.45) を導け．

1.6 (1.46) より (1.47) を導け．

1.7 (1.46), (1.47) を用いて，次の Apollonius の定理を証明せよ．"2 定点 α, β からの距離の比 が $1:k\,(\neq 1)$ で一定であるような点 z は，線分 $\alpha\beta$ を $1:k$ に内分する点 γ と外分する点 δ を直径の両端とする定円周上にある．"

第2章
複素数列と複素級数

　第1章では主として複素数の四則演算などの代数的性質を扱ってきたが，複素関数の微分積分を展開するには，複素数の数列 (複素数列) や級数 (複素級数) およびその極限について考える必要がある．そこで本章では，複素数列や複素級数およびその極限を扱う．

§2.1　複素数列

(a)　極限の定義

　複素数列 $\{z_n\}$ の極限を定義しよう．複素数列は，二つの実数列 $\{\mathrm{Re}\, z_n\}$，$\{\mathrm{Im}\, z_n\}$ の線形和であるから，その極限を

$$\lim_{n\to\infty} z_n = \lim_{n\to\infty} \mathrm{Re}\, z_n + \mathrm{i} \lim_{n\to\infty} \mathrm{Im}\, z_n \tag{2.1}$$

と定義するのが自然であろう．

　定義 2.1　複素数列 $\{z_n\}$ の実数部，虚数部のなす実数列 $\{\mathrm{Re}\, z_n\}$，$\{\mathrm{Im}\, z_n\}$ がそれぞれ a，b に収束するとき，複素数列 $\{z_n\}$ は $a + \mathrm{i}b$ に収束するという．また，$a + \mathrm{i}b$ は複素数列 $\{z_n\}$ の極限値であるといい，

$$\lim_{n\to\infty} z_n = a + \mathrm{i}b \tag{2.2}$$

と書き表す．　　　　　　　　　　　　　　　　　　　　　　　　　　　　□

　一方，数列の極限の直観的定義 "数列 $\{z_n\}$ の各項 z_n が，n が限りなく大き

くなるにつれて一定の複素数 α に限りなく近づく" に対応して，複素数列の極限を

$$\lim_{n\to\infty} z_n = \alpha \iff \lim_{n\to\infty} |z_n - \alpha| = 0 \tag{2.3}$$

と定義することもまた自然である．これに従えば，複素数列 $\{z_n\}$ の極限の定義は次のようになる．

定義 2.1′ 複素数列 $\{z_n\}$ に対し，ある複素数 α が存在して $\lim_{n\to\infty} |z_n - \alpha| = 0$ となるとき，複素数列 $\{z_n\}$ は α に収束するという．また，α は複素数列 $\{z_n\}$ の極限値であるといい，

$$\lim_{n\to\infty} z_n = \alpha \tag{2.4}$$

と書き表す．　　　□

さて，当然予想されるように，次の定理が成り立つ．

定理 2.1 定義 2.1 による複素数列の極限の定義と定義 2.1′ による複素数列の極限の定義は同値である．

［証明］いま定義 2.1 の意味で極限が存在したとすると，$\lim_{n\to\infty} \mathrm{Re}\, z_n = a$, $\lim_{n\to\infty} \mathrm{Im}\, z_n = b$ で $\lim_{n\to\infty} z_n = a + ib$. このとき，$\alpha = a + ib$ とおくと，不等式 $|z_n - \alpha| \le |\mathrm{Re}\, z_n - a| + |\mathrm{Im}\, z_n - b|$ より，$\lim_{n\to\infty} |z_n - \alpha| = 0$. したがって，定義 2.1′ の意味で極限が存在し，$\lim_{n\to\infty} z_n = \alpha = a + ib$. 一方，定義 2.1′ の意味で極限が存在したとすると，$\lim_{n\to\infty} |z_n - \alpha| = 0$. このとき，$\alpha = a + ib$ とおくと，不等式 $|\mathrm{Re}\, z_n - a|, |\mathrm{Im}\, z_n - b| \le |z_n - \alpha|$ より，$\lim_{n\to\infty} |\mathrm{Re}\, z_n - a| = 0$, $\lim_{n\to\infty} |\mathrm{Im}\, z_n - b| = 0$, つまり，$\lim_{n\to\infty} \mathrm{Re}\, z_n = a$, $\lim_{n\to\infty} \mathrm{Im}\, z_n = b$. したがって，定義 2.1 の意味で極限が存在し，$\lim_{n\to\infty} z_n = a + ib = \alpha$.　　■

そこで，われわれは複素数列の極限の定義として，定義 2.1，定義 2.1′ の両方を採用し，以後，適宜都合のよい方の定義を使って議論を進めることにする．なお，実数列の極限の場合と同じように，複素数列 $\{z_n\}$ が α に収束するとき，

$$z_n \to \alpha \quad (n \to \infty)$$

と書くこともある．

また，極限の定義から明らかなように，次の定理が成り立つ．

定理 2.2 複素数列が収束するならば，その部分列 (もとの複素数列から任意に一部を抜き出してつくった複素数列) はもとの複素数列の極限に収束する． ∎

(b) Cauchy の収束定理

実数列が収束するか否かを判定するための基本的定理として，Cauchy の収束定理がある．複素数列に対してもそれと形式的にはまったく同じ次の収束定理が成り立つ．

定理 2.3 複素数列 $\{z_n\}$ が収束するための必要十分条件は，任意の正の実数 ε に対応して一つの自然数 n_0 が定まって

$$n > n_0, \ m > n_0 \quad \text{ならば} \quad |z_n - z_m| < \varepsilon \tag{2.5}$$

となることである．

［証明］まず必要性を示す．複素数列 $\{z_n\}$ が収束すれば，実数部，虚数部のなす実数列 $\{\operatorname{Re} z_n\}$, $\{\operatorname{Im} z_n\}$ が収束する (定義 2.1)．したがって，実数列に対する Cauchy の収束定理より，任意の正の実数 ε に対応して一つの自然数 n_0 が定まって，$n > n_0, \ m > n_0$ ならば $|\operatorname{Re} z_n - \operatorname{Re} z_m| < \varepsilon/2$, $|\operatorname{Im} z_n - \operatorname{Im} z_m| < \varepsilon/2$. これから，$|z_n - z_m| \leqq |\operatorname{Re} z_n - \operatorname{Re} z_m| + |\operatorname{Im} z_n - \operatorname{Im} z_m| < \varepsilon$ となり，(2.5) が満たされる．

逆に，(2.5) が成立すれば，不等式 $|\operatorname{Re} z_n - \operatorname{Re} z_m|$, $|\operatorname{Im} z_n - \operatorname{Im} z_m| \leqq |z_n - z_m|$ より，$|\operatorname{Re} z_n - \operatorname{Re} z_m| < \varepsilon$, $|\operatorname{Im} z_n - \operatorname{Im} z_m| < \varepsilon$. したがって，実数列に対する Cauchy の収束定理より，実数列 $\{\operatorname{Re} z_n\}$, $\{\operatorname{Im} z_n\}$ が収束し，定義 2.1 より，これは複素数列 $\{z_n\}$ が収束することを意味する． ∎

この定理によれば，極限を具体的に知らなくても，数列の収束性を判定できる．この意味で，この定理は非常に重要である．以後，われわれは複素数列の場合のこの定理も **Cauchy の収束定理**とよぶことにする．

(c) 極限の加減乗除

複素数列の極限の加減乗除は実数列のそれと形式的にはまったく同じである：

定理 2.4 二つの複素数列 $\{z_n\}$, $\{w_n\}$ が収束するとき，次の関係が成り立つ．

(1) $\displaystyle\lim_{n\to\infty}(z_n \pm w_n) = \lim_{n\to\infty} z_n \pm \lim_{n\to\infty} w_n$

(2) $\lim_{n\to\infty}(z_n w_n) = (\lim_{n\to\infty} z_n)(\lim_{n\to\infty} w_n)$

(3) $\lim_{n\to\infty}\dfrac{z_n}{w_n} = \dfrac{\lim_{n\to\infty} z_n}{\lim_{n\to\infty} w_n}$ （ただし，$\lim_{n\to\infty} w_n \neq 0$ とする）

[証明] 実数列の極限の加減乗除に関する定理の証明[*1]で，実数列を複素数列に，実数の絶対値を複素数の絶対値に換えれば，複素数列の場合の証明が得られる．このように実数列の場合の証明をただ形式的に書き換えればよいのは，複素数列の極限の定義 2.1′ が実数列の極限の定義と形式的にはまったく同じであり，実数列の場合の証明で用いられる実数の絶対値の性質が，形式的にそのまま複素数の絶対値についても成り立つからである． ∎

(d) 極限の極形式による表現

(2.1), (2.2) は複素数列の極限の定義を複素数の実数部と虚数部による表現を用いて表したものである．複素数の表現としては，実数部と虚数部による表現の他に極形式によるものがある．次に，複素数列の極限が極形式による表現を用いるとどのようになるか，すなわち複素数列の極限 (収束性) とその複素数列の絶対値と偏角のなす実数列の極限 (収束性) との関連について考えよう．

結果は大筋では次のようになると予想されるであろう．"複素数列 $\{z_n\}$ が α に収束すれば，複素数列の絶対値と偏角のなす実数列 $\{|z_n|\}$, $\{\arg z_n\}$ がそれぞれ $|\alpha|$, $\arg \alpha$ に収束し，逆に，$\{z_n\}$ の絶対値と偏角のなす実数列 $\{|z_n|\}$, $\{\arg z_n\}$ がそれぞれ r, θ に収束すれば，複素数列 $\{z_n\}$ が $\alpha = r(\cos\theta + i\sin\theta)$ に収束する．" これは大筋では正しいが，複素数 0 の偏角は不定であるから，$\alpha = 0$ の場合は別に取り扱う必要がある．厳密には，次のようになる．

定理 2.5[*2]

(1) $\lim_{n\to\infty} z_n = 0 \iff \lim_{n\to\infty} |z_n| = 0$ (2.6)

[*1] たとえば，小平邦彦：解析入門，岩波基礎数学選書，岩波書店，1991 (とくに，pp. 26–27, pp. 33–34) を参照．

[*2] $\lim_{n\to\infty} \theta_n \equiv \theta_\infty \pmod{2\pi} \iff$ ある θ_∞ に収束する実数列 $\{\Theta_n\}_{n=0}^{\infty}$ が存在して，$\theta_n \equiv \Theta_n \pmod{2\pi}$ $(n = 0, 1, \cdots)$．

(2–1) $\lim_{n\to\infty} z_n = \alpha \ (\neq 0)$

　　　$\Rightarrow$

　　$\lim_{n\to\infty} |z_n| = |\alpha| \ (\neq 0)$ かつ $\lim_{n\to\infty} \arg z_n \equiv \arg \alpha \pmod{2\pi}$ (2.7)

(2–2) $\lim_{n\to\infty} z_n = r(\cos\theta + \mathrm{i}\sin\theta) \ (\neq 0)$

　　　$\Leftarrow$

　　$\lim_{n\to\infty} |z_n| = r \ (\neq 0)$ かつ $\lim_{n\to\infty} \arg z_n \equiv \theta \pmod{2\pi}$ (2.8)

［証明］

(1) (2.6) は (2.3) で $\alpha = 0$ とおいたものであるから，極限の定義そのものである．

(2–1) 複素数列の各項 z_n および極限 α を極形式で表して
$$z_n = r_n(\cos\theta_n + \mathrm{i}\sin\theta_n), \qquad \alpha = r(\cos\theta + \mathrm{i}\sin\theta)$$
とおく．絶対値に関しては，
$$r_n = \sqrt{(\mathrm{Re}\,z_n)^2 + (\mathrm{Im}\,z_n)^2}, \qquad r = \sqrt{(\mathrm{Re}\,\alpha)^2 + (\mathrm{Im}\,\alpha)^2}$$
であるから，定義 2.1 および実数列の極限の性質によって

$$\lim_{n\to\infty} r_n = \lim_{n\to\infty} \sqrt{(\mathrm{Re}\,z_n)^2 + (\mathrm{Im}\,z_n)^2}$$
$$= \sqrt{(\mathrm{Re}\,\alpha)^2 + (\mathrm{Im}\,\alpha)^2} = r. \qquad (2.9)$$

したがって，$\lim_{n\to\infty} |z_n| = |\alpha| \ (\neq 0)$．次に，偏角について考える．$\alpha \neq 0 \ (\Leftrightarrow r \neq 0)$ とすると，α の偏角 θ が 2π の整数倍を無視して定まり，$\cos\theta = (\mathrm{Re}\,\alpha)/r$, $\sin\theta = (\mathrm{Im}\,\alpha)/r$．また，このとき十分大きな n に対して $z_n \neq 0$ となり，z_n の偏角 θ_n もまた 2π の整数倍を無視して定まり，$\cos\theta_n = (\mathrm{Re}\,z_n)/r_n$, $\sin\theta_n = (\mathrm{Im}\,z_n)/r_n$ が成り立つ．したがって，定義 2.1, (2.9) および実数列の極限の性質によって

$$\lim_{n\to\infty} \cos\theta_n = \lim_{n\to\infty} \frac{\mathrm{Re}\,z_n}{r_n} = \frac{\mathrm{Re}\,\alpha}{r} = \cos\theta,$$
$$\lim_{n\to\infty} \sin\theta_n = \lim_{n\to\infty} \frac{\mathrm{Im}\,z_n}{r_n} = \frac{\mathrm{Im}\,\alpha}{r} = \sin\theta.$$

これは，$\alpha \neq 0 \ (\Leftrightarrow r \neq 0)$ ならば次式が成り立つことを意味する．

$$\lim_{n\to\infty} \theta_n \equiv \theta \quad (\text{mod } 2\pi).$$

したがって，$\lim_{n\to\infty} \arg z_n \equiv \arg \alpha \quad (\text{mod } 2\pi)$．

(2-2) 実数列の極限の性質によって

$$\lim_{n\to\infty} \operatorname{Re} z_n = \lim_{n\to\infty} r_n \cos\theta_n = r\cos\theta = \operatorname{Re}\alpha,$$
$$\lim_{n\to\infty} \operatorname{Im} z_n = \lim_{n\to\infty} r_n \sin\theta_n = r\sin\theta = \operatorname{Im}\alpha.$$

したがって，定義 2.1 より $\lim_{n\to\infty} z_n = \alpha \; (\neq 0)$． ∎

(e) 複素変数の指数関数

ここでは，実変数の指数関数 e^x を複素変数の関数に拡張することを考える．微分積分学の初めに学ぶように，実変数の指数関数 e^x は実数列 $\{(1+x/n)^n\}$ の極限として表される：

$$\mathrm{e}^x = \lim_{n\to\infty} \left(1+\frac{x}{n}\right)^n \tag{2.10}$$

そこで，複素変数 $z = x+\mathrm{i}y$ の指数関数 e^z を複素数列 $\{(1+z/n)^n\}$ の極限

$$\mathrm{e}^z = \lim_{n\to\infty} \left(1+\frac{z}{n}\right)^n \tag{2.11}$$

として定義する．

(2.11) の右辺の極限について，その存在も含めて考察しよう．複素数列 $\{(1+z/n)^n\}$ $(z = x+\mathrm{i}y)$ の各項は n 個の複素数の積であるから，その極限を考えるには極形式が適している．

$$\log\left|\left(1+\frac{z}{n}\right)^n\right| = n\log\left|1+\frac{z}{n}\right| = \frac{n}{2}\log\left(\left(1+\frac{x}{n}\right)^2 + \frac{y^2}{n^2}\right)$$
$$= \frac{n}{2}\log\left(1+\frac{2x}{n}+\frac{x^2+y^2}{n^2}\right) \to x \quad (n\to\infty)$$

$$\arg\left(1+\frac{z}{n}\right)^n \equiv n\arg\left(1+\frac{z}{n}\right) \quad (\text{mod } 2\pi)$$
$$\equiv n\operatorname{Arctan}\frac{y}{n+x} \quad (\text{mod } 2\pi) \to y \quad (n\to\infty)$$

であるから，
$$\lim_{n\to\infty}\left|\left(1+\frac{z}{n}\right)^n\right|=\mathrm{e}^x,$$
$$\lim_{n\to\infty}\arg\left(1+\frac{z}{n}\right)^n\equiv y\pmod{2\pi}$$
が成り立つ．したがって，定理 2.5 より，
$$\lim_{n\to\infty}\left(1+\frac{z}{n}\right)^n=\mathrm{e}^x(\cos y+\mathrm{i}\sin y). \tag{2.12}$$

以上の考察より，(2.11) の右辺の極限が存在し，したがって，(2.11) は定義として意味があり，さらに，(2.11) で定義された複素変数の指数関数 e^z は，結局次のように実変数の指数関数と三角関数で表される関数であることがわかった：
$$\mathrm{e}^z=\mathrm{e}^x(\cos y+\mathrm{i}\sin y)\quad(z=x+\mathrm{i}y). \tag{2.13}$$
なお，指数関数 e^z を $\exp z$ と書くこともある．

ここで，複素変数の指数関数についても加法定理
$$\mathrm{e}^{z+w}=\mathrm{e}^z\mathrm{e}^w \tag{2.14}$$
が成立するかどうかみてみよう．$z=x+\mathrm{i}y$, $w=u+\mathrm{i}v$ とおいて，(2.14) の左辺を (2.13) および実変数の指数関数，三角関数の加法定理を用いて変形すると，
$$\begin{aligned}\mathrm{e}^{z+w}&=\mathrm{e}^{x+u}(\cos(y+v)+\mathrm{i}\sin(y+v))\\&=\mathrm{e}^x\mathrm{e}^u((\cos y\cos v-\sin y\sin v)+\mathrm{i}(\sin y\cos v+\cos y\sin v))\\&=\mathrm{e}^x\mathrm{e}^u(\cos y+\mathrm{i}\sin y)(\cos v+\mathrm{i}\sin v).\end{aligned}$$
この式の最右辺は $\mathrm{e}^z\mathrm{e}^w$ に他ならない．したがって，複素変数の指数関数についても加法定理が成り立つ．なお，(2.13) によらずに，複素変数の指数関数の定義 (2.11) に基づいて加法定理を証明することもできる (演習問題 2.1 参照)．複素変数の指数関数の加法定理以外の性質については，章を改めて次章において詳細に調べる．

§2.2 複素級数

(a) 複素級数の和

実数の級数の場合と同様に，複素数列 $\{z_n\}$ に対して各項を形式的に $+$ の記号でつないだ

$$z_1 + z_2 + z_3 + \cdots + z_n + \cdots$$

を**複素級数**とよび，これを

$$\sum_{n=1}^{\infty} z_n$$

と表す．また，級数 $\sum_{n=1}^{\infty} z_n$ の第 n 部分和

$$Z_n = z_1 + z_2 + \cdots + z_n$$

のなす複素数列 $\{Z_n\}$ が収束するとき，複素級数 $\sum_{n=1}^{\infty} z_n$ は**収束**するといい，$Z = \lim_{n\to\infty} Z_n$ をこの複素級数の和とよんで

$$Z = \sum_{n=1}^{\infty} z_n = z_1 + z_2 + z_3 + \cdots + z_n + \cdots$$

と書く．複素数列 $\{Z_n\}$ が収束しないとき，複素級数 $\sum_{n=1}^{\infty} z_n$ は**発散**するという．

以下，複素級数に関する諸結果を与えるが，その証明は，対応する実級数に関する結果の証明において実数列を複素数列に，実数の絶対値を複素数の絶対値に換えれば得られるので，すべて省略する．

定理 2.6 複素級数 $\sum_{n=1}^{\infty} z_n$ が収束するならば，$\lim_{n\to\infty} z_n = 0$． □

定理 2.7 (Cauchy の収束定理) 複素級数 $\sum_{n=1}^{\infty} z_n$ が収束するための必要十分条件は，任意の正の実数 ε に対応して一つの自然数 n_0 が定まって

$$n > m > n_0 \quad \text{ならば} \quad |z_{m+1} + z_{m+2} + \cdots + z_n| < \varepsilon \tag{2.15}$$

となることである． □

(b) 絶対収束級数

定義 2.2 複素級数 $\sum_{n=1}^{\infty} z_n$ の項の絶対値 $|z_n|$ を項とする実級数 $\sum_{n=1}^{\infty} |z_n|$ が収束するとき，複素級数 $\sum_{n=1}^{\infty} z_n$ は**絶対収束**するといい，また複素級数 $\sum_{n=1}^{\infty} z_n$ は**絶対収束級数**であるという． □

定理 2.8 絶対収束級数 $\sum_{n=1}^{\infty} z_n$ は収束する． □

定理 2.9 $\sum_{n=1}^{\infty} |z_n|$ が有限であることが，複素級数 $\sum_{n=1}^{\infty} z_n$ が絶対収束するための必要十分条件である． □

定理 2.10 収束する正項級数 $\sum_{n=1}^{\infty} M_n$ があって，十分大きなすべての n に対して不等式 $|z_n| \leq M_n$ が成り立つならば，複素級数 $\sum_{n=1}^{\infty} z_n$ は絶対収束する． □

§2.2 複素級数

例 2.1 z を任意の複素数として，複素級数 $\sum_{n=0}^{\infty} z^n/n!$ を考える．m を $m \geqq 2|z|$ ($\Leftrightarrow |z|/m \leqq 1/2$) なる自然数とすれば，$n \geqq m$ のとき

$$\frac{|z|^n}{n!} = \frac{|z|^m}{m!} \cdot \frac{|z|}{m+1} \cdot \frac{|z|}{m+2} \cdots \frac{|z|}{n} \leqq \frac{m^m}{2^m m!} \left(\frac{1}{2}\right)^{n-m} = \frac{m^m}{m!} \left(\frac{1}{2}\right)^n. \tag{2.16}$$

いま，$M_n = (m^m/m!)(1/2)^n$ とおけば，

$$\sum_{n=0}^{\infty} M_n = \frac{m^m}{m!} \sum_{n=0}^{\infty} \left(\frac{1}{2}\right)^n = \frac{2m^m}{m!}$$

であるから，定理 2.10 により，複素級数 $\sum_{n=0}^{\infty} z^n/n!$ は絶対収束する．

実は，複素級数 $\sum_{n=0}^{\infty} z^n/n!$ の和は，§ 2.1 (e) において定義した複素変数の指数関数 e^z の値に一致する：

$$\sum_{n=0}^{\infty} \frac{z^n}{n!} = e^z \quad \left(= \lim_{n\to\infty} \left(1 + \frac{z}{n}\right)^n\right). \tag{2.17}$$

これを証明しておこう．そのためには

$$\lim_{n\to\infty} \left\{\left(1 + \frac{z}{n}\right)^n - \sum_{k=0}^{n} \frac{z^k}{k!}\right\} = 0 \tag{2.18}$$

を示せばよい．二項定理によれば

$$\left(1 + \frac{z}{n}\right)^n = \sum_{k=0}^{n} \binom{n}{k} \frac{z^k}{n^k} = \sum_{k=0}^{n} \frac{1}{k!} \left(1 - \frac{1}{n}\right)\left(1 - \frac{2}{n}\right) \cdots \left(1 - \frac{k-1}{n}\right) z^k$$

が成り立つ．したがって，

$$\left(1 + \frac{z}{n}\right)^n - \sum_{k=0}^{n} \frac{z^k}{k!} = \sum_{k=0}^{n} \left(\left(1 - \frac{1}{n}\right)\left(1 - \frac{2}{n}\right) \cdots \left(1 - \frac{k-1}{n}\right) - 1\right) \frac{z^k}{k!} \tag{2.19}$$

となる．ここで，一見 "$n \to \infty$ のとき，(2.19) の右辺の各項は 0 に収束するから，(2.18) が成り立つ" と結論できるように思われる．しかし，この論理は正しくない．$n \to \infty$ のとき，(2.19) の右辺の各項は 0 に収束するかもしれないが，n の増加にともなって項の数も増加するから，(2.19) が全体として 0 に収束するとは結論できないのである (演習問題 2.2 参照)．

そこで，今の場合，次のように証明を進める．まず，(2.19) の右辺の $k = 0$

から n までの和を, $k=0$ から l までの和 S_1 と $k=l+1$ から n までの和 S_2 の二つに分ける. S_2 については, (2.16) より, $l \geqq m$ ならば

$$|S_2| \leqq \sum_{k=l+1}^{n} \frac{|z|^k}{k!} \leqq \frac{m^m}{m!} \sum_{k=l+1}^{n} \left(\frac{1}{2}\right)^k \leqq \frac{m^m}{m!} \sum_{k=l+1}^{\infty} \left(\frac{1}{2}\right)^k = \frac{m^m}{m! 2^l}$$

と評価されるから, $l \geqq m$ かつ任意に与えられた正の実数 ε に対して $m^m/(m! 2^l) < \varepsilon/2$ となるように l を定めれば, $n > l$ を満たす任意の自然数 n に対して $|S_2| < \varepsilon/2$ となる. さらに, このように定められた l を固定して n を十分大きくとれば $|S_1| < \varepsilon/2$ となるから, 結局十分大きな n に対して

$$\left|\left(1+\frac{z}{n}\right)^n - \sum_{k=0}^{n} \frac{z^k}{k!}\right| \leqq |S_1| + |S_2| < \varepsilon.$$

これは, (2.18) を意味する. □

(c) 複素級数に対する操作

[項のまとめ]

定理 2.11 複素級数 $\sum_{n=1}^{\infty} z_n$ が収束するならば, 続いている項をいくつかずつまとめてつくった複素級数, たとえば

$$z_1 + (z_2 + z_3) + (z_4 + z_5 + z_6) + \cdots$$

は収束し, その和はもとの級数の和に等しい. □

[項の順序交換]

定理 2.12 複素級数 $\sum_{n=1}^{\infty} z_n$ が絶対収束するならば, その項の順序を入れ換えてできる複素級数も絶対収束し, その和はもとの級数の和に等しい. □

[部分級数への分割]

定理 2.13 複素級数 $\sum_{n=1}^{\infty} z_n$ が絶対収束するならば, 級数を無数の部分複素級数 (有限級数であっても, 無限級数であってもよい) に分割しても, その各部分複素級数は絶対収束し, 級数の和は不変である. □

[加減法, 定数倍]

定理 2.14 二つの複素級数 $\sum_{n=1}^{\infty} z_n$, $\sum_{n=1}^{\infty} w_n$ が収束するとき,

(1) $\sum_{n=1}^{\infty} (z_n \pm w_n) = \sum_{n=1}^{\infty} z_n \pm \sum_{n=1}^{\infty} w_n$

(2) $\sum_{n=1}^{\infty} c z_n = c \left(\sum_{n=1}^{\infty} z_n\right)$ (c:複素定数). (2.20)

□

§2.2 複素級数

[乗法]

定理 2.15 二つの複素級数 $\sum_{n=1}^{\infty} z_n$, $\sum_{n=1}^{\infty} w_n$ が絶対収束ならば, $\sum_{n=1}^{\infty} z_n$ の任意の 1 項 z_j と $\sum_{n=1}^{\infty} w_n$ の任意の 1 項 w_k との積 $z_j w_k$ を任意の順序で加えて作った複素級数 $\sum z_j w_k$ も絶対収束で, その和は初めの二つの級数の和 Z, W の積 ZW に等しい.

$$\sum z_j w_k = \left(\sum_{n=1}^{\infty} z_n\right)\left(\sum_{n=1}^{\infty} w_n\right) \tag{2.21}$$

□

系 2.16 二つの複素級数 $\sum_{n=1}^{\infty} z_n$, $\sum_{n=1}^{\infty} w_n$ が絶対収束ならば,

$c_1 = z_1 w_1$, $c_2 = z_2 w_1 + z_1 w_2, \cdots, c_n = z_n w_1 + z_{n-1} w_2 + \cdots + z_1 w_n, \cdots$

とおいて得られる級数 $\sum_{n=1}^{\infty} c_n$ (**Cauchyの乗積級数**という) も絶対収束し, その和は初めの二つの級数の和 Z, W の積 ZW に等しい.

$$\sum_{n=1}^{\infty} c_n = \left(\sum_{n=1}^{\infty} z_n\right)\left(\sum_{n=1}^{\infty} w_n\right) \tag{2.22}$$

□

例 2.2 例 2.1 で示したように, 複素変数 z の指数関数 e^z は複素級数 $\sum_{n=0}^{\infty} z^n/n!$ に等しい. 系 2.16 の応用として, 指数関数のこの級数による表現を用いて, 指数関数の加法定理 $\mathrm{e}^{z+w} = \mathrm{e}^z \mathrm{e}^w$ (式 (2.14)) を証明してみよう. $\sum_{n=0}^{\infty} z^n/n!$ は絶対収束であるから, 系 2.16 より,

$$\mathrm{e}^z \mathrm{e}^w = \left(\sum_{n=0}^{\infty} \frac{z^n}{n!}\right)\left(\sum_{n=0}^{\infty} \frac{w^n}{n!}\right) = \sum_{n=0}^{\infty} \left(\sum_{j+k=n} \frac{z^j w^k}{j!k!}\right).$$

ここで, 二項定理によって

$$\sum_{j+k=n} \frac{z^j w^k}{j!k!} = \sum_{j=0}^{n} \binom{n}{j} \frac{z^j w^{n-j}}{n!} = \frac{(z+w)^n}{n!}.$$

ゆえに,

$$\mathrm{e}^z \mathrm{e}^w = \sum_{n=0}^{\infty} \frac{(z+w)^n}{n!} = \mathrm{e}^{z+w}.$$

□

演習問題

2.1

(1) 複素数 α に対して次の不等式が成立することを示せ.
$$\left|\left(1+\frac{\alpha}{n}\right)^n - 1\right| \leq e^{|\alpha|} - 1$$

(2) 複素数列 $\{\eta_n\}$ が 0 に収束するとき次式が成り立つことを示せ.
$$\lim_{n\to\infty}\left(1+\frac{\eta_n}{n}\right)^n = 1$$

(3) 複素変数の指数関数の定義 (2.11) に従って,次の指数関数の加法定理を証明せよ.
$$e^{z+w} = e^z e^w$$

2.2 次の (i), (ii) のように各項 s_n が有限級数で与えられる数列 $\{s_n\}$ を考える. [*1]

(i) $s_n = \sum_{k=1}^n a_k(n), \quad a_k(n) = \begin{cases} 0 & (k \neq n) \\ 1 & (k = n) \end{cases}$

(ii) $s_n = \sum_{k=1}^n a_k(n), \quad a_k(n) = 2^{-k} + 2^{k-n}$

(1) $n \to \infty$ のとき,各項 $a_k(n)$ の極限を求めよ.
(2) (1) の極限を b_k とする:$a_k(n) \to b_k\ (n \to \infty)$. このとき,$s_n \not\to \sum_{k=1}^\infty b_k$ を示せ.

2.3 各項が有限級数からなる複素数列 $\{s_n\}$, $s_n = \sum_{k=1}^n a_k(n)$, $n = 1, 2, 3, \cdots$ を考える. いま,収束する正項級数 $\sum_{n=1}^\infty M_k$ があって,十分大きなすべての k に対して不等式 $|a_k(n)| \leq M_k\ (n = 1, 2, 3, \cdots)$ が成り立つとする.このとき,各項について $a_k(n) \to b_k\ (n \to \infty)$ ならば,$s_n \to \sum_{k=1}^\infty b_k\ (n \to \infty)$ となることを証明せよ.

2.4 $|z| < 1$ ならば,複素級数 $\sum_{n=0}^\infty z^n$ は絶対収束し,その和は $1/(1-z)$ であることを証明せよ.

2.5 $|z| < 1$ ならば,複素級数 $\sum_{n=0}^\infty nz^n$ は絶対収束し,その和は $z/(1-z)^2$ で

[*1] 小平邦彦:解析入門,岩波基礎数学選書,岩波書店,1991(とくに pp. 71-72).

あることを証明せよ．(演習問題 2.4 の結果と系 2.16 の Cauchy の乗積級数を用いよ.)

2.6

(1) 指数関数の級数による表現 $\mathrm{e}^z = \sum_{n=0}^{\infty} z^n/n!$ を用いて，$\mathrm{e}^{\mathrm{i}y} = \cos y + \mathrm{i}\sin y$ を示せ．ただし，次の $\cos y$, $\sin y$ (y：実数) の Maclaurin 展開は既知とする．

$$\cos y = 1 - \frac{y^2}{2!} + \frac{y^4}{4!} + \cdots$$

$$\sin y = y - \frac{y^3}{3!} + \frac{y^5}{5!} + \cdots$$

(2) (1) の結果を用いて次式を示せ．

$$\mathrm{e}^z \left(= \sum_{n=0}^{\infty} \frac{z^n}{n!} \right) = \mathrm{e}^x(\cos y + \mathrm{i}\sin y)$$

第3章
複素変数の初等関数

第2章において実変数の指数関数を複素変数の関数に拡張した．ここでは，指数関数以外の実変数のいわゆる初等関数を複素変数の関数に拡張し，複素変数の指数関数とともにその基本的性質を調べる．複素変数の初等関数の導入とその直観的理解は，一般の複素変数の関数 (複素関数) の微分積分学を展開するにあたって不可欠なものである．

§3.1 多項式

実変数の初等関数のうち最も基本的な多項式を複素変数に拡張しよう．われわれは実変数の多項式が加減算と乗算だけで定義できることを知っており，一方，複素数の加減算と乗算はすでに §1.1 で定義してある．そこで，変数を z で表すとき，複素変数の**多項式**を

$$f(z) = a_n z^n + a_{n-1} z^{n-1} + \cdots + a_1 z + a_0 \quad (a_n, a_{n-1}, \cdots, a_0 \text{ は複素定数}) \quad (3.1)$$

と定義する．

次に，多項式のうち基本的な1次関数 $f(z) = a_1 z + a_0$ ($a_1 \neq 0$ とする) および2次関数 $f(z) = a_2 z^2 + a_1 z + a_0$ ($a_2 \neq 0$ とする) について調べてみよう．

ところで，実変数 x の関数 $f(x)$ を直観的に把握するためにはそのグラフを座標平面上に表示すればよいが，複素変数 z の関数 $f(z)$ の場合には，z に実2次元，$f(z)$ に実2次元の合計実4次元空間が必要であり，これを2次元の平面上に表すことはできない．そこで，複素変数の関数を直観的に把握するた

めに，ふつう次のような方法をとる．2枚の複素平面を用意し，1枚目の複素平面上にいくつかの適当な図形 $C_k(k = 1, 2, \cdots, n)$ を描き，変数 z が各 C_k 上を動いたときにできる像 $f(C_k) = \{f(z) \mid z \in C_k\}$ を2枚目の複素平面上に描く (図 3.1)．つまり，関数 f によって，複素平面上の図形がどのように**写像** (変換) されるかをみるのである．このとき，変数 z が動く複素平面上の点を変数と同じ文字 z で表し，その複素平面を z 平面とよび，また，像を考える複素平面上の点を関数値を表す文字，たとえば w，と同じ文字で表し，w 平面とよぶ．

なお，図形群 $C_k(k = 1, 2, \cdots, n)$ としては，実軸，虚軸に平行な直線群 (図 3.1 上) や，点 0 から放射状に出る半直線群と点 0 を中心とする同心円群 (図 3.1 下) などを用いることが多い．

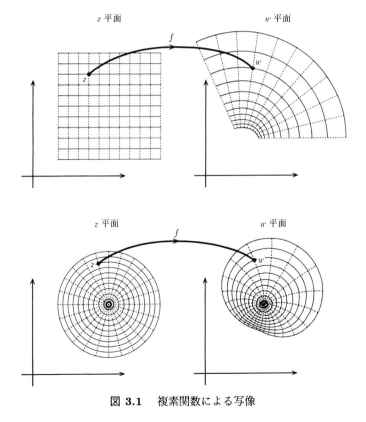

図 **3.1** 複素関数による写像

(a)　1次関数

1次関数
$$f(z) = a_1 z + a_0 \ (a_1 \neq 0)$$
を直観的に把握するために，z 平面上の図形 C の像 $f(C)$ がどのような図形に

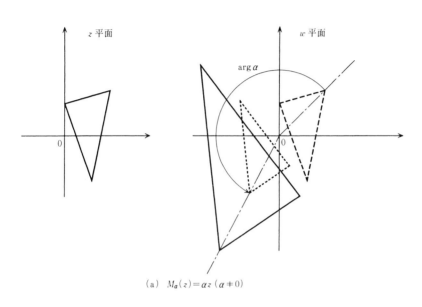

（a）　$M_\alpha(z) = \alpha z \ (\alpha \neq 0)$

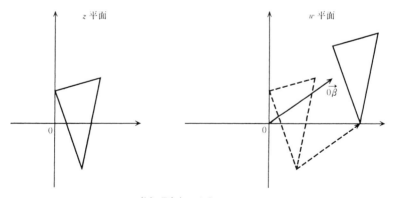

（b）　$T_\beta(z) = z + \beta$

図 **3.2**

なるか調べてみよう．1次関数 $f(z) = a_1 z + a_0$ $(a_1 \neq 0)$ は，二つの特殊な1次関数

$$M_\alpha(z) = \alpha z \quad (\alpha \neq 0) \tag{3.2}$$

$$T_\beta(z) = z + \beta \tag{3.3}$$

を用いれば，その合成関数として $f(z) = T_{a_0} \circ M_{a_1}(z)$ と表すことができる．M_α による z 平面上の図形 C の像 $M_\alpha(C)$ は，(1.22) および (1.24) から容易にわかるように，図形 C を 0 のまわりに角 $\arg \alpha$ だけ回転し，さらに 0 を中心として $|\alpha|$ 倍に拡大したものとなる（図 3.2(a)）．また，T_β による z 平面上の図形 C の像 $T_\beta(C)$ は，図形 C をベクトル $\overrightarrow{0\beta}$ だけ平行移動したものになる（図 3.2(b)）．

したがって，M_{a_1} と T_{a_0} の合成関数である1次関数 f による z 平面上の図形 C の像 $f(C)$ は，図形 C を 0 のまわりに角 $\arg a_1$ だけ回転し，次いで 0 を中心として $|a_1|$ 倍に拡大し，さらにベクトル $\overrightarrow{0a_0}$ だけ平行移動した図形となる．

(b)　2次関数

2次関数

$$f(z) = a_2 z^2 + a_1 z + a_0 \quad (a_2 \neq 0)$$

は，

$$f(z) = a_2 \left(z + \frac{a_1}{2a_2} \right)^2 + a_0 - \frac{a_1^2}{4a_2} = \alpha(z+\beta)^2 + \gamma,$$

$$\alpha = a_2, \quad \beta = \frac{a_1}{2a_2}, \quad \gamma = a_0 - \frac{a_1^2}{4a_2}$$

と変形できる．したがって $f(z)$ は，特殊な2次関数

$$Q(z) = z^2 \tag{3.4}$$

を用いれば，$f(z) = T_\gamma \circ M_\alpha \circ Q \circ T_\beta(z)$ のように合成関数の形に表すことができる．ここで，T_γ, M_α などは §3.1 (a) において導入した1次関数である．1次関数 T_γ, M_α, T_β による写像についてはすでに調べたので，2次関数 $Q(z) = z^2$ が問題となる．z 平面上の実軸，虚軸に平行な直線群や，0 から放射状に出る半直線群と同心円群が2次関数 $Q(z) = z^2$ によって w 平面にどのように写像されるかみてみよう．

§3.1 多項式

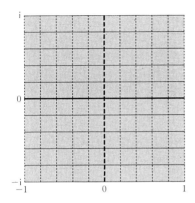
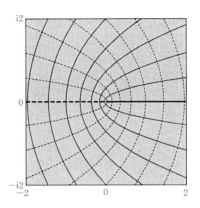

図 3.3 実軸，虚軸に平行な直線群とその $Q(z) = z^2$ による像

[$Q(z) = z^2$ による実軸，虚軸に平行な直線群の像] z 平面の虚軸に平行な直線 $\operatorname{Re} z = a$ の $Q(z) = z^2$ による像上の任意の点 w が満たすべき方程式を求めよう．まず，$\operatorname{Re} z = a$ は，(1.8) を用いて書き換えると，$(z + \bar{z})/2 = a$ となる．この式の両辺を平方し，(1.12)，(1.13)，(1.8) を用いると，

$$\left(\frac{z + \bar{z}}{2}\right)^2 = \frac{|z^2| + \operatorname{Re} z^2}{2} = \frac{|w| + \operatorname{Re} w}{2} = a^2$$

となる．したがって，w は方程式

$$|w| = 2a^2 - \operatorname{Re} w \tag{3.5}$$

を満たす．この式は，w から 0 への距離と w から直線 $\operatorname{Re} w = 2a^2$ への距離が等しいことを示している．したがって，この方程式によって表現される図形は，解析幾何学でよく知られているように，点 0 を焦点とし，直線 $\operatorname{Re} w = 2a^2$ を準線にもつ放物線である (図 3.3)．実軸に平行な直線 $\operatorname{Im} z = b$ の $Q(z) = z^2$ による像に関しても，像上の点 w が方程式

$$|w| = \operatorname{Re} w + 2b^2 \tag{3.6}$$

を満たすことを示すことができる．この方程式によって表現される図形は，点 0 を焦点とし，直線 $\operatorname{Re} w = -2b^2$ を準線にもつ放物線である (図 3.3)．図 3.3 において，$\operatorname{Re} z = a$，$\operatorname{Im} z = b$ の像である放物線どうしが互いに直交していること，すなわち交点において接線が直交していることに注意せよ (演習問題 3.1)．これは偶然ではなく，直交する二つの放物線を生じたもとの二つの直線が直交

していることと密接に関係しているのであって，§4.3(f) においてその理由が明らかにされる．

[$Q(z) = z^2$ による 0 から放射状に出る半直線群と同心円群の像] z 平面上の点 z を極形式で $r(\cos\theta + i\sin\theta)$ と表すと，z の $Q(z) = z^2$ による像 w は，(1.28) より，

$$w = z^2 = r^2(\cos 2\theta + i\sin 2\theta) \tag{3.7}$$

で与えられる．したがって，0 を始点とし実軸の正の部分とのなす角が θ である半直線 $\arg z = \theta$ の像は，$\arg w = 2\theta$，つまり 0 を始点とし実軸の正の部分とのなす角がもとの半直線のときの 2 倍の 2θ である半直線となる．また，0 を中心とする半径 r の円の像は，0 を中心とする半径 r^2 の円となる．

§3.2 有理関数

多項式に次いで基本的な有理関数を複素変数に拡張しよう．複素変数の多項式は §3.1 で，また複素数の除算はすでに §1.1 で定義してある．そこで，実変数の有理関数と同様に，二つの複素変数の多項式の比

$$f(z) = \frac{a_m z^m + a_{m-1} z^{m-1} + \cdots + a_1 z + a_0}{b_n z^n + b_{n-1} z^{n-1} + \cdots + b_1 z + b_0} \tag{3.8}$$

を複素変数の**有理関数**と定義する．ただし，a_m, a_{m-1}, $\cdots$, a_1, a_0, b_n, b_{n-1}, $\cdots$, b_1, b_0 は複素定数である．

次に，有理関数のうち基本的な，1 次分数関数 $f(z) = (a_1 z + a_0)/(b_1 z + b_0)$ と 2 次分数関数 $f(z) = (a_2 z^2 + a_1 z + a_0)/(b_2 z^2 + b_1 z + b_0)$ について調べてみよう．

(a) 1 次分数関数

まず 1 次分数関数

$$f(z) = \frac{a_1 z + a_0}{b_1 z + b_0} \tag{3.9}$$

を考える．ただし，a_1, b_1 は同時には 0 にならないとし，また，分母，分子が共通因子をもたない，つまり共通根をもたないとする．この 1 次分数関数は簡

単に見えるが，関数論における諸々の本質的な結果と深く関係しており，見かけ以上に重要な関数である．ここでは，ごく基本的なことのみを調べる．より詳細な性質については，後に等角写像の章において述べる．$b_1 = 0$ の場合は1次関数に帰着されるので，$b_1 \neq 0$ とする．このとき，1次分数関数 (3.9) は

$$f(z) = \frac{\dfrac{a_0 b_1 - a_1 b_0}{b_1^2}}{z + \dfrac{b_0}{b_1}} + \frac{a_1}{b_1} = \frac{\alpha}{z + \beta} + \gamma,$$

$$\alpha = \frac{a_0 b_1 - a_1 b_0}{b_1^2}, \quad \beta = \frac{b_0}{b_1}, \quad \gamma = \frac{a_1}{b_1}$$

の形に変形できる．したがって，$f(z)$ は，特殊な1次分数関数

$$I(z) = \frac{1}{z} \tag{3.10}$$

を用いれば，$f(z) = T_\gamma \circ M_\alpha \circ I \circ T_\beta(z)$ のように合成関数の形に表すことができる．そこで，関数 $I(z) = 1/z$ が問題となる．z 平面上の実軸，虚軸に平行な直線群や 0 から放射状に出る半直線群と同心円群が，1次分数関数 $I(z) = 1/z$ によって w 平面にどのように写像されるかみてみよう．

[$I(z) = 1/z$ による実軸，虚軸に平行な直線群の像]　z 平面の虚軸に平行な直線 $\operatorname{Re} z = a$ の $I(z) = 1/z$ による像上の任意の点 w が満たすべき方程式を求めてみる．まず，$\operatorname{Re} z = a$ は，(1.8) を用いて書き換えると，$(z + \bar{z})/2 = a$ となる．この式に，$w = I(z) = 1/z$ より得られる $z = 1/w$ を代入すると，

$$\frac{1}{2}\left(\frac{1}{w} + \frac{1}{\bar{w}}\right) = a$$

となり，この式で分母を払って，次の w の方程式を得る．

$$2a|w|^2 - w - \bar{w} = 0. \tag{3.11}$$

この方程式が表す図形は次のようになる．(i) $a = 0$ のとき (直線 $\operatorname{Re} z = 0$ の像のとき)，$-w - \bar{w} = -2\operatorname{Re} w = 0$，つまり直線 $\operatorname{Re} w = 0$．(ii) $a \neq 0$ のとき (直線 $\operatorname{Re} z \neq 0$ の像のとき)，$|w - \alpha| = |\alpha|$, $\alpha = 1/(2a)$，つまり (i) の直線に点 0 で接する円群 ((1.41) 参照)．

実軸に平行な直線 $\operatorname{Im} z = b$ の $I(z) = 1/z$ による像に関しても，像上の点 w が方程式

$$2b|w|^2 - iw + i\bar{w} = 0 \tag{3.12}$$

を満たすことを示すことができる.この方程式が表す図形は次のようになる.
(i) $b=0$ のとき (直線 $\mathrm{Im}\,z = 0$ の像のとき),$-iw + i\bar{w} = 2\mathrm{Im}\,w = 0$,つまり直線 $\mathrm{Im}\,w = 0$. (ii) $b \neq 0$ のとき (直線 $\mathrm{Im}\,z \neq 0$ の像のとき),$|w - \alpha'| = |\alpha'|$,$\alpha' = -i/(2b)$,つまり (i) の直線に点 0 で接する円群 ((1.41) 参照). a, b をいろいろ動かしたときの像を図 3.4 に示す.なお,図 3.4 において,$z = 0$ では関数値が定義できず,また $w = 0$ ではそれに対応する z の値が存在しないので,それぞれ白丸で示してある.

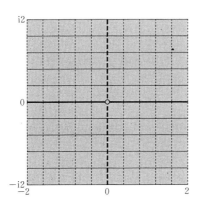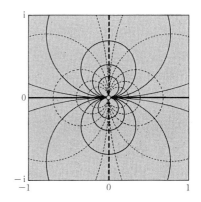

図 3.4 実軸,虚軸に平行な直線群とその $I(z) = 1/z$ による像

[$I(z) = 1/z$ による 0 から放射状に出る半直線群と同心円群の像] z 平面上の点 z を極形式で $r(\cos\theta + i\sin\theta)$ と表すと,z の $I(z) = 1/z$ による像 w は,

$$w = \frac{1}{z} = \frac{\bar{z}}{|z|^2} = \frac{1}{r}(\cos(-\theta) + i\sin(-\theta)) \tag{3.13}$$

で与えられる.したがって,0 を始点とし実軸の正の部分とのなす角が θ である半直線 $\arg z = \theta$ の像は $\arg w = -\theta$,つまり,半直線を実軸に関して対称に折り返した半直線となる.また,0 を中心とする半径 r の円の像は半径 r^{-1} の円となる.

(b) 無限遠点と複素球面

1次分数関数 $I(z) = 1/z$ による z 平面上の点と w 平面上のその像の対応を調べる．(a) の結果によれば，$z = 0$ では関数値が定義できず，また $w = 0$ ではそれに対応する z の値が存在しないので，この1次分数関数は z 平面と w 平面との1対1対応とはならず，わずかに1点ではあるが除外点があることになる．しかし，図 3.4 をみると，$z = 0$ に近づく点の像は無限の彼方に飛び去り，また，無限の彼方に飛び去る点の像は $w = 0$ に近づくことがわかる．そこで，無限の彼方に飛び去る点の行き先として新たな点 ∞ を考え，$I(0) = 1/0 = \infty$，$I(\infty) = 1/\infty = 0$ と定義する．このようにすれば，1次分数関数 $I(z) = 1/z$ は複素平面に ∞ を付け加えた "平面" から複素平面に ∞ を付け加えた "平面" への1対1対応と考えることができる．"複素平面上の無限の遠方" のこの点 ∞ を**無限遠点**といい，複素平面に ∞ を付け加えた "平面" を**拡張された複素平面**という．

ところで，上記の議論は1次分数関数 $I(z) = 1/z$ に対するものであったが，$M_\alpha(z) = \alpha z \ (\alpha \neq 0)$ や $T_\beta(z) = z + \beta$ の場合，無限の彼方に飛び去る点の像は無限の彼方に飛び去るから，$M_\alpha(\infty) = \alpha \cdot \infty = \infty$，$T_\beta(\infty) = \infty + \beta = \infty$ と定義すれば，それぞれは拡張された複素平面から拡張された複素平面への1対1対応と考えることができる．したがって，M_α，T_β，I の合成関数で書ける一般の1次分数関数 (1次関数も含む) も拡張された複素平面から拡張された複素平面への1対1対応を与えることがわかる．

複素平面に新たな1点 ∞ が加わったので，複素数列 $\{z_n\}$ が無限遠点 ∞ に収束すること：$\lim_{n \to \infty} z_n = \infty$ の定義を与える必要がある．無限遠点 ∞ は無限の彼方に飛び去る点の行き先として導入されたものであるから，

$$\lim_{n \to \infty} z_n = \infty \iff \lim_{n \to \infty} |z_n| = \infty \tag{3.14}$$

と定義する．

ここで導入した無限遠点や拡張された複素平面は，次に述べるように，それらを球面に表示すると直観的にもとらえ易くなる．

まず，図 3.5 のように $\xi \eta \zeta$ 座標系の入った実 3 次元空間を考え，座標平面

$\zeta = 0$ を複素平面とみなす.つまり,座標平面内の点 $(x, y, 0)$ は複素数 $z = x+iy$ を表すと考える.次に,原点に中心をもつ半径 1 の球面を考え,この球面上の点 $(0, 0, 1)$ を北極とよび,N で表す.いま,北極 N と複素平面上の点 z とを結ぶ直線を引くと,この直線は球面とただ 1 点 $P (\neq N)$ で交わる.この $P (\neq N)$ と z の対応 (**立体射影**という) は明らかに 1 対 1 対応であるから,この対応を通して,北極 N を除いた球面上の点が複素数を表していると考える.北極 N に対応する点は複素平面上にないが,複素平面上を無限の彼方に飛び去る点に対応する球面上の点は北極 N に近づくから,北極 N は無限遠点 ∞ を表していると考える.このように考えれば,複素数および無限遠点 ∞ を球面上の点として,また拡張された複素平面を球面として視覚的にとらえることができる.このように拡張された複素平面を表すと考えた球面を,**複素球面**または **Riemann 球面** という.

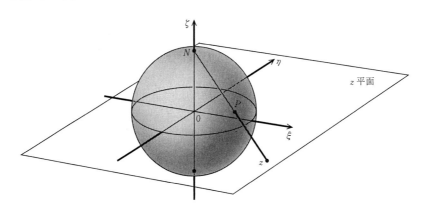

図 3.5 複素球面

拡張された複素平面を複素球面として表し,1 次分数関数を複素球面間の対応として図示すると,先に 1 次分数関数が拡張された複素平面間の 1 対 1 対応を与えるといったことも直観的にとらえやすくなることが多い (演習問題 3.3).とくに $I(z) = 1/z$ は,複素球面上の点 (ξ, η, ζ) を複素球面上の点 $(\xi, -\eta, -\zeta)$ に対応させる.つまり,複素球面上の点を ξ 軸に関して $180°$ 回転した複素球面上の点に対応させる (演習問題 3.2).

(c) 2次分数関数

次に，2次分数関数

$$f(z) = \frac{a_2 z^2 + a_1 z + a_0}{b_2 z^2 + b_1 z + b_0} \tag{3.15}$$

について調べてみよう．ただし，a_2, b_2 は同時には 0 にならないとし，また分母，分子が共通因子をもたない，つまり共通根をもたないとする．2次分数関数 (3.15) をいくつかの場合に分けて，より基本的な関数の合成として表すことを考える．

[$b_2 \neq 0$ の場合] 分母 $= 0$ の2次方程式の根を α, β で表すとき，$f(z)$ は次のように部分分数に分解できる．

(i) $\alpha = \beta$ のとき $f(z) = \dfrac{A}{(z-\alpha)^2} + \dfrac{B}{z-\alpha} + C \quad (A \neq 0)$ (3.16)

(ii) $\alpha \neq \beta$ のとき $f(z) = \dfrac{A}{z-\alpha} + \dfrac{B}{z-\beta} + C \quad (A \neq 0,\ B \neq 0)$ (3.17)

(i) においては，$\zeta = 1/(z-\alpha)$ を新しい変数にとれば f は ζ の2次関数になる．したがって，f は2次関数と1次分数関数 $1/(z-\alpha)$ の合成として表せる．(ii) においては，$\zeta = (z-\beta)/(z-\alpha)$ を新しい変数にとれば，$\zeta = 1 + (\alpha-\beta)/(z-\alpha)$, $1/\zeta = (z-\alpha)/(z-\beta) = 1 + (\beta-\alpha)/(z-\beta)$ であるから，f は ζ の関数として

$$f(\zeta) = A'\zeta + \frac{B'}{\zeta} + C' \quad (A' \neq 0,\ B' \neq 0) \tag{3.18}$$

と表現できる．したがって，f は (3.18) の形の関数と1次分数関数 $(z-\beta)/(z-\alpha)$ の合成で表せる．

[$b_2 = 0$, $b_1 \neq 0$ の場合] 分母 $= 0$ の1次方程式の根を α で表すとき，$f(z)$ は次のように表現できる．

$$f(z) = A(z-\alpha) + \frac{B}{z-\alpha} + C \quad (A \neq 0,\ B \neq 0) \tag{3.19}$$

ここで，$\zeta = z - \alpha$ を新しい変数にとれば，f は ζ の関数として (3.18) の形の関数になる．したがって，f は，(3.18) の形の関数と1次関数 $z - \alpha$ の合成で表せる．

[$b_2 = 0$, $b_1 = 0$ の場合] f は2次関数に他ならない．

上記の議論より，2次分数関数は，2次関数と1次分数関数の合成，もしくは，(3.18) の形の関数と1次分数関数の合成として表されることがわかった．2次関数や1次分数関数についてはすでに調べたので，次に (3.18) の形の関数について調べよう．

(3.18) において，A'/B' の平方根の1つを σ として，$\zeta' = \sigma\zeta$ を新しい変数にとれば，f は ζ' の関数として $f(\zeta') = A''(\zeta' + 1/\zeta') + C'$ $(A'' = A'/\sigma)$ のようにより簡単な形に表現できる．この関数の核心部分

$$J(z) = z + \frac{1}{z} \tag{3.20}$$

は **Joukowski 関数**とよばれる．この関数によって z 平面上の 0 から放射状に出る半直線群と同心円群が w 平面にどのように写像されるかを調べよう．$J(z) = J(1/z)$ であるから，$|z| \leqq 1$ で考えれば十分である．$J(z)$ による像上の任意の点 w が満たすべき方程式を求める．まず，

$$w + 2 = \frac{(z+1)^2}{z}, \quad w - 2 = \frac{(z-1)^2}{z}$$

であるから，それぞれの等式で絶対値をとり，(1.12) を用いて変形すると

$$|w+2| = \frac{|z|^2 + z + \bar{z} + 1}{|z|}, \quad |w-2| = \frac{|z|^2 - z - \bar{z} + 1}{|z|} \tag{3.21}$$

となる．したがって，

$$|w+2| - |w-2| = 2\frac{z+\bar{z}}{|z|} = 4\frac{\operatorname{Re} z}{|z|} = 4\cos(\arg z),$$

$$|w+2| + |w-2| = 2\left(|z| + \frac{1}{|z|}\right).$$

これらの等式より，半直線 $\arg z = \theta$ の像上の点 w，および 0 を中心とする半径 r の円 $|z| = r$ の像上の点 w が満たすべき方程式は，それぞれ

$$|w+2| - |w-2| = 4\cos\theta, \quad |w+2| + |w-2| = 2\left(r + \frac{1}{r}\right) \tag{3.22}$$

で与えられることがわかる．これらの方程式によって表される図形は，解析幾何学でよく知られているように，±2 に焦点をもつ双曲線および楕円である．し

たがって，z 平面上の 0 から放射状に出る半直線群，同心円群はそれぞれ w 平面の共焦点双曲線，共焦点楕円に写像される (図 3.6)．像である双曲線と楕円が互いに直交していること，すなわち交点において接線が直交していることに注意せよ (演習問題 3.1)．

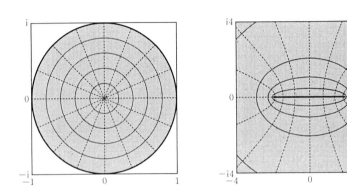

図 **3.6** 0 から放射状に出る半直線群，同心円群とその $J(z) = z + 1/z$ による像

§3.3 指数関数と三角関数

(a) 指数関数

われわれは，すでに第 2 章において複素変数 z の指数関数 e^z を複素数列 $\{(1+z/n)^n\}$ の極限として定義した．そこでは，e^z が実変数の指数関数と三角関数を用いて

$$e^z = \exp z = e^x(\cos y + i \sin y) \quad (z = x + iy) \tag{3.23}$$

と表され，またそれが複素無限級数

$$\sum_{n=0}^{\infty} \frac{z^n}{n!} \tag{3.24}$$

に等しいことをみた．そして，この複素変数の指数関数についても，実変数の場合と同様に，加法定理

$$e^{z_1 + z_2} = e^{z_1} e^{z_2} \tag{3.25}$$

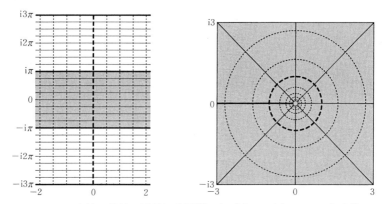

図 3.7　実軸,虚軸に平行な直線群およびその $f(z) = e^z$ による像

が成立することを確かめた.ここでは,複素変数の指数関数の性質についてさらに詳しく調べることにする.

まず,(3.23) より明らかなように,指数関数は周期 $2\pi i$ の周期関数である:
$$e^{z+2\pi i} = e^z. \tag{3.26}$$
この周期 $2\pi i$ は基本周期である.すなわち,ω を任意の周期,つまり $e^{z+\omega} = e^z$ とするとき,ω は $2\pi i$ の整数倍である.これは次のように示される.$e^{z+\omega} = e^z e^\omega = e^z$ より $e^\omega = 1$ であるから
$$e^\omega = 1 \iff \omega = 2n\pi i \ (n:\text{整数}) \tag{3.27}$$
を示せば十分である.$\Leftarrow$ は明らかであるから,$\Rightarrow$ を示す.まず,$\omega = x + iy$ と表すとき,$e^\omega = 1$ は $e^x(\cos y + i\sin y) = \cos 0 + i\sin 0$ を意味するから,極形式の複素数の同等条件 (1.20) より $e^x = 1$, $y \equiv 0 \pmod{2\pi}$.この条件は,$x = 0$, $y = 2n\pi\ (n:\text{整数})$ と同値であるから,$\omega = x+iy = 2n\pi i\ (n:\text{整数})$ である.

指数関数 e^z によって,z 平面上の実軸,虚軸に平行な直線群が w 平面上にどのように写像されるかをみてみよう.指数関数は周期 $2\pi i$ の周期関数であるから,z 平面上の $\text{Im}\,z$ が 2π の幅の帯状の区域,たとえば $-\pi < \text{Im}\,z \leqq \pi$ の区域を考えればよい.(3.23) より容易にわかるように,z 平面上の虚軸に平行な直線 $\text{Re}\,z = x = a$ は,w 平面上の 0 を中心とする円 $|w| = e^a$ に写像され,z 平面上の実軸に平行な直線 $\text{Im}\,z = y = b$ は,w 平面上の 0 からでる半直

線 $\arg w = b$ に写像される.とくに,z 平面の虚軸 $\mathrm{Re}\, z = 0$ は w 平面の単位円 $|w| = 1$ に写像され,左半平面 $\mathrm{Re}\, z < 0$,右半平面 $\mathrm{Re}\, z > 0$ はそれぞれ単位円の内部 $|w| < 1$,単位円の外部 $|w| > 1$ に写像される(図 3.7).指数関数 $f(z) = \mathrm{e}^z$ は,z 平面上の帯状区域 $-\pi < \mathrm{Im}\, z \leqq \pi$ から,w 平面から $w = 0$ を除いた領域への 1 対 1 対応であることに注意せよ.

(b) Euler の公式

(3.23) において $x = 0$ とおくと,
$$\mathrm{e}^{\mathrm{i}y} = \cos y + \mathrm{i} \sin y \quad (y:実数) \tag{3.28}$$
を得る.指数関数と三角関数を結び付けるこの等式を,**Euler の公式**という.

この Euler の公式を用いれば,複素数の極形式 $z = r(\cos\theta + \mathrm{i}\sin\theta)$ は
$$z = r\mathrm{e}^{\mathrm{i}\theta} \quad (r = |z|,\ \theta = \arg z) \tag{3.29}$$
のように簡潔な形に表現できる.この複素数の表現によれば,二つの複素数 $z = r\mathrm{e}^{\mathrm{i}\theta}$,$w = s\mathrm{e}^{\mathrm{i}\phi}$ の積 zw,商 z/w $(w \neq 0)$,z の共役複素数 $\bar{z}$,n 乗 z^n,および n 乗根 $z^{1/n}$ が,次のような形に表せる.

$$zw = rs\mathrm{e}^{\mathrm{i}(\theta+\phi)}, \quad \frac{z}{w} = \frac{r}{s}\mathrm{e}^{\mathrm{i}(\theta-\phi)} \ (w \neq 0), \quad \bar{z} = r\mathrm{e}^{-\mathrm{i}\theta} \tag{3.30}$$

$$z^n = r^n \mathrm{e}^{\mathrm{i}n\theta}, \quad z^{\frac{1}{n}} = \sqrt[n]{r}\, \mathrm{e}^{\frac{\mathrm{i}(\theta+2k\pi)}{n}} \quad (k = 0, 1, 2, \cdots, n-1). \tag{3.31}$$

以後,(3.29) の形の複素数の表現も**極形式**とよんで使うことにする.

(c) 三角関数

三角関数を複素変数の関数に拡張しよう.Euler の公式より,実変数の $\sin y$,$\cos y$ は指数関数 $\mathrm{e}^{\mathrm{i}y}$ の虚数部,実数部であるから,$\overline{\mathrm{e}^{\mathrm{i}y}} = \mathrm{e}^{-\mathrm{i}y}$ に注意すれば,$\sin y$,$\cos y$ は次のように指数関数を用いて表すことができる:

$$\sin y = \mathrm{Im}\, \mathrm{e}^{\mathrm{i}y} = \frac{\mathrm{e}^{\mathrm{i}y} - \overline{\mathrm{e}^{\mathrm{i}y}}}{2\mathrm{i}} = \frac{\mathrm{e}^{\mathrm{i}y} - \mathrm{e}^{-\mathrm{i}y}}{2\mathrm{i}},$$
$$\cos y = \mathrm{Re}\, \mathrm{e}^{\mathrm{i}y} = \frac{\mathrm{e}^{\mathrm{i}y} + \overline{\mathrm{e}^{\mathrm{i}y}}}{2} = \frac{\mathrm{e}^{\mathrm{i}y} + \mathrm{e}^{-\mathrm{i}y}}{2}.$$

指数関数はすでに複素変数に拡張されているから,この等式の最右辺は y が複素数のときも意味をもつ.そこで,複素変数 z の $\sin z$,$\cos z$ を

と定義する．

この定義によれば Euler の公式が複素数についても成立することになる：
$$e^{iz} = \cos z + i \sin z \quad (z：複素数). \tag{3.33}$$
また，定義から明らかなように，$\sin z$ は奇関数，$\cos z$ は偶関数である：
$$\sin(-z) = -\sin z, \quad \cos(-z) = \cos z. \tag{3.34}$$

次に，複素変数の三角関数 $\sin z$, $\cos z$ についても，実変数の場合と同様の加法定理
$$\sin(z_1 + z_2) = \sin z_1 \cos z_2 + \cos z_1 \sin z_2 \tag{3.35}$$
$$\cos(z_1 + z_2) = \cos z_1 \cos z_2 - \sin z_1 \sin z_2 \tag{3.36}$$
が成立するかどうかみてみよう．まず，(3.35) の右辺を計算する：
$$\begin{aligned}
&\sin z_1 \cos z_2 + \cos z_1 \sin z_2 \\
&= \frac{e^{iz_1} - e^{-iz_1}}{2i} \frac{e^{iz_2} + e^{-iz_2}}{2} + \frac{e^{iz_1} + e^{-iz_1}}{2} \frac{e^{iz_2} - e^{-iz_2}}{2i} \\
&= \frac{e^{iz_1}e^{iz_2} - e^{-iz_1}e^{-iz_2}}{2i}.
\end{aligned}$$

最後の式は，指数関数の加法定理によれば，$(e^{i(z_1+z_2)} - e^{-i(z_1+z_2)})/(2i)$ に等しく，これは $\sin(z_1 + z_2)$ に他ならない．したがって，等式 (3.35) が成り立つ．等式 (3.36) についても，同様である．

加法定理により，実変数の場合に成り立つことがよく知られている次の関係が，複素変数の場合にも成り立つことがわかる．
$$\sin^2 z + \cos^2 z = 1 \tag{3.37}$$
$$\sin\left(z + \frac{\pi}{2}\right) = \cos z, \quad \cos\left(z + \frac{\pi}{2}\right) = -\sin z \tag{3.38}$$
$$\sin(z + \pi) = -\sin z, \quad \cos(z + \pi) = -\cos z \tag{3.39}$$
$$\sin(z + 2\pi) = \sin z, \quad \cos(z + 2\pi) = \cos z \tag{3.40}$$

(3.40) は $\sin z$, $\cos z$ が周期 2π の周期関数であることを表している．この周期 2π は基本周期である．実際，$\sin(z + \omega) = \sin z$ において，$z = 0$, $z = \pi/2$ とおくと，$\sin \omega = 0$, $\cos \omega = \sin(\pi/2 + \omega) = 1$ ((3.38) の第 1 式を用いた) であ

るから,Euler の公式 (3.33) によって $e^{i\omega} = \cos\omega + i\sin\omega = 1$. これは (3.27) によって $\omega = 2n\pi$ (n:整数) を意味し,したがって 2π は $\sin z$ の基本周期である.$\cos z$ に関しては,(3.38) の第 1 式によって,$\sin z$ の場合に帰着させられる.

$\sin z$, $\cos z$ によって z 平面上の実軸,虚軸に平行な直線群が w 平面上にどのように写像されるかをみてみよう.(3.38) より,$\sin z = \cos(z - \pi/2)$ であるから,$\cos z$ を調べれば十分である.また,$\cos z$ は周期 2π の周期関数であるから,z 平面上の $\operatorname{Re} z$ が 2π の幅の帯状の区域,たとえば,$-\pi < \operatorname{Re} z \leqq \pi$ の区域を考えればよい.さらに,$\cos\bar{z} = \overline{\cos z}$ (演習問題 3.5) であるから,つまり実軸に対称な図形は実軸に対称な図形に写像されるから,$\operatorname{Im} z \geqq 0$ の区域で考えればよい.$\cos z$ の定義より容易にわかるように,$\cos z$ はわれわれがすでに定義した関数の合成関数として $M_{1/2} \circ J \circ e \circ M_i(z)$ (ここで $e(z) = e^z$) と表すことができるから,z 平面上の区域 $-\pi < \operatorname{Re} z \leqq \pi$, $\operatorname{Im} z \geqq 0$ にある虚軸に平行な直線 $\operatorname{Re} z = a$ および実軸に平行な直線 $\operatorname{Im} z = b$ は,w 平面上の ± 1 に焦点をもつ双曲線および楕円

$$|w+1| - |w-1| = 2\cos a, \quad |w+1| + |w-1| = e^b + e^{-b} \tag{3.41}$$

に写像されることがわかる (図 3.8 参照).(3.41) の詳しい導出は演習問題 3.6 を参照せよ.z 平面の区域 $-\pi < \operatorname{Re} z \leqq \pi$, $\operatorname{Im} z > 0$ と w 平面から線分 $[-1, +1]$ を除いた領域が 1 対 1 に対応し,また,z 平面の線分 $(-\pi, \pi]$ は w 平面の線分

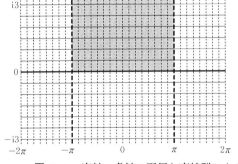
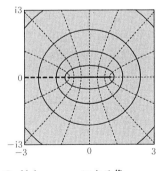

図 **3.8** 実軸,虚軸に平行な直線群およびその $f(z) = \cos z$ による像

$[-1,+1]$ に写るが，$z=0$, π はそれぞれ $w=1$, -1 に対応し，その他の線分上の原点に関して対称な点は同一の点に対応すること (2対1対応) に注意せよ．

sin, cos 以外の三角関数を考えよう．これらの三角関数は，実変数の場合 sin, cos を用いて定義されているから，その定義を複素変数の場合にもそのまま用いることにする．たとえば，複素変数の tan, cot は

$$\tan z = \frac{\sin z}{\cos z}, \quad \cot z = \frac{\cos z}{\sin z} \tag{3.42}$$

と定義する．実変数の場合に成り立つ関係式のうち多くのものが複素変数の場合にも成り立つ．たとえば，$\tan z$, $\cot z$ について加法定理が成り立ち，また，それぞれ基本周期 π の周期関数である (演習問題 3.7, 3.8)．

§3.4 無理関数

実変数の関数で，変数 x と定数に四則演算とベキ乗根を有限回ほどこして得られる関数，たとえば $\sqrt{x}$, $\sqrt{x^2-1}$ を無理関数とよんだ．複素数の四則演算とベキ乗根 ((1.29), (3.31) 参照) はすでに定義されているので，複素変数の**無理関数**を，変数 z と複素定数に四則演算とベキ乗根を有限回ほどこして得られる関数と定義する．ただし，いままで扱ってきた関数と異なり，0 でない複素数の n 乗根は n 個あるから，無理関数は一般に1対多の対応，つまり多価関数である．以下，最も簡単な $z^{1/2}$, $(z^2-1)^{1/2}$ を例にとりながら，多価性をもつ無理関数とはどのようなものかを調べていこう．

(a) 平方根 $z^{1/2}$

複素変数の平方根 $z^{1/2}$ は，$z=0$ に対して 0，$z \neq 0$ に対して二つの値 $\sqrt{|z|}e^{i\theta/2}$, $\sqrt{|z|}e^{i(\theta/2+\pi)}$ ($\theta = \arg z$) を対応させる2価関数である ((1.29), (3.31) 参照)．この関数をどのように把握したらよいであろうか．手がかりを得るために，実変数の2価関数である平方根 (負でない実数 x に対して $y^2 = x$ を満たす y を対応させる対応) で考えてみよう．われわれは，まず，xy 平面上に各 x に対応する平方根の値 ($x=0$ のとき1つ，$x>0$ のとき二つ) を描く．そして，原点から枝分れする二つのグラフ $y = \sqrt{x}$, $y = -\sqrt{x}$ をみて，平方根

を "原点から枝分れする二つの 1 価関数 $\sqrt{x}$, $-\sqrt{x}$ の組" として把握するであろう.

複素変数の平方根 $z^{1/2}$ の場合はどうであろうか. z が z 平面上を動くとき, 関数が 1 対 2 対応となる $z \neq 0$ の場合に平方根の二つの値

$$w_1 = \sqrt{|z|}\mathrm{e}^{\mathrm{i}\theta/2}, \quad w_2 = \sqrt{|z|}\mathrm{e}^{\mathrm{i}(\theta/2+\pi)} \quad (\theta = \arg z) \tag{3.43}$$

が w 平面上をどのように動くかを見てみよう. ただし, 複素平面上の点 z の偏角 θ のとり方に任意性があるが, ここでは $-\pi < \theta \leqq \pi$ のように主値をとることにする. まず, z が半径 $r \, (\neq 0)$ の円周 $\{z \mid z = r\mathrm{e}^{\mathrm{i}\theta}, -\pi < \theta \leqq \pi\}$ 上を動く場合を考える. このとき w_1 は半径 $\sqrt{r}$ の半円周 $\{w \mid w = \sqrt{r}\mathrm{e}^{\mathrm{i}\phi}, -\pi/2 < \phi \leqq \pi/2\}$ の上を, w_2 は半径 $\sqrt{r}$ の半円周 $\{w \mid w = \sqrt{r}\mathrm{e}^{\mathrm{i}\phi}, \pi/2 < \phi \leqq 3\pi/2\}$ の上を動く. したがって, z が $z \neq 0$ の範囲, つまり, 原点を除く z 平面 $\{z \mid z = r\mathrm{e}^{\mathrm{i}\theta}, 0 < r, -\pi < \theta \leqq \pi\}$ を動くとき, w_1 は w 平面の区域 $\{w \mid w = s\mathrm{e}^{\mathrm{i}\phi}, 0 < s, -\pi/2 < \phi \leqq \pi/2\}$ を, w_2 は区域 $\{w \mid w = s\mathrm{e}^{\mathrm{i}\phi}, 0 < s, \pi/2 < \phi \leqq 3\pi/2\}$ を動く (図 3.9).

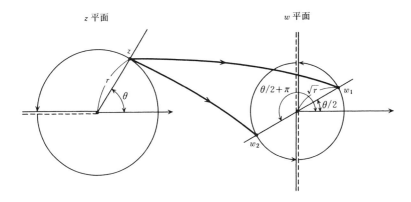

図 3.9 平方根 $z^{1/2}$ による複素平面間の対応

$z = 0$ における平方根の値は 0 であり, また $z = 0$ のとき $w_1 = w_2 = 0$ であることに注意すれば, 以上の議論から, 平方根は "原点で枝分れする二つの複素平面上の 1 価関数

$$f_1(z) = \sqrt{|z|}\mathrm{e}^{\mathrm{i}\theta/2}, \quad f_2(z) = \sqrt{|z|}\mathrm{e}^{\mathrm{i}(\theta/2+\pi)} \quad (\theta = \mathrm{Arg}\, z) \tag{3.44}$$

の組" と考えることができる (図 3.10). この複素平面上の 1 価関数 $f_1(z)$, $f_2(z)$ を, それぞれ平方根の**分枝**とよぶ.

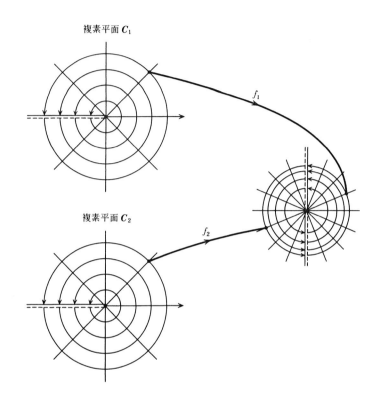

図 3.10 平方根 $z^{1/2}$ を表す1価関数 $f_1(z)$, $f_2(z)$ による複素平面間の対応

図 3.11 に $z^{1/2}$ の二つの分枝 $f_1(z)$, $f_2(z)$ の実数部と虚数部を立体的に示した.

上記のように2価関数の平方根を二つの1価関数の組と考えることは素直であるが, この表現は平方根の性質を十分に反映しているとは言い難い面がある. 実際, 図 3.10 あるいは図 3.11 からもわかるように, 二つの関数 $f_1(z)$, $f_2(z)$ は互いになめらかにつながっている. つまり, f_1, f_2 の定義されている複素平面をそれぞれ C_1, C_2 と書くとき, C_1 の負の実軸の上側の $f_1(z)$ の値は C_2 の負の実軸の下側の $f_2(z)$ の値になめらかにつながり, また, C_2 の負の実軸の上側の $f_2(z)$ の値は C_1 の負の実軸の下側の $f_1(z)$ の値になめらかにつながっ

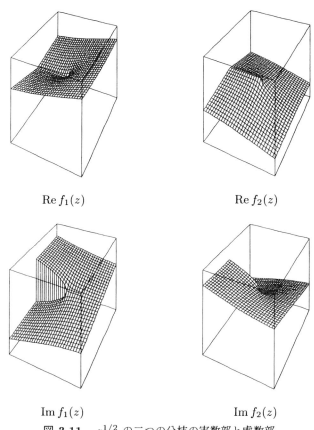

図 3.11　$z^{1/2}$ の二つの分枝の実数部と虚数部

ている．

　そこで，独立変数の定義域の方にこの状況を反映させる．すなわち，C_1 の負の実軸の上側と C_2 の負の実軸の下側をなめらかにつなぎ，また，C_2 の負の実軸の上側と C_1 の負の実軸の下側をなめらかにつなぎ，さらに，C_1, C_2 の原点 0 を同一視して 1 点とみなした面を考える (図 3.12)．そして，平方根をこの上で定義された 1 価関数とみなす．このようにすれば，平方根を表す二つの関数 $f_1(z)$, $f_2(z)$ が互いになめらかにつながっている状態を表すことができる．この 2 枚の複素平面をなめらかにつないだ面を平方根の **Riemann 面**とよぶ．

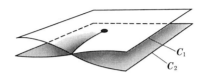

図 **3.12** 平方根の Riemann 面

注意 $z^{1/2}$ は本来図 3.11 の左右の図をつなぎ合わせた 2 価関数の姿をもつものである。われわれは説明の便宜上，それを負の実軸に沿って切り離して二つの 1 価関数として把握したのである。負の実軸に沿って切り離したのは，z の偏角の主値として $-\pi < \arg z \leq \pi$ を選んだからであって，もしも主値を $0 \leq \arg z < 2\pi$ に選べば正の実軸に沿って切り離しを行うことになる。いずれにせよ，切り離しかたによらず本質的に存在するのは 2 価関数としての $z^{1/2}$ である。

以上述べてきたことから明らかなように，z 平面上のある点から出発して原点 $z = 0$ を 1 周してもとの点にもどると，分枝が $f_1(z)$ から $f_2(z)$ へ，あるいは $f_2(z)$ から $f_1(z)$ へ入れ替わる。原点を 2 周するともとの分枝へもどる。このような挙動を示す点 $z = 0$ を，平方根の**分岐点**という。$f_1(z)$ と $f_2(z)$ を複素球面上に写して考えるとわかるように，北極 N すなわち無限遠点 $z = \infty$ をまわるときも $z^{1/2}$ は同様の挙動を示す。したがって，∞ もまた $z^{1/2}$ の分岐点である。われわれは，この二つの分岐点 $z = 0$ および ∞ を結ぶ負の実軸に沿って**切断線**（カット）を入れ，2 価関数 $z^{1/2}$ を二つの分枝 $f_1(z)$ と $f_2(z)$ に切り離して考えた。あるいはまた，二つの複素平面 C_1 と C_2 とをこの二つの分岐点を結ぶ切断線に沿ってつなぎ合わせて Riemann 面を構成したのである。ただし，すでに述べたように，この切断線は z の偏角 θ の主値として $-\pi < \theta \leq \pi$ を選んだために負の実軸になったのであって，たとえば偏角の主値を $0 \leq \theta < 2\pi$ のように選べば切断線は正の実軸になる。このように，$z^{1/2}$ で本質的な意味をもつのは二つの分岐点 $z = 0$ と ∞ であって，自分自身で交差しないかぎり両者を結ぶ切断線としては任意の曲線をとることができるのである。

(b) 関数 $(z^2-1)^{1/2}$

次に，関数 $(z^2-1)^{1/2}$ を考える．この関数は $z^2-1=0$ のとき，つまり $z=\pm 1$ のとき 0，その他のとき $\sqrt{|z^2-1|}e^{i\theta/2}$, $\sqrt{|z^2-1|}e^{i(\theta/2+\pi)}$ $(\theta=\arg(z^2-1))$ を対応させる 2 価関数である．z が z 平面上を動くとき，関数が 1 対 2 対応となる $z\neq\pm 1$ の場合に，$(z^2-1)^{1/2}$ の二つの値

$$w_1=\sqrt{|z^2-1|}e^{i\theta/2}, \quad w_2=\sqrt{|z^2-1|}e^{i(\theta/2+\pi)} \quad (\theta=\arg(z^2-1)) \quad (3.45)$$

が w 平面上をどのように動くかをみてみよう．ただし，偏角 $\theta=\arg(z^2-1)$ のとり方に任意性があるが，$\arg(z^2-1)\equiv\arg(z+1)+\arg(z-1) \pmod{2\pi}$ であるから，右辺の各項を主値にとって，$\theta=\operatorname{Arg}(z+1)+\operatorname{Arg}(z-1)$ ととることにする．

まず，z が z 平面の実軸のすぐ上側を左から右へ動くとき，すなわち ε を微小な正の実数として $z=x+i\varepsilon$, $-\infty<x<\infty$ とするとき，w_1 が w 平面上でどのように変化するかを表 3.1 に示す．

表 3.1 $z=x+i\varepsilon$, $\varepsilon>0$ に沿う $\sqrt{z^2-1}$ (w_1) の変化

	$x<-1$	$x=-1$	$-1<x<1$	$x=1$	$1<x$
$\arg(z+1)$	π	$\times$	0	0	0
$\arg(z-1)$	π	π	π	$\times$	0
$\arg\sqrt{z^2-1}$	π	$\times$	$\pi/2$	$\times$	0
$\operatorname{Re}\sqrt{z^2-1}$	$-\sqrt{x^2-1}$	0	0	0	$\sqrt{x^2-1}$
$\operatorname{Im}\sqrt{z^2-1}$	0	0	$\sqrt{1-x^2}$	0	0

z 平面内の他のいくつかの経路について同様の考察を行い，各経路に対応して w_1 が w 平面上をどのように動くかを示したものが図 3.13 である．(3.45) よりわかるように，原点に関して図 3.13 と対称な図を描けば，分枝 w_2 の変化に対応する図が得られる．

平方根の場合と同様に，関数 $(z^2-1)^{1/2}$ は "二つの複素平面上の 1 価関数

$$f_1(z)=\sqrt{|z^2-1|}e^{i\theta/2}, \quad f_2(z)=\sqrt{|z^2-1|}e^{i(\theta/2+\pi)}$$
$$(\theta=\operatorname{Arg}(z+1)+\operatorname{Arg}(z-1)) \quad (3.46)$$

の組" と考えれる．図 3.13 からわかるように，$f_1(z)$, $f_2(z)$ のそれぞれは，

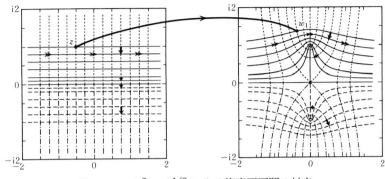

図 **3.13** $(z^2-1)^{1/2}$ による複素平面間の対応

実軸の $[-1,+1]$ の上側からの関数値と $[-1,+1]$ の下側からの関数値はなめらかにはつながらないが，複素平面上のその他の部分ではなめらかである．この複素平面上の1価関数 $f_1(z)$, $f_2(z)$ は，それぞれ関数 $(z^2-1)^{1/2}$ の分枝である．

図 3.13 において二つの関数 $f_1(z)$, $f_2(z)$ の相互の関係をみてもわかるように，それらは互いになめらかにつながっている．つまり，f_1, f_2 の定義されている複素平面をそれぞれ C_1, C_2 と書くとき，C_1 の実軸の $(-1,+1)$ の上側の $f_1(z)$ の値は C_2 の実軸の $(-1,+1)$ の下側の $f_2(z)$ の値になめらかにつながり，また，C_2 の実軸の $(-1,+1)$ の上側の $f_2(z)$ の値は C_1 の実軸の $(-1,+1)$ の下側の $f_1(z)$ の値になめらかにつながている．そこで，平方根のときに Riemann 面を考えたのと同様にして C_1 の実軸の $(-1,+1)$ の上側と C_2 の実軸の $(-1,+1)$ の下側をなめらかにつなぎ，また C_2 の実軸の $(-1,+1)$ の上側と C_1 の実軸の $(-1,+1)$ の下側をなめらかにつなぎ，さらに C_1, C_2 の点 $+1$ どうし，-1 どうしをそれぞれ同一視して1点とみなした面を考える (図 3.14)．そして，関数 $(z^2-1)^{1/2}$ をこの上で定義された1価関数とみなす．このようにすれば，$f_1(z)$, $f_2(z)$ のそれぞれのなめらかさのみならず，相互になめらかにつながっている状態も表現できる．この2枚の複素平面をなめらかにつないだ面が関数 $(z^2-1)^{1/2}$ の Riemann 面である．

$z^{1/2}$ の場合と同様の考察により，z 平面上のある点から出発して $z=+1$ を1周してもとの点にもどると，分枝は $f_1(z)$ から $f_2(z)$ へ，あるいは $f_2(z)$ か

§3.4 無理関数

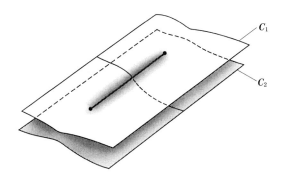

図 3.14 $(z^2 - 1)^{1/2}$ の Riemann 面

ら $f_1(z)$ へ入れ替わる．2 周するともとの分枝にもどる．$z = -1$ を 1 周しても同様のことが生ずる．したがって，$z = \pm 1$ は関数 $(z^2 - 1)^{1/2}$ の分岐点である．$z = \pm 1$ を両端点とする線分 $[-1, 1]$ を 1 周すると，すなわち二つの分岐点をまとめて 1 周すると，関数値はもとの値にもどり，分枝の入れ替わりは生じない．これを複素球面上で見ると，向きは逆になるが，北極すなわち無限遠点を 1 周することを意味する．無限遠点を 1 周しても分枝の入れ替わりはないから，無限遠点は $(z^2 - 1)^{1/2}$ の分岐点ではない．

以上の説明では切断線を $(-1, 1)$ にとったが，切断線は二つの分岐点 $z = \pm 1$ を結ぶ自分自身と交差しない任意の曲線にとることができる．たとえば，無限遠点を経由して $z = \pm 1$ を結ぶ直線 $[-\infty, -1)$, $(1, \infty]$ にとってもよい．

(c) 一般の無理関数と代数関数

以上の結果は，一般の無理関数についても成り立つ．すなわち，無理関数が n 価関数であるならば，この無理関数は n 個の 1 価関数の組として考えられ，さらには，n 枚の複素平面をなめらかにつないだ Riemann 面を考えると，その上の 1 価関数と考えられる．実は，さらに無理関数の概念を一般化した代数関数，すなわち複素数 z に対して n 次代数方程式

$$P_0(z)w^n + P_1(z)w^{n-1} + \cdots + P_{n-1}(z)w + P_n(z) = 0$$

$$(\text{ここで } P_0(z) \not\equiv 0, \quad P_1(z), \cdots, P_{n-1}(z), P_n(z) \text{ は } z \text{ の多項式})$$

$$(3.47)$$

の解 w を対応させる n 価関数についても，同じ結果が成り立つことが知られている[*1].

§3.5 対数関数

複素変数の対数関数を定義しよう．実変数の場合，指数関数と対数関数は相互に逆関数の関係にあった．そこで，すでに定義した複素変数の指数関数の逆関数として，複素変数の対数関数を定義する．つまり，

$$w = \log z \iff z = e^w \tag{3.48}$$

とする．

$z = re^{i\theta}$ に対する $w = \log z$ の具体的表現を求めよう．$w = u + iv$ とおくと (3.48) の右の等式より

$$re^{i\theta} = e^{u+iv} = e^u e^{iv}$$

となる．ここで，極形式で表した複素数の同等条件 (1.20) から，

$$r = e^u, \quad \theta \equiv v \pmod{2\pi}$$

となり，したがって

$$\log z = u + iv = \operatorname{Log} r + i(\theta + 2n\pi) \quad (n: 任意の整数) \tag{3.49}$$

と書くことができる．ただし，最右辺の Log は実変数の対数関数である．(3.49) からわかるように，対数関数 $\log z$ は 0 以外の任意の複素数 z に対して無限個 (可算無限個) の値を対応させる無限多価関数である．

z が z 平面上を動くとき，対数関数の無限個の値

$$w_n = \operatorname{Log} r + i(\theta + 2n\pi) \quad (n = 0, \pm 1, \pm 2, \cdots)$$

が w 平面上をどのように動くかを見てみよう．偏角 θ は $-\pi < \theta \leqq \pi$，すなわち主値をとるものとする．まず，z が原点を始点とする一定偏角 θ の半直線 $\arg z = \theta$ の上を動くと，w_n は実軸に平行な直線 $\operatorname{Im} w = \theta + 2n\pi$ の上を動く．次に，z が一定半径 r の円周上を動くと，w_n は虚軸に平行な直線 $\operatorname{Re} w = r$, $-\pi + 2n\pi < \operatorname{Im} w \leqq \pi + 2n\pi$ の上を動く．したがって，z が $z \neq 0$ の範囲，つまり原点を除く z 平面 $\{z \mid z = re^{i\theta},\ 0 < r,\ -\pi < \theta \leqq \pi\}$ を動くとき，

[*1] L. V. Ahlfors: Complex Analysis, 3-rd ed., McGraw-Hill, New York, 1979. (笠原乾吉訳：複素解析，現代数学社，1982) などを参照せよ．

§3.5 対数関数

w_n は w 平面の区域 $\{w \mid w = u+\mathrm{i}v,\ -\infty < u < \infty,\ -\pi+2n\pi < v \leqq \pi+2n\pi\}$ を動く (図 3.15). これは，§3.3 (a) で述べた指数関数による写像とちょうど逆の関係になっている．

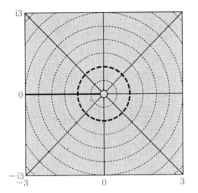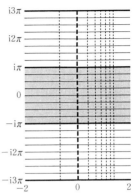

図 **3.15** $\log z$ による複素平面間の対応

以上のことから，対数関数は複素平面上の無限個の 1 価関数

$$f_n(z) = \mathrm{Log}\, r + \mathrm{i}(\theta + 2n\pi) \quad (\theta = \mathrm{Arg}\, z,\ n = 0, \pm 1, \pm 2, \cdots) \tag{3.50}$$

の集まりとみなすことができる．図 3.15 からわかるように，$f_n(z)$ 自身は負の実軸の上側からの関数値と負の実軸の下側からの関数値はなめらかにはつながらないが，複素平面上のその他の部分ではなめらかである．この複素平面上の 1 価関数 $f_n(z)$ が対数関数の**分枝**である．とくに

$$f_0(z) = \mathrm{Log}\, r + \mathrm{i}\theta \quad (\theta = \mathrm{Arg}\, z) \tag{3.51}$$

を**主値**といい，$\mathrm{Log}\, z$ で表す．この対数関数の主値 は z が正の実数値をとるとき実変数の対数関数に一致する．先に (3.49) において，主値を表す記号 Log を実変数の対数関数として用いたが，この意味で何の不都合も生じない．

図 3.15 において，関数 $\cdots, f_{n-1}(z), f_n(z), f_{n+1}(z), \cdots$ の相互の関係をみると，それらが互いになめらかにつながっていることがわかる．つまり，f_n の定義されている複素平面をそれぞれ C_n と書くとき，C_n の負の実軸の下側の $f_n(z)$ の値は C_{n-1} の負の実軸の上側の $f_{n-1}(z)$ の値になめらかにつながり，また，C_n の負の実軸の上側の $f_n(z)$ の値は C_{n+1} の負の実軸の下側の $f_{n+1}(z)$ の値になめらかにつながっている．そこで，平方根などのときに Riemann 面を考えたのと同様にして，C_n の負の実軸の下側と C_{n-1} の負の実軸の上側をな

めらかにつなぎ、また、C_n の負の実軸の上側と C_{n+1} の負の実軸の下側をなめらかにつないだ面を考える。そして、対数関数をこの上で定義された1価関数とみなす(図 3.16)。このようにすれば、$f_n(z)$ のそれぞれのなめらかさのみならず、相互になめらかにつながっている状態も表現できる。この無限枚の複素平面をなめらかにつないだ面が対数関数の Riemann 面である。$\log z$ は原点 $z=0$ で定義できないので、$z=0$ は対数関数の Riemann 面からは除かれる。

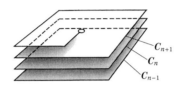

図 **3.16** $\log z$ の Riemann 面

z 平面のある点から出発して原点 $z=0$ を正の向き(反時計回り)に1周してもとの点にもどると、対数関数 $\log z$ の分枝は番号が1だけ増えた分枝に入れ替わる。すなわち、$z=0$ は対数関数の分岐点である。とくに対数関数の場合、これを**対数的分岐点**とよぶ。無限遠点 ∞ も $\log z$ の対数的分岐点である。それに対して、代数関数 $z^{1/2}$ の $z=0, \infty$ や $(z^2-1)^{1/2}$ の $z=\pm 1$ を**代数的分岐点**とよぶ。n 価関数の代数的分岐点を n 周するともとの分枝にもどるが、対数的分岐点は何周してももとの分枝にもどることはない。

§3.6 一般のベキ乗関数

われわれは、すでに、複素数 z の n 乗 z^n や n 乗根 $z^{1/n}$ を定義した。ここでは、一般の複素数 α に対する複素数 z のベキ乗 z^α を定義しよう。いま、z を正の実数、α を実数とするとき、等式 $z^\alpha = \mathrm{e}^{\alpha \log z}$ が成り立つ。この等式の右辺は、α が任意の複素数で z が 0 と異なる任意の複素数のとき意味をもつから、この等式の右辺をもって複素数 $z\,(\neq 0)$ のベキ乗 z^α を定義する:

$$z^\alpha = \mathrm{e}^{\alpha \log z} \tag{3.52}$$

複素変数の対数関数 $\log z$ は多価関数であるから、一般にはベキ乗関数 z^α も多価関数となる。

この定義による複素数 $z\,(\neq 0)$ の n 乗 z^n や n 乗根 $z^{1/n}$ が，われわれがすでに知っているものと一致することは容易に確かめることができる．z^α の多価性は，α の値によって異なる．z^α の定義 (3.52) に $\log z$ の値 (3.49) を代入して，指数関数 e^z が周期 $2\pi\mathrm{i}$ の周期関数であることに注意すれば，z^α の多価性が α の値によって次のように特徴付けられることがわかる．

[z^α の多価性]

(i) $\alpha = \pm m$ ($m = 0$ または正の整数) $\iff$ z^α が 1 価関数．
 このとき，z^m は，われわれがすでに知っている複素数 z の m 乗 z^m (3.31) に一致し，また，z^{-m} は z^m の逆数となる．

(ii) $\alpha = \pm \dfrac{m}{n}$ ($m, n = $ 互いに素な正の整数，$n \geq 2$) $\iff$ z^α が n 価関数．
 このとき，$z^{\pm m/n}$ は $z^{\pm m}$ の n 乗根となる．したがって，この関数は §3.4 で議論した無理関数である．

(iii) α が有理数でない (すなわち，α が無理数，または $\mathrm{Im}\,\alpha \neq 0$) $\iff$ z^α が 無限多価関数．

z^α が多価関数の場合，つまり，(ii) および (iii) の場合，無理関数や対数関数の場合と同様に z^α を複素平面上の 1 価関数の集まりとみなすことができる．(ii) の場合，$z^{\pm m/n}$ は n 個の複素平面上の 1 価関数

$$f_k(z) = \mathrm{e}^{(\pm m/n)\mathrm{Log}\,r + \mathrm{i}(\pm m/n)(\theta + 2k\pi)} \quad (\theta = \mathrm{Arg}\,z,\quad k = 0, 1, 2, \cdots, n-1) \tag{3.53}$$

の集まりとみなすことができ，(iii) の場合，z^α は無限個の複素平面上の 1 価関数

$$f_k(z) = \mathrm{e}^{\alpha \mathrm{Log}\,r + \mathrm{i}\alpha(\theta + 2k\pi)} \quad (\theta = \mathrm{Arg}\,z,\quad k = 0, \pm 1, \pm 2, \cdots) \tag{3.54}$$

の集まりとみなすことができる．これらの複素平面上の 1 価関数 $f_k(z)$ はベキ乗関数の分枝であり，とくに $f_0(z)$ を主値とよぶ．α が実数ならば，ベキ乗関数の主値は，z が正の実数値をとるとき実変数のベキ乗関数に一致する．

(3.53)，(3.54) における関数の集まり $\{f_k(z)\}$ の関数相互の関係を調べると，それらがなめらかにつながっていることがわかる．したがって，無理関数や対数関数の場合と同様に，関数の集まりの各関数の定義されている複素平面をなめらかにつないだ Riemann 面を考えることによって，z^α をこの面上の 1 価関

数と考えることができる．(ii) の場合，Riemann 面は n 枚の複素平面をなめらかにつないだ面であり (演習問題 3.12)，(iii) の場合，Riemann 面は 無限枚の複素平面をなめらかにつないだ面であって，対数関数において考えた Riemann 面と同じものになる．

§3.7 逆三角関数

逆三角関数とは，その名の通り三角関数の逆関数を意味するものとする．したがって，逆正弦関数 $\arcsin z$，逆余弦関数 $\arccos z$，逆正接関数 $\arctan z$ は次のように定義される：

$$w = \arcsin z \iff z = \sin w \tag{3.55}$$
$$w = \arccos z \iff z = \cos w \tag{3.56}$$
$$w = \arctan z \iff z = \tan w \tag{3.57}$$

まず，逆正弦関数 $\arcsin z$ の具体的表現を求めよう．複素変数の三角関数は，指数関数を用いて表されたから，逆三角関数は対数関数を用いて表現できることが予想される．実際，

$$z = \sin w = \frac{e^{iw} - e^{-iw}}{2i}$$

より $e^{2iw} - 2ize^{iw} - 1 = 0$，すなわち $(e^{iw} - iz)^2 = 1 - z^2$ となるが，これから $e^{iw} = iz + (1-z^2)^{1/2}$ を得る．ただし，$(1-z^2)^{1/2}$ はすでに述べた無理関数で，2 価関数である．したがって，逆正弦関数は対数関数によって

$$w = \arcsin z = \frac{1}{i} \log(iz + (1-z^2)^{1/2}) \tag{3.58}$$

のように表される．逆余弦関数 $\arccos z$ は，(3.38) より $\sin(w + \pi/2) = \cos w$ であるから，

$$\arccos z = \arcsin z - \frac{\pi}{2}$$
$$= \frac{1}{i} \log(iz + (1-z^2)^{1/2}) - \frac{\pi}{2} \tag{3.59}$$

となる．逆正接関数 $\arctan z$ は，$\arcsin z$ を導いたのと同様の計算をして (演習問題 3.13)

§3.7 逆三角関数

$$\arctan z = \frac{1}{2\mathrm{i}} \log \frac{1+\mathrm{i}z}{1-\mathrm{i}z} \quad (z \neq \pm\mathrm{i}) \tag{3.60}$$

となることがわかる．ここで，$z = \pm\mathrm{i}$ が除かれるのは，$\tan w = \pm\mathrm{i}$ となる w が存在しないからである (演習問題 3.8 参照)．

(3.58), (3.59), (3.60) から明らかなように，逆正弦関数 $\arcsin z$，逆余弦関数 $\arccos z$，逆正接関数 $\arctan z$ は無限多価関数である．無理関数や対数関数の場合と同様に，これらの関数は 1 価関数の集まりとみなすことができる．詳細は省略するが (演習問題 3.14)，逆正弦関数 $\arcsin z$ は無限個の複素平面上の 1 価関数

$$f_{\mathrm{s},n}^{(0)}(z) = \frac{1}{\mathrm{i}} \mathrm{Log}\,(\mathrm{i}z + \sqrt{|1-z^2|}\mathrm{e}^{\mathrm{i}\theta/2}) + 2n\pi,$$

$$f_{\mathrm{s},n}^{(1)}(z) = -\frac{1}{\mathrm{i}} \mathrm{Log}\,(\mathrm{i}z + \sqrt{|1-z^2|}\mathrm{e}^{\mathrm{i}\theta/2}) + (2n+1)\pi,$$

$$(\theta = \mathrm{Arg}\,(1+z) + \mathrm{Arg}\,(1-z), \quad n = 0, \pm 1, \pm 2, \cdots) \tag{3.61}$$

の集まりとみなすことができ，逆余弦関数 $\arccos z$ は逆正弦関数 $\arcsin z$ を表す無限個の 1 価関数 $f_{\mathrm{s},n}^{(0)}(z)$, $f_{\mathrm{s},n}^{(1)}(z)$ $(n = 0, \pm 1, \pm 2, \cdots)$ からそれぞれ $\pi/2$ を引いた無限個の 1 価関数

$$f_{\mathrm{c},n}^{(0)}(z) = f_{\mathrm{s},n}^{(0)}(z) - \frac{\pi}{2},$$

$$f_{\mathrm{c},n}^{(1)}(z) = f_{\mathrm{s},n}^{(1)}(z) - \frac{\pi}{2} \quad (n = 0, \pm 1, \pm 2, \cdots) \tag{3.62}$$

の集まりとみなすことができる．また，逆正接関数 $\arctan z$ は無限個の複素平面上の 1 価関数

$$f_{\mathrm{t},n}(z) = \frac{1}{2\mathrm{i}} \mathrm{Log}\,\frac{1+\mathrm{i}z}{1-\mathrm{i}z} + n\pi \quad (z \neq \pm\mathrm{i}, \quad n = 0, \pm 1, \pm 2, \cdots) \tag{3.63}$$

の集まりとみなすことができる．ここで，Log は対数関数の主値である．

無理関数や対数関数の場合と同様に，(3.61), (3.62), (3.63) のそれぞれの関数の集まりにおいて，関数相互の間はなめらかにつながっている．したがって，関数の集まりの各関数の定義されている複素平面をなめらかにつないだ Riemann 面を考えることによって，逆正弦関数 $\arcsin z$，逆余弦関数 $\arccos z$，逆正接関数 $\arctan z$ をこの面上の 1 価関数と考えることができる (演習問題 3.15)．

演習問題

3.1
(1) 同一の焦点,同一の軸をもつ向きが逆の二つの放物線は互いに直交すること,すなわち交点において接線が直交することを示せ.
(2) 同一の焦点をもつ双曲線と楕円は互いに直交すること,すなわち交点において接線が直交することを示せ.

3.2
(1) 立体射影により,複素球面上の点 $(\xi, \eta, \zeta) \neq (0, 0, 1)$ が複素数 z に対応するとき,
$$z = \frac{\xi + i\eta}{1 - \zeta}, \quad \xi = \frac{2\operatorname{Re} z}{|z|^2 + 1}, \quad \eta = \frac{2\operatorname{Im} z}{|z|^2 + 1}, \quad \zeta = \frac{|z|^2 - 1}{|z|^2 + 1}$$
が成り立つことを示せ.
(2) 1次分数関数 $I(z) = 1/z$ を複素球面から複素球面への対応とみるとき,複素球面上の点 (ξ, η, ζ) を複素球面上の点 $(\xi, -\eta, -\zeta)$ に対応させることを示せ.

3.3
(1) 1次分数関数 $f(z) = (z-1)/(z+1)$ による z 平面上の 0 から放射状に出る半直線群,同心円群の像はどのような図形になるか.
(2) 1次分数関数 $f(z) = (z-1)/(z+1)$ を複素球面から複素球面への対応とみるとき,複素球面上の点 (ξ, η, ζ) は複素球面上のどのような点に写像されるか.

3.4
(1) 2次分数関数 $f(z) = z/(1-z)^2$ (第 2 章の演習問題 2.5 参照) を 2 次関数と 1 次分数関数の合成として表せ.
(2) $f(z) = z/(1-z)^2$ による単位円の内部 $\{z \mid |z| < 1\}$ の像を求めよ.

3.5 次の関係式を証明せよ.ただし,$z = x + iy$ (x, y:実数).

(1) $\sin z = \sin x \cosh y + i \cos x \sinh y$
$\cos z = \cos x \cosh y - i \sin x \sinh y$

(2) $\overline{e^z} = e^{\bar{z}}, \quad \overline{\sin z} = \sin \bar{z}, \quad \overline{\cos z} = \cos \bar{z}$

(3) $|\sin z|^2 = \sinh^2 y + \sin^2 x = \cosh^2 y - \cos^2 x$
$|\cos z|^2 = \sinh^2 y + \cos^2 x = \cosh^2 y - \sin^2 x$

3.6 z 平面上の区域 $-\pi < \operatorname{Re} z \leqq \pi,\ \operatorname{Im} z \geqq 0$ にある虚軸に平行な直線 $\operatorname{Re} z = a$ および実軸に平行な直線 $\operatorname{Im} z = b$ が,一連の写像
$$\zeta_1 = M_i(z) = iz,\quad \zeta_2 = e(\zeta_1) = e^{\zeta_1},\quad \zeta_3 = J(\zeta_2) = \zeta_2 + \frac{1}{\zeta_2},$$
$$w = M_{1/2}(\zeta_3) = \frac{\zeta_3}{2}$$
によって逐次どのような図形に写像されていくかを調べ,虚軸に平行な直線 $\operatorname{Re} z = x = a$,実軸に平行な直線 $\operatorname{Im} z = y = b$ が,$\cos z = M_{1/2} \circ J \circ e \circ M_i(z)$ によって,w 平面上の (3.41) で表される ± 1 に焦点をもつ双曲線および楕円に写像されることを確かめよ.

3.7 次の関係式を証明せよ.

(1) $\tan(-z) = -\tan z,\quad \cot(-z) = -\cot z$

(2) $\tan(z_1 + z_2) = \dfrac{\tan z_1 + \tan z_2}{1 - \tan z_1 \tan z_2}$

(3) $\tan\left(z + \dfrac{\pi}{2}\right) = -\cot z,\quad \cot\left(z + \dfrac{\pi}{2}\right) = -\tan z$

$\tan(z + \pi) = \tan z,\quad \cot(z + \pi) = \cot z$

(4) $\overline{\tan z} = \tan \bar{z},\quad \overline{\cot z} = \cot \bar{z}$

3.8 $\tan z,\ \cot z$ によって z 平面上の実軸,虚軸に平行な直線群が w 平面上にどのように写像されるかを調べ,図示せよ.

3.9 複素変数の双曲線関数 $\sinh z,\ \cosh z$ を次のように定義する:
$$\sinh z = \frac{e^z - e^{-z}}{2},\quad \cosh z = \frac{e^z + e^{-z}}{2}.$$
このとき,$\sinh z = -i\sin(iz),\ \cosh z = \cos(iz)$ を示し,次の一連の等式を三角関数に関する等式から導け.
$$\sinh(z_1 + z_2) = \sinh z_1 \cosh z_2 + \cosh z_1 \sinh z_2$$
$$\cosh(z_1 + z_2) = \cosh z_1 \cosh z_2 + \sinh z_1 \sinh z_2$$
$$\cosh^2 z - \sinh^2 z = 1$$

3.10 $\log z\ (z \neq 0)$ のとりうる値の集合
$$\{\operatorname{Log}|z| + i(\operatorname{Arg} z + 2k\pi) \mid k : \text{任意の整数}\}$$
を $\{\log z\}$ で表すとき,次の関係が成り立つことを示せ.

(1) $\{\log z_1 z_2\} = \{\log z_1\} + \{\log z_2\}$

(2) $\left\{\log \dfrac{z_1}{z_2}\right\} = \{\log z_1\} - \{\log z_2\}$

(3) $\{\log z^n\} \underset{\neq}{\supset} n\{\log z\}$　$(n : 0, \pm 1$ と異なる整数$)$

(4) $\{\log e^z\} \underset{\neq}{\supset} \{z\}$

ここで，A, B を集合とするとき，$A \pm B = \{a \pm b \mid a \in A, b \in B\}$, $nA = \{na \mid a \in A\}$ であり，また $A \underset{\neq}{\supset} B$ は A は B を真に含むことを意味する．

3.11　多価関数 $f(z)$ のとりうる値の集合を $\{f(z)\}$ で表すとき，次の関係が成り立つことを示せ．

(1) $\{z^\alpha z^\beta\} \underset{\neq}{\supset} \{z^{\alpha+\beta}\}$　$(\alpha, \beta$ は整数でない$)$

(2) $\{(z^\alpha)^\beta\} \underset{\neq}{\supset} \{z^{\alpha\beta}\}$　$(\beta$ は整数でない$)$

3.12　n 価関数 $z^{\pm m/n}$ $(m, n$: 互いに素な正の整数, $n \geqq 2)$ を1価関数と考えるための Riemann 面はどのようなものになるか．

3.13　逆正接関数 $\arctan z$ の具体的表現 (3.60) を導け．

3.14　逆正弦関数 $\arcsin z$ は (3.61) で定義される無限個の複素平面上の1価関数 $f_{s,n}^{(0)}(z)$, $f_{s,n}^{(1)}(z)$ $(n = 0, \pm 1, \pm 2, \cdots)$ の集まりとみなすことができることを証明せよ．

3.15　逆正弦関数 $\arcsin z$ を1価関数と考えるための Riemann 面はどのようなものになるか．

# 第4章

複素関数の微分

第3章において実変数の初等関数を複素変数の関数へと拡張し,その基本的性質を調べた.この章では,一般の複素関数の微分の定義を与えてその性質を議論するとともに,複素関数論において中心的な役割をはたす正則関数の概念を導入する.

§4.1 連続関数

(a) 連続性の定義

まず,複素平面の部分集合 D で定義された複素関数 $f(z)$ が点 $z_0 \in D$ で連続であることの定義を与えよう.実関数の場合,実数のある部分集合 Λ で定義された関数 $f(x)$ が点 $x_0 \in \Lambda$ において連続であるとは,$x \in \Lambda$ が x_0 に十分近ければ $f(x)$ はいくらでも $f(x_0)$ に近い値をとること,つまり,任意の正の実数 ε に対して正の実数 $\delta(\varepsilon)$ を定めて

$$|x - x_0| < \delta(\varepsilon), \quad x \in \Lambda \text{ であるとき } \quad |f(x) - f(x_0)| < \varepsilon \tag{4.1}$$

となるようにできることと定義された (いわゆる ε-δ 論法).複素関数の場合にも,実関数の場合と同じように,複素関数 $f(z)$ が点 z_0 で**連続**であるとは,z が z_0 に十分近ければ $f(z)$ はいくらでも $f(z_0)$ に近い値をとること,つまり,任意の正の実数 ε に対して正の実数 $\delta(\varepsilon)$ を適当に定めて

$$|z - z_0| < \delta(\varepsilon), \quad z \in D \text{ であるとき } \quad |f(z) - f(z_0)| < \varepsilon \tag{4.2}$$

となるようにできることと定義する.

(4.1) と (4.2) は形式的にはまったく同じである．両者の差異は，絶対値の意味の違いにあることに注意せよ．

1点における連続性が定義されると，次に連続関数が定義できる．$f(z)$ がその定義域 D のすべての点 z_0 で連続であるとき，$f(z)$ は **連続関数** であるという．なお，このとき単に $f(z)$ は連続であるということもある．

(b) 連続関数の1次結合，積，商，合成

複素関数の連続性の定義は，実関数の連続性の定義において実数の絶対値を複素数の絶対値に置き換えただけであって，形式的にはまったく同じである．したがって，連続な複素関数の1次結合，積，商，合成に関して，実関数のそれと形式的には同じ結果が成り立つ．

定理 4.1 ［**連続関数の1次結合，積，商**］ $f(z)$, $g(z)$ をそれぞれ複素平面の部分集合 D で定義された複素関数とする．$f(z)$, $g(z)$ が連続関数ならば，その1次結合 $c_1 f(z) + c_2 g(z)$ (c_1, c_2 は複素定数)，積 $f(z)g(z)$ は連続関数である．さらに，D においてつねに $g(z) \neq 0$ ならば，商 $f(z)/g(z)$ も連続関数である．

［**連続関数の合成**］ $f(z)$ を複素平面の部分集合 D で定義された複素関数，$g(w)$ を複素平面の部分集合 E で定義された複素関数とする．$f(z)$, $g(w)$ が連続関数で，$f(D) \subset E$ ならば，合成関数 $g \circ f(z) = g(f(z))$ は連続関数である．□

例 4.1 ［**多項式，有理関数の連続性**］ 複素平面全体で定義された複素関数 $f(z) = z$ は明らかに連続関数である．したがって，定理 4.1 より，z の多項式 $P(z)$ は連続関数であり，また，有理関数 $P(z)/Q(z)$ ($P(z)$, $Q(z)$:多項式) も，複素平面から $Q(z)$ の零点を除いた領域で定義された連続関数である．□

例 4.2 ［z, $\bar{z}$ **の多項式の連続性**］ 複素平面全体で定義された複素関数 $f(z) = \bar{z}$ は複素平面の任意の点 z_0 において連続である．つまり，連続関数である．実際，(1.11) より，$|\bar{z} - \bar{z}_0| = |z - z_0|$ であるから，$\delta(\varepsilon) = \varepsilon$ として (4.2) が成り立つ．いま，z, $\bar{z}$ が連続関数であるから，定理 4.1 より，z と $\bar{z}$ から有限回の積と1次結合によって得られる関数 (z, $\bar{z}$ の多項式)

$$P(z, \bar{z}) = \sum_{j=0}^{m} \sum_{k=0}^{n} a_{j,k} z^j \bar{z}^k, \quad a_{j,k} \text{は複素定数} \qquad (4.3)$$

も連続関数である.　　　　　　　　　　　　　　　　　　　　　　　　∎

(c) $\mathrm{Re}\,z$, $\mathrm{Im}\,z$, $|z|$, $\arg z$ の連続性

$\mathrm{Re}\,z$, $\mathrm{Im}\,z$, $|z|$, $\arg z$ のような複素数 z の属性を表す量も,複素変数 z の関数とみなすことができる.まず,複素平面の任意の点 z_0 において,$|\mathrm{Re}\,z - \mathrm{Re}\,z_0|$, $|\mathrm{Im}\,z - \mathrm{Im}\,z_0| \leqq |z - z_0|$, $||z| - |z_0|| \leqq |z - z_0|$ ((1.15) の不等式) より, $\delta(\varepsilon) = \varepsilon$ として (4.2) が成り立つので,$\mathrm{Re}\,z$, $\mathrm{Im}\,z$, $|z|$ は連続関数である.次に,$\arg z$ であるが,その値が一意的に定まるように,$z \neq 0$ に対する $\arg z$ の値を $-\pi + \theta_0 < \arg z \leqq \pi + \theta_0$ (θ_0 は実定数) の範囲に制限して考える.$z = 0$ に対しては,$\arg z =$ 適当な実数値とする.このとき,$\arg z$ は複素平面全体で定義された (実数値しかとらない) 複素関数となる.この関数は,原点および原点を始点とする半直線 $\arg z = -\pi + \theta_0$ 上の点において連続でないが,その他の点においては連続となることは自明であろう.

(d) 複素関数の連続性と複素関数の実数部,虚数部の連続性

複素関数 $f(z)$ の連続性と,その実数部 $\mathrm{Re}\,f(z)$ と虚数部 $\mathrm{Im}\,f(z)$ の連続性の関連を調べよう.$f(z) = \mathrm{Re}\,f(z) + i\,\mathrm{Im}\,f(z)$ であるから,次の結果が成り立つことがわかる.

定理 4.2

$$f(z) \text{ が連続関数} \iff \mathrm{Re}\,f(z),\ \mathrm{Im}\,f(z) \text{ が連続関数} \quad (4.4)$$

［証明］［$\Rightarrow$］§4.1 (c) および定理 4.1 ［連続関数の合成］より,$\mathrm{Re}\,f(z)$, $\mathrm{Im}\,f(z)$ は連続関数である.　［$\Leftarrow$］ $f(z) = \mathrm{Re}\,f(z) + i\,\mathrm{Im}\,f(z)$ であるから,定理 4.1 ［連続関数の 1 次結合,積,商］より,$f(z)$ は連続関数である.　∎

例 4.3 ［対数関数の分枝の連続性］　原点を除く複素平面全体で定義された複素関数 $f(z) = \mathrm{Log}\,z$ (対数関数の主値) は,負の実軸上の点において不連続で,その他の点では連続である.これは,$\mathrm{Log}\,z = \mathrm{Log}\,|z| + i\mathrm{Arg}\,z$ ((3.51) 参照) に定理 4.2 を適用することによって示すことができる.実際,$\mathrm{Log}\,z$ の実数部 $\mathrm{Log}\,|z|$ は,$|z|$ が連続であること (§4.1(c) 参照) から原点を除く複素平面全体で連続であり,また $\mathrm{Log}\,z$ の虚数部 $\mathrm{Arg}\,z$ は,負の実軸上の点において不連続でその他の点では連続である (§4.1 (c) 参照) から,定理 4.2 によって上記の

結果を得る.主値以外の対数関数の分枝についても,まったく同じ結果が成り立つ. □

定理 4.2 では,複素関数 $f(z)$ の実数部 $\operatorname{Re} f(z)$ と虚数部 $\operatorname{Im} f(z)$ を複素変数 z の複素関数として考えた.しかし,$\operatorname{Re} f(z)$ と $\operatorname{Im} f(z)$ は,$z = x + iy$ とおいて,それぞれを二つの実変数 x, y の実数値関数と考えたほうが自然な場合も多い.たとえば,$f(z) = e^z$ $(z = x + iy)$ のとき,$\operatorname{Re} f(z) = e^x \cos y$,$\operatorname{Im} f(z) = e^x \sin y$ であり,これらを複素変数 z の複素関数として考えるよりは,二つの実変数 x, y の実数値関数と考えたほうが自然である.定理 4.2 をこのような場合に適用できる形に書き換えておこう.一般に,複素変数 $z = x + iy$ の複素関数 $\xi(z)$ が実数値のみをとるとき,この関数が連続であることは,それを二つの実変数 x, y の実数値関数 $\xi(x, y)$ と考えて連続であることと同値である.このことより,定理 4.2 は次のように表現することもできる.

定理 4.3 複素変数 $z = x + iy$ の関数 $f(z)$ の実数部 $\operatorname{Re} f(z)$ と虚数部 $\operatorname{Im} f(z)$ を二つの実変数 x, y の実数値関数と考え,それぞれ $u(x, y)$,$v(x, y)$ と表す.このとき,

$$f(z) = u(x, y) + iv(x, y) \text{ が複素変数 } z = x + iy \text{ の連続関数}$$

$$\iff$$

$$u(x, y), v(x, y) \text{ が二つの実変数 } x, y \text{ の連続関数} \qquad (4.5)$$

□

例 4.4 [指数関数,三角関数の連続性] 指数関数 e^z $(z = x + iy)$ の実数部 $\operatorname{Re} f(z) = u(x, y) = e^x \cos y$,虚数部 $\operatorname{Im} f(z) = v(x, y) = e^x \sin y$ は明らかに実変数 x, y の連続関数であるから,指数関数は連続関数である.指数関数の連続性がわかれば,指数関数を用いて表される三角関数 $\sin z$,$\cos z$ の連続性も,定理 4.1 [連続関数の 1 次結合,積,商],[連続関数の合成] から導かれる.さらに,$\sin z$,$\cos z$ の連続性から,$\tan z$ は複素平面から $\cos z$ の零点 $z = (2n + 1)\pi/2$ $(n = 0, \pm 1, \pm 2, \cdots)$ を除いた領域で定義された連続関数であり,$\cot z$ は複素平面から $\sin z$ の零点 $z = n\pi$ $(n = 0, \pm 1, \pm 2, \cdots)$ を除いた領域で定義された連続関数であることがわかる. □

§4.2 複素関数の極限

複素関数の連続性に続いて，複素関数の微分へと議論を進める．複素関数の微分を定義するに当たってまず複素関数の極限の概念が必要になる．

(a) 極限の定義

最初に，複素関数の極限を定義しよう．実関数の場合，x が x_0 に近づくとき，$f(x)$ が a に収束する，あるいは a は x が x_0 に近づくときの $f(x)$ の極限であるとは，任意の正の実数 ε に対応して正の実数 $\delta(\varepsilon)$ を定めて

$$0 < |x - x_0| < \delta(\varepsilon) \text{ のとき } |f(x) - a| < \varepsilon \tag{4.6}$$

となるようにできることとして定義された．そこで，複素関数の場合，複素平面上の2つの複素数間の距離がその差の絶対値で与えられることを考慮に入れて，次のように定義する．

定義 4.1 複素関数 $f(z)$ が，$z = z_0$ の近くの $0 < |z - z_0| < \rho$ なる範囲[*1]内で定義されているとし，また，α をある複素数とする．このとき，任意の正の実数 ε に対応して正の実数 $\delta(\varepsilon)$ ($\leqq \rho$) を定めて

$$0 < |z - z_0| < \delta(\varepsilon) \text{ のとき } |f(z) - \alpha| < \varepsilon \tag{4.7}$$

となるようにできるならば，$z \to z_0$ のとき，$f(z)$ は α に**収束する**，あるいは α は $z \to z_0$ のときの $f(z)$ の**極限**であるといい

$$f(z) \to \alpha \ (z \to z_0) \quad \text{または} \quad \lim_{z \to z_0} f(z) = \alpha$$

と書く． □

$f(z)$ は $z = z_0$ で定義されていなくてもよく，またたとえ定義されていてもそこでの値 $f(z_0)$ と α は異なっていてもよいことに注意せよ．

複素関数の極限と複素数列の収束とは次に述べるように密接に関係している．ただし，証明は実関数の場合と同様であるので省略する．

定理 4.4 $z \to z_0$ のとき $f(z)$ が α に収束するための必要十分条件は，z_0 に収束するすべての複素数列 $\{\zeta_n\}$ (ただし $\zeta_n \neq z_0$) に対してその関数値の成す

[*1] 以下このような範囲を単に不等式だけで $0 < |z - z_0| < \rho$ のように書く．

複素数列 $\{f(\zeta_n)\}$ が α に収束することである.　　　□

次の定理は,関数の連続性の定義と関数の極限の定義より明らかであろう.

定理 4.5　複素関数 $f(z)$ が $|z-z_0|<\rho$ で定義されているとする.このとき,
$$f(z) \text{ が点 } z_0 \text{ で連続である} \iff f(z) \to f(z_0) \ (z \to z_0) \quad (4.8)$$

□

(b)　関数の1次結合,積,商の極限および合成関数の極限

複素関数の極限の定義は,実関数の極限の定義において,実数の絶対値を複素数の絶対値に置き換えただけであって,形式的にはまったく同じである.したがって,複素関数の1次結合,積,商の極限,合成関数の極限に関して,実関数のそれと形式的にはまったく同じ結果が成り立つ.

定理 4.6　[**関数の1次結合,積,商の極限**]　複素関数 $f(z)$, $g(z)$ は $0<|z-z_0|<\rho$ で定義されているとし,$f(z) \to \alpha \ (z \to z_0)$, $g(z) \to \beta \ (z \to z_0)$ とする.このとき,

(1)　$c_1 f(z) + c_2 g(z) \to c_1 \alpha + c_2 \beta \ (z \to z_0)$,　ただし c_1, c_2 は複素定数
(2)　$f(z)g(z) \to \alpha\beta \ (z \to z_0)$
(3)　$f(z)/g(z) \to \alpha/\beta \ (z \to z_0)$, ただし,$g$ は定義域内で 0 となることはなく,かつ $\beta \neq 0$ とする.

[**合成関数の極限**]　複素関数 $f(z)$ は $0<|z-z_0|<\rho_z$ で定義されているとし,$f(z) \to \alpha \ (z \to z_0)$ とする.また,複素関数 $g(w)$ は $0<|w-\alpha|<\rho_w$ で定義されているとし,$g(w) \to \beta \ (w \to \alpha)$ とする.さらに,f の値域が g の定義域に含まれているとする:$\{w = f(z) \mid 0 < |z-z_0| < \rho_z\} \subset \{w \mid 0 < |w-\alpha| < \rho_w\}$. このとき $g \circ f(z) = g(f(z)) \to \beta \ (z \to z_0)$.　　　□

§4.3　複素関数の微分

(a)　微分の定義

複素関数の微分を定義しよう.複素関数の連続性,複素関数の極限の定義と同様,実関数の場合と形式的にまったく同じ定義を採用する.なお,正数 ρ に

対して $z = z_0$ の近くの $|z - z_0| < \rho$ なる範囲を，z_0 の ρ-**近傍**あるいは単に z_0 の**近傍**といい，$U_\rho(z_0)$ で表す：$U_\rho(z_0) = \{z \mid |z - z_0| < \rho\}$．

定義 4.2 $f(z)$ を複素平面の部分集合 D で定義された複素関数とする．点 z_0 を D に属する点とし，ρ を適当に小さくとれば z_0 の ρ-近傍 $U_\rho(z_0)$ が D に完全に入るようにできるとする．このとき，複素変数 Δz の関数 $(f(z_0 + \Delta z) - f(z_0))/\Delta z$ $(0 < |\Delta z| < \rho$ で定義されている$)$ の $\Delta z \to 0$ としたときの極限

$$\lim_{\Delta z \to 0} \frac{f(z_0 + \Delta z) - f(z_0)}{\Delta z} \tag{4.9}$$

が存在するならば，関数 $f(z)$ は z_0 で**微分可能**であるという．そして，この極限を $f(z)$ の z_0 における**微分係数**といい，$f'(z_0)$ または $\left.\dfrac{\mathrm{d}f}{\mathrm{d}z}\right|_{z=z_0}$ で表す：

$$f'(z_0) = \left.\frac{\mathrm{d}f}{\mathrm{d}z}\right|_{z=z_0} = \lim_{\Delta z \to 0} \frac{f(z_0 + \Delta z) - f(z_0)}{\Delta z}. \tag{4.10}$$

□

この定義では，Δz の 0 への近づき方は指定していない．たとえば，点 z がどのような方向から z_0 に近づいても極限値 (4.9) が同じ値にならなければ，$f(z)$ は点 z_0 で微分可能であるとはいわないのである．これが複素関数の微分の著しい特徴である．

上の定義では，ρ を適当に小さくとれば z_0 の ρ-近傍が D に完全に入るようにできることを仮定した．この仮定に関して補足しておく．そもそも微分係数は一種の極限値であるから，点 z_0 での微分を論ずるためには，$f(z)$ が点 z_0 を完全に内部に含む z_0 の ρ-近傍で定義されていなくてはならない．上の仮定は，ρ を適当に小さくとれば $f(z)$ が z_0 の ρ-近傍で定義されること，つまり極限が考えられることを要求しているわけである．なお，ρ の値によって関数の微分可能性，微分不可能性が変わることはなく，さらに微分可能の場合には微分係数の値も変わることがないことに注意せよ．

(b) **定義域に関する仮定**

［**開集合性の仮定**］ 今後われわれは，定義域 D 内のすべての点で関数の微分可能性を議論したい．そこで以下，微分可能性を議論するに当たって前提となる定義 4.2 の仮定が，定義域 D 内のすべての点で満たされることを仮定す

る. すなわち, 定義域 D に属する任意の点 z_0 に対して, ρ を適当に小さくとれば (この ρ の値は z_0 による), z_0 の ρ-近傍が D に含まれるようにできることを仮定する. このような仮定を満足する複素平面の部分集合をわれわれは一般に**開集合**とよんでいる. たとえば, 円の内部 (周は除く), 三角形の内部 (周は除く) などは仮定を満たすから開集合である (図 4.1). しかし, 周まで含めた円板, 周まで含めた三角形の内部などは開集合ではない. 実際, z_0 を円周上の点や三角形の周上の点にとると, ρ をいかに小さくとっても z_0 の ρ-近傍が周まで含めた円板や周まで含めた三角形の内部に完全に含まれるようにはできないからである (図 4.1).

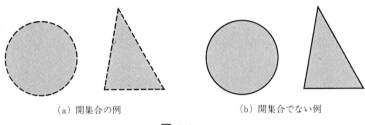

(a) 開集合の例 (b) 開集合でない例

図 4.1

[**連結性の仮定**] 以上のように, われわれは複素関数の定義域 D は開集合であると仮定した. ところで, 図 4.1 (a) のように円の内部とそれとは離れた三角形の内部の合併集合を考えると, これも開集合である. しかし, この開集合を定義域とする関数は, 円の内部および三角形の内部で別々に考察するほうがより自然であろう. 一方, 円の内部あるいは三角形の内部のような開集合は, 図 4.1 (a) の開集合のように共通点をもたない二つの空でない開集合に分かれることはない (これを厳密に証明することは簡単ではないが直観的には納得できるであろう) から, 関数を考える場である定義域として自然である. 円の内部や三角形の内部のように, 一般に開集合 D が共通点をもたない二つ以上の空でない開集合の合併集合とはならないとき, D は**連結**であるという. そして, 連結な開集合を**領域**とよぶ. 今後われわれは, 複素関数の定義域 D は領域であると仮定する.

開集合が連結であることの意味を直観的に理解するために, 連結の特徴付け

に関する定理を掲げておこう[*1].

定理 4.7 開集合 D が連結であるための必要かつ十分条件は，D に属する任意の2点 z_1, z_2 を D 内にある折れ線で結ぶことができることである． □

(c) 微分の基本的性質

複素関数の連続性，極限，微分の定義は，実関数のそれらの定義と形式的にはまったく同じであることから，複素関数の微分に関して実関数の場合と形式的には同じ次の結果が成り立つ．

定理 4.8 ［微分可能関数の連続性］ 複素平面の領域 D で定義された複素関数 $f(z)$ が $z_0 \in D$ で微分可能ならば，$f(z)$ は $z_0 \in D$ において連続である． □

定理 4.9 ［関数の1次結合，積，商の微分］ $f(z)$, $g(z)$ をそれぞれ複素平面上の領域 D で定義された複素関数とする．複素関数 $f(z)$, $g(z)$ が $z_0 \in D$ において微分可能ならば，$c_1 f(z) + c_2 g(z)$ (c_1, c_2 は複素定数), $f(z)g(z)$, $f(z)/g(z)$ も $z_0 \in D$ において微分可能で，その微分係数はそれぞれ次のようになる．

$$(c_1 f(z_0) + c_2 g(z_0))' = c_1 f'(z_0) + c_2 g'(z_0) \tag{4.11}$$

$$(f(z_0)g(z_0))' = f'(z_0)g(z_0) + f(z_0)g'(z_0) \tag{4.12}$$

$$\left(\frac{f(z_0)}{g(z_0)}\right)' = \frac{f'(z_0)g(z_0) - f(z_0)g'(z_0)}{g(z_0)^2} \quad (g(z_0) \neq 0) \tag{4.13}$$

［**合成関数の微分**］ $f(z)$ を複素平面上の領域 D で定義された複素関数，$g(w)$ を複素平面上の領域 E で定義された複素関数とし，さらに $f(D) \subset E$ とする．このとき，複素関数 $f(z)$ が $z_0 \in D$ において微分可能であり，また複素関数 $g(w)$ が $w_0 = f(z_0) \in E$ において微分可能ならば，合成関数 $g(f(z))$ も z_0 において微分可能で，その微分係数は $g'(w_0)f'(z_0)$ ($w_0 = f(z_0)$) で与えられる． □

例 4.5 ［多項式の微分可能性］ 複素平面全体で定義された複素関数 $f(z) = z$ は，複素平面の任意の点 z_0 において微分可能である．実際，$(f(z_0 + \Delta z) - f(z_0))/\Delta z = 1$ であるから，極限 (4.9) が存在して，$f'(z_0) = 1$ である．z が微分可能関数であるから，定理 4.9 より，複素平面全体で定義された複素変数 z の多項式 $P(z)$ は複素平面の任意の点において微分可能である．

[*1] 小平邦彦：解析入門，岩波基礎数学選書，岩波書店，1991（とくに pp. 252-253）参照．

$$P(z) = a_n z^n + a_{n-1} z^{n-1} + \cdots + a_1 z + a_0 \tag{4.14}$$

とすると，その微分係数は実関数の場合と同じに次の形になる．

$$P'(z_0) = n a_n z_0^{n-1} + (n-1) a_{n-1} z_0^{n-2} + \cdots + a_1 \tag{4.15}$$

□

例 4.6 ［有理関数の微分可能性］ 有理関数 $P(z)/Q(z)$ ($P(z)$, $Q(z)$：多項式) は，複素平面から $Q(z)$ の零点を除いた領域の任意の点で微分可能である．その微分係数は実関数の場合と同じ形で与えられる． □

例 4.7 ［z, $\bar{z}$ の多項式の微分可能性］ 複素平面全体で定義された複素関数 $f(z) = \bar{z}$ は複素平面の任意の点 z_0 において微分不可能である．実際，$(f(z_0 + \Delta z) - f(z_0))/\Delta z = \overline{\Delta z}/\Delta z$ であり，Δz が実軸上にあるとき，(1.9) より $\overline{\Delta z} = \Delta z$ であるからこの値は 1，Δz が虚軸上にあるとき，(1.10) より $\overline{\Delta z} = -\Delta z$ であるからこの値は -1 である．したがって，極限 (4.9) は存在しない．同様に，$f(z) = \operatorname{Re} z = (z + \bar{z})/2$, $f(z) = \operatorname{Im} z = (z - \bar{z})/(2i)$ も複素平面の任意の点 z_0 において微分不可能である．

一般に，z, $\bar{z}$ の多項式 $P(z, \bar{z})$ (例 4.2 (4.3)) の点 z_0 における微分可能性を調べよう．まず，簡単な計算からわかるように次式が成立する[*1]．

$$P(z_0 + \Delta z, \overline{z_0} + \overline{\Delta z}) - P(z_0, \overline{z_0}) = \frac{\partial P(z_0, \overline{z_0})}{\partial z} \Delta z + \frac{\partial P(z_0, \overline{z_0})}{\partial \bar{z}} \overline{\Delta z}$$
$$+ \varepsilon(\Delta z) \Delta z \tag{4.16}$$

$\varepsilon(\Delta z)$ は，$\lim_{\Delta z \to 0} \varepsilon(\Delta z) = 0$ となる関数である．この式より，

$$\frac{P(z_0 + \Delta z, \overline{z_0} + \overline{\Delta z}) - P(z_0, \overline{z_0})}{\Delta z} = \frac{\partial P(z_0, \overline{z_0})}{\partial z} + \frac{\partial P(z_0, \overline{z_0})}{\partial \bar{z}} \frac{\overline{\Delta z}}{\Delta z} + \varepsilon(\Delta z). \tag{4.17}$$

したがって，$\Delta z \to 0$ のとき右辺の極限が存在するための必要十分条件は

$$\frac{\partial P(z_0, \overline{z_0})}{\partial \bar{z}} = 0 \tag{4.18}$$

で与えられる．ゆえに，$P(z, \bar{z})$ は (4.18) を満たす z_0 において微分可能で，その微分係数は $\partial P(z_0, \overline{z_0})/\partial z$ で与えられることがわかる．この結果，たとえば，

[*1] $\partial P(z_0, \overline{z_0})/\partial z$ は，z, $\bar{z}$ を独立変数のように考えて，$P(z, \bar{z})$ を z について偏微分し，$z = z_0$, $\bar{z} = \overline{z_0}$ を代入したものである．$\partial P(z_0, \overline{z_0})/\partial \bar{z}$ も同様である．

$P(z,\bar{z}) = |z|^2 = z\bar{z}$ はただ 1 点 $z=0$ でのみ微分可能で,その微分係数は 0 であり,また $P(z,\bar{z}) = z(\bar{z})^2/2 - \bar{z}$ は単位円周上の点 z_0 でのみ微分可能で,その微分係数は $\overline{z_0}^2/2$ で与えられることなどがわかる.$P(z,\bar{z})$ の連続性が複素平面上の任意の点で成り立ったのと比べると,複素関数の意味での微分可能性,つまり (4.9) の極限の存在要請がいかに強い条件であるかがわかるであろう. □

(d) Cauchy-Riemann の微分方程式

ここでは,指数関数 $e^z = e^x \cos y + ie^x \sin y$ $(z = x + iy)$ の微分可能性について考える.ただし,問題をなるべく一般的に扱うために,複素変数 $z = x+iy$ の関数 $f(z) = u(x,y) + iv(x,y)$ の形で微分可能性について論ずる.ここで,$u(x,y)$, $v(x,y)$ のように表したのは,これらは複素変数 $z = x+iy$ の関数 $f(z)$ の実数部 $\operatorname{Re} f(z)$ と虚数部 $\operatorname{Im} f(z)$ であって,それぞれ二つの実変数 x, y の実数値関数と考えているからである (定理 4.3 参照).

いま,微分可能性を議論する点を $z_0 = x_0 + iy_0$,微分の定義に現われる Δz を $\Delta x + i \Delta y$ と表すことにすると,
$$f(z_0 + \Delta z) - f(z_0) = (u(x_0 + \Delta x, y_0 + \Delta y) - u(x_0, y_0))$$
$$+ i(v(x_0 + \Delta x, y_0 + \Delta y) - v(x_0, y_0)) \quad (4.19)$$
と書くことができる.したがって,(4.9) の極限の存在,つまり微分可能性を調べるには,この式の右辺を Δx, Δy が小さいとして点 (x_0, y_0) のまわりで展開し,その結果を (4.9) に代入して極限の存在を調べるのが自然であろう.そこで,(4.19) の右辺の実数部,虚数部は,Δx, Δy が小さいとき点 (x_0, y_0) のまわりで展開可能,すなわち次式が成り立つと仮定する:

$$u(x_0 + \Delta x, y_0 + \Delta y) - u(x_0, y_0)$$
$$= u_x(x_0, y_0)\Delta x + u_y(x_0, y_0)\Delta y + \varepsilon_u(\Delta x, \Delta y)\sqrt{\Delta x^2 + \Delta y^2},$$
$$v(x_0 + \Delta x, y_0 + \Delta y) - v(x_0, y_0)$$
$$= v_x(x_0, y_0)\Delta x + v_y(x_0, y_0)\Delta y + \varepsilon_v(\Delta x, \Delta y)\sqrt{\Delta x^2 + \Delta y^2}.$$

ここで,u_x, v_x は x に関する偏微分係数,u_y, v_y は y に関する偏微分係数,$\varepsilon_u(\Delta x, \Delta y)$, $\varepsilon_v(\Delta x, \Delta y)$ は

$$\lim_{(\Delta x,\Delta y)\to(0,0)}\varepsilon_u(\Delta x,\Delta y) = \lim_{(\Delta x,\Delta y)\to(0,0)}\varepsilon_v(\Delta x,\Delta y) = 0$$

となる関数である．この仮定は $u(x,y)$, $v(x,y)$ が点 (x_0,y_0) において微分可能であることと同値である．指数関数の場合，もちろんこの仮定は満たされている．仮定の式を (4.19) に代入すると

$$f(z_0+\Delta z) - f(z_0)$$
$$= u_x\Delta x + u_y\Delta y + \mathrm{i}(v_x\Delta x + v_y\Delta y) + (\varepsilon_u + \mathrm{i}\varepsilon_v)|\Delta z|$$

となる．$\Delta z \to 0$ のときの極限がみやすくなるように，$\Delta x = (\Delta z + \overline{\Delta z})/2$, $\Delta y = (\Delta z - \overline{\Delta z})/(2\mathrm{i})$ を代入し，右辺を Δz と $\overline{\Delta z}$ によって表す (例 4.7 参照)：

$$f(z_0+\Delta z) - f(z_0)$$
$$= \frac{(u_x+v_y)+\mathrm{i}(-u_y+v_x)}{2}\Delta z + \frac{(u_x-v_y)+\mathrm{i}(u_y+v_x)}{2}\overline{\Delta z}$$
$$+(\varepsilon_u+\mathrm{i}\varepsilon_v)|\Delta z|. \tag{4.20}$$

最後に両辺を Δz で割って

$$\frac{f(z_0+\Delta z) - f(z_0)}{\Delta z}$$
$$= \frac{(u_x+v_y)+\mathrm{i}(-u_y+v_x)}{2} + \frac{(u_x-v_y)+\mathrm{i}(u_y+v_x)}{2}\frac{\overline{\Delta z}}{\Delta z}$$
$$+(\varepsilon_u+\mathrm{i}\varepsilon_v)\frac{|\Delta z|}{\Delta z} \tag{4.21}$$

を得る．右辺第 3 項は $\Delta z \to 0$ のとき，すなわち $(\Delta x,\Delta y) \to (0,0)$ のとき，その定義によって 0 に収束する．したがって，$\Delta z \to 0$ のとき極限が存在するための必要十分条件，すなわち f が微分可能であるための必要十分条件は，$\overline{\Delta z}/\Delta z$ の係数 $= 0$，すなわち

$$\frac{(u_x-v_y)+\mathrm{i}(u_y+v_x)}{2} = 0 \tag{4.22}$$

で与えられることがわかる．そして，このとき極限，すなわち微分係数は

$$f'(z_0) = \frac{(u_x+v_y)+\mathrm{i}(-u_y+v_x)}{2} \tag{4.23}$$

となる．

(4.22) において u_x, v_y, u_y, v_x はすべて実数であるから，(4.22) の条件は

§4.3 複素関数の微分

$$u_x = v_y, \quad u_y = -v_x$$

と等しい．この関係式は，**Cauchy-Riemann の関係式**，または，**Cauchy-Riemann の微分方程式** とよばれる．Cauchy-Riemann の関係式を利用すると，(4.23) は x に関する偏微分係数だけ，または y に関する偏微分係数だけを用いて，次のように簡単な形に表現することができる：

$$f'(z_0) = u_x + \mathrm{i}v_x = -\mathrm{i}u_y + v_y.$$

以上の結果を定理にまとめておこう．

定理 4.10 複素変数 $z = x + \mathrm{i}y$ の関数 $f(z)$ の実数部 $\operatorname{Re} f(z)$ と虚数部 $\operatorname{Im} f(z)$ を，2つの実変数 x, y の実数値関数と考え，それぞれ $u(x,y)$, $v(x,y)$ で表す．$u(x,y)$, $v(x,y)$ が (x_0, y_0) で微分可能なとき，$f(z) = u(x,y) + \mathrm{i}v(x,y)$ が $z = x_0 + \mathrm{i}y_0$ で微分可能であるための必要十分条件は $u(x,y)$, $v(x,y)$ が (x_0, y_0) で Cauchy-Riemann の関係式

$$u_x = v_y, \quad u_y = -v_x \qquad (4.24)$$

を満たすことである．また，このとき，微分係数 $f'(z_0)$ は u, v の偏微分係数を用いて

$$f'(z_0) = u_x(x_0, y_0) + \mathrm{i}v_x(x_0, y_0) = -\mathrm{i}u_y(x_0, y_0) + v_y(x_0, y_0) \qquad (4.25)$$

と表される． □

注意 4.3.1 微分可能であるための条件 (4.22) あるいは Cauchy-Riemann の関係式 (4.24) の意味するところをもう少し分かり易く述べることができる．実際，条件 (4.22) は，Δz を実軸上に制限したとき ($\Leftrightarrow \overline{\Delta z} = \Delta z$) の (4.21) の極限と，$\Delta z$ を虚軸上に制限したとき ($\Leftrightarrow \overline{\Delta z} = -\Delta z$) の (4.21) の極限が等しいことと同値である．したがって，条件 (4.22) は，$f(z)$ を z_0 を通り実軸に平行な直線上で微分したもの (実軸方向に微分したもの) と，虚軸に平行な直線上で微分したもの (虚軸方向に微分したもの) が等しいことを意味する．

注意 4.3.2 われわれは，u, v の微分可能性を仮定して $f = u + \mathrm{i}v$ が微分可能であるための条件を考察したが，実は $f = u + \mathrm{i}v$ の微分可能性から u, v の微分可能性が導かれる (演習問題 4.3)．したがって，次の関係が成り立つ．

$$f = u + \mathrm{i}v \text{ が微分可能} \quad \Longleftrightarrow$$

u, v が微分可能で Cauchy-Riemann の関係式 (4.24) を満たす．

複素関数 $f(z)$ の連続性は単にその実数部 $u(x,y)$ と虚数部 $v(x,y)$ の実関数としての連続性と同等であった (定理 4.3) のに対して，複素関数 $f(z)$ の微分可能性は，その実数部 $u(x,y)$ と虚数部 $v(x,y)$ の実関数としての微分可能性のみならず，実数

部と虚数部の相互関係,すなわち Cauchy-Riemann の関係式の成立を要求することは注目に値する.例 4.7 の最後にも述べたように,複素関数の連続性と比べると,複素関数の微分可能性は非常に強い条件なのである.

例 4.8 [指数関数,三角関数の微分可能性] 指数関数 $f(z) = e^z$ ($z = x+iy$) の実数部 $\mathrm{Re}\,f(z) = u(x,y) = e^x \cos y$,虚数部 $\mathrm{Im}\,f(z) = v(x,y) = e^x \sin y$ は実関数として微分可能であり,

$$u_x = e^x \cos y, \quad u_y = -e^x \sin y, \quad v_x = e^x \sin y, \quad v_y = e^x \cos y$$

であるから,Cauchy-Riemann の関係式が平面の任意の点において成り立つ.したがって,定理 4.10 によって指数関数 e^z は複素平面の任意の点 z_0 において微分可能であり,その微分係数は

$$\left.\frac{de^z}{dz}\right|_{z=z_0} = u_x(x_0, y_0) + iv_x(x_0, y_0) = e^{x_0} \cos y_0 + ie^{x_0} \sin y_0 = e^{z_0} \quad (4.26)$$

で与えられることがわかる.この結果から,定理 4.9 [関数の 1 次結合,積,商の微分][合成関数の微分] より,三角関数 $\sin z$, $\cos z$ も複素平面の任意の点 z_0 において微分可能であり,その微分係数が

$$\left.\frac{d\sin z}{dz}\right|_{z=z_0} = \cos z_0, \quad \left.\frac{d\cos z}{dz}\right|_{z=z_0} = -\sin z_0 \quad (4.27)$$

で与えられることがわかる.さらに,$\sin z$, $\cos z$ の微分可能性から,定理 4.9 [関数の 1 次結合,積,商の微分] より,$\tan z = \sin z/\cos z$, $\cot z = \cos z/\sin z$ は複素平面から分母の零点を除いた領域の任意の点 z_0 において微分可能であり,その微分係数が

$$\left.\frac{d\tan z}{dz}\right|_{z=z_0} = \frac{1}{\cos^2 z_0}, \quad \left.\frac{d\cot z}{dz}\right|_{z=z_0} = -\frac{1}{\sin^2 z_0} \quad (4.28)$$

で与えられることもわかる. □

例 4.9 [対数関数,一般のベキ乗関数の微分可能性] 定理 4.10 によって,対数関数の主値 $\mathrm{Log}\,z = \mathrm{Log}\,r + i\theta$ ($z = x+iy = re^{i\theta}$) の微分可能性についても議論できる.ただし,例 4.3 でみたように $\mathrm{Log}\,z$ は原点を始点とする半直線上で不連続であり,したがってこの半直線上では微分不可能であるから,複素平面から原点を始点とする半直線を除いた領域 $\boldsymbol{C} - \{z = x \mid x \leqq 0\}$ において微分可能性

を考える．対数関数 $\mathrm{Log}\, z = \mathrm{Log}\, r + \mathrm{i}\theta$ $(z = x + \mathrm{i}y = r\mathrm{e}^{\mathrm{i}\theta} \in \boldsymbol{C} - \{z = x \,|\, x \leqq 0\})$ の実数部 $u(x, y) = \mathrm{Log}\, r(x, y)$，虚数部 $v(x, y) = \theta(x, y)$ は実関数として微分可能であり，その偏微分係数は

$$u_x = \frac{x}{x^2 + y^2}, \quad u_y = \frac{y}{x^2 + y^2}$$
$$v_x = -\frac{y}{x^2 + y^2}, \quad v_y = \frac{x}{x^2 + y^2}$$

となるから，(4.24) が平面から原点を始点とする半直線を除いた領域の任意の点において成り立つ．したがって，定理 4.10 によって，対数関数 $\mathrm{Log}\, z$ は領域 $\boldsymbol{C} - \{z = x \,|\, x \leqq 0\}$ の任意の点 $z_0 = x_0 + \mathrm{i}y_0$ において微分可能であり，その微分係数は

$$\left.\frac{\mathrm{d}\,\mathrm{Log}\, z}{\mathrm{d}z}\right|_{z=z_0} = u_x(x_0, y_0) + \mathrm{i}v_x(x_0, y_0)$$
$$= \frac{x_0}{x_0^2 + y_0^2} - \mathrm{i}\frac{y_0}{x_0^2 + y_0^2} = \frac{1}{x_0 + \mathrm{i}y_0} = \frac{1}{z_0}$$

で与えられることがわかる．なお，ここでは対数関数の主値を考えたが，他の分枝を考えても同じ結果が成り立つ：

$$\left.\frac{\mathrm{d}\log z}{\mathrm{d}z}\right|_{z=z_0} = \frac{1}{z_0}. \tag{4.29}$$

□

一般のベキ乗関数 z^α については，$z^\alpha = \mathrm{e}^{\alpha \log z}$ と定義されるから，指数関数，対数関数の微分可能性に関する結果からその微分可能性が議論できる．実際，一般のベキ乗関数の分枝を決めると，指数関数，対数関数の微分に関する結果から，定理 4.9 ［関数の 1 次結合，積，商の微分］［合成関数の微分］より，z^α は複素平面から原点を始点とする半直線を除いた領域 $\boldsymbol{C} - \{z = x \,|\, x \leqq 0\}$ において微分可能であり，その微分係数が

$$\left.\frac{\mathrm{d}z^\alpha}{\mathrm{d}z}\right|_{z=z_0} = \alpha \frac{\mathrm{e}^{\alpha \log z_0}}{z_0}$$
$$= \alpha \mathrm{e}^{(\alpha-1)\log z_0} = \alpha z_0^{\alpha-1} \tag{4.30}$$

で与えられることがわかる．

(e) $\partial/\partial z$ と $\partial/\partial \bar{z}$ による演算

z および $\bar{z}$ に関する偏微分 $\partial/\partial z$ と $\partial/\partial \bar{z}$ を導入すると，Cauchy-Riemann の微分方程式をはじめとして複素関数の微分に関する演算が形式的に簡単に記述できる場合がある．

$z, \bar{z}$ と x, y は

$$\begin{cases} z = x + \mathrm{i}y \\ \bar{z} = x - \mathrm{i}y, \end{cases} \quad \begin{cases} x = \dfrac{z + \bar{z}}{2} \\ y = \dfrac{z - \bar{z}}{2\mathrm{i}} \end{cases} \tag{4.31}$$

なる関係で結ばれていて，したがって z と $\bar{z}$ は独立ではない．しかし，ここで z と $\bar{z}$ があたかも独立であるかのようにみなして合成関数の微分公式を適用し，関数 $f(z)$ の変数 z および $\bar{z}$ に関する偏微分係数を次のように定義する．

$$\frac{\partial f}{\partial z} = \frac{1}{2}\left(\frac{\partial f}{\partial x} - \mathrm{i}\frac{\partial f}{\partial y}\right), \quad \frac{\partial f}{\partial \bar{z}} = \frac{1}{2}\left(\frac{\partial f}{\partial x} + \mathrm{i}\frac{\partial f}{\partial y}\right) \tag{4.32}$$

$f(z)$ を実数部と虚数部に分けて $f(z) = u(x,y) + \mathrm{i}v(x,y)$ とかけば，(4.32) は

$$\frac{\partial f}{\partial z} = \frac{(u_x + v_y) + \mathrm{i}(-u_y + v_x)}{2},$$

$$\frac{\partial f}{\partial \bar{z}} = \frac{(u_x - v_y) + \mathrm{i}(u_y + v_x)}{2} \tag{4.33}$$

と表される．

この関係を使うと，Cauchy-Riemann 方程式，すなわち関数 f が微分可能であることの必要十分条件は

$$\frac{\partial f}{\partial \bar{z}} = 0 \tag{4.34}$$

のように表現することができる．この式も Cauchy-Riemann の微分方程式とよばれることがある．またこのとき，(4.23) より微分係数 f' は

$$f'(z) = \frac{\partial f}{\partial z} \tag{4.35}$$

と書くことができる．

次に $z, \bar{z}$ に関する偏微分について成り立つ公式を挙げておく (演習問題 4.4)．

§4.3 複素関数の微分

(1) $\dfrac{\partial(f\pm g)}{\partial z} = \dfrac{\partial f}{\partial z} \pm \dfrac{\partial g}{\partial z},\quad \dfrac{\partial(fg)}{\partial z} = \dfrac{\partial f}{\partial z}g + f\dfrac{\partial g}{\partial z},$

$\dfrac{\partial(f/g)}{\partial z} = \dfrac{1}{g^2}\left(\dfrac{\partial f}{\partial z}g - f\dfrac{\partial g}{\partial z}\right),$

$\dfrac{\partial(f\pm g)}{\partial \bar{z}} = \dfrac{\partial f}{\partial \bar{z}} \pm \dfrac{\partial g}{\partial \bar{z}},\quad \dfrac{\partial(fg)}{\partial \bar{z}} = \dfrac{\partial f}{\partial \bar{z}}g + f\dfrac{\partial g}{\partial \bar{z}},$

$\dfrac{\partial(f/g)}{\partial \bar{z}} = \dfrac{1}{g^2}\left(\dfrac{\partial f}{\partial \bar{z}}g - f\dfrac{\partial g}{\partial \bar{z}}\right).$ (4.36)

(2) $\dfrac{\partial \bar{f}}{\partial z} = \overline{\dfrac{\partial f}{\partial \bar{z}}},\quad \dfrac{\partial \bar{f}}{\partial \bar{z}} = \overline{\dfrac{\partial f}{\partial z}}.$ (4.37)

(3) $g(w)$ と $f(z)$ の合成関数 $g\circ f(z) = g(f(z))$ に対して

$$\dfrac{\partial g\circ f}{\partial z} = \dfrac{\partial g}{\partial w}\dfrac{\partial f}{\partial z} + \dfrac{\partial g}{\partial \bar{w}}\dfrac{\partial \bar{f}}{\partial z},\quad \dfrac{\partial g\circ f}{\partial \bar{z}} = \dfrac{\partial g}{\partial w}\dfrac{\partial f}{\partial \bar{z}} + \dfrac{\partial g}{\partial \bar{w}}\dfrac{\partial \bar{f}}{\partial \bar{z}}.\quad (4.38)$$

ここで導入した f の z, $\bar{z}$ に関する偏微分は形式的なものに過ぎないが，その表現の簡明さゆえに議論の見通しがよくなることがあり，しばしば利用される．

例 4.10 次の (1), (2) を，z, $\bar{z}$ に関する偏微分を用いて証明してみよう．

(1) $g(w)$ を領域 D の各点 w_0 で微分可能な関数とし，$\bar{D}$ を D を実軸に関して対称に折り返した領域とする：$\bar{D} = \{z\,|\,\bar{z}\in D\}$．このとき，$h(z) = \overline{g(\bar{z})}$ は $\bar{D}$ の各点 z_0 で微分可能な関数であり，h の微分係数は $\overline{g'(\bar{z_0})}$ で与えられる．

(2) $g(w)$ を半径 R の円の内部の各点 w_0 で微分可能な関数とする．このとき $h(z) = \overline{g(R^2/\bar{z})}$ は半径 R の円の外部の各点 z_0 で微分可能な関数であり，h の微分係数は $\overline{g'(R^2/\overline{z_0})}(-R^2/z_0^2)$ で与えられる．

［証明］(1) $\partial g/\partial \bar{w} = 0$, $\partial g/\partial w = g'$ に注意して，$\partial h(z)/\partial \bar{z} = 0$ を示し，次に $h'(z) = \partial h(z)/\partial z$ を計算すればよい．

$$\dfrac{\partial h(z)}{\partial \bar{z}} = \dfrac{\partial \bar{g}}{\partial w}\dfrac{\partial \bar{z}}{\partial \bar{z}} + \dfrac{\partial \bar{g}}{\partial \bar{w}}\dfrac{\partial z}{\partial \bar{z}} = \dfrac{\partial \bar{g}}{\partial w} = \overline{\dfrac{\partial g}{\partial \bar{w}}} = 0.$$

$$\dfrac{\partial h(z)}{\partial z} = \dfrac{\partial \bar{g}}{\partial w}\dfrac{\partial \bar{z}}{\partial z} + \dfrac{\partial \bar{g}}{\partial \bar{w}}\dfrac{\partial z}{\partial z} = \dfrac{\partial \bar{g}}{\partial \bar{w}} = \overline{\dfrac{\partial g}{\partial w}} = \overline{g'}.$$

(2) (1) と同様に計算すればよい．

$$\frac{\partial h(z)}{\partial \bar{z}} = \frac{\partial \bar{g}}{\partial w}\frac{\partial (R^2/\bar{z})}{\partial \bar{z}} + \frac{\partial \bar{g}}{\partial \bar{w}}\frac{\partial (R^2/z)}{\partial \bar{z}} = \frac{\partial \bar{g}}{\partial w}\left(-\frac{R^2}{\bar{z}^2}\right) = \overline{\frac{\partial g}{\partial \bar{w}}}\left(-\frac{R^2}{\bar{z}^2}\right) = 0.$$

$$\frac{\partial h(z)}{\partial z} = \frac{\partial \bar{g}}{\partial w}\frac{\partial (R^2/\bar{z})}{\partial z} + \frac{\partial \bar{g}}{\partial \bar{w}}\frac{\partial (R^2/z)}{\partial z} = \frac{\partial \bar{g}}{\partial \bar{w}}\left(-\frac{R^2}{z^2}\right) = \overline{\frac{\partial g}{\partial w}}\left(-\frac{R^2}{z^2}\right)$$
$$= \overline{g'}\left(-\frac{R^2}{z^2}\right).$$

$z, \bar{z}$ に関する偏微分の他の応用に関しては演習問題 4.5, 4.6 をみよ．

(f) 微分可能写像の等角性

複素関数 $f(z)$ を二つの複素平面間の写像と考えたとき，$f(z)$ が微分可能であることの幾何学的意味を考えよう．ここでは，変数 z が動く複素平面を z 平面，像を考える複素平面を w 平面とよぶことにする．

微分の定義 (4.10) を分母を払って書き変えれば

$$f(z_0 + \Delta z) = (f'(z_0) + \varepsilon(\Delta z))\Delta z + f(z_0) \tag{4.39}$$

となる．ここで，$\varepsilon(\Delta z)$ は $\lim_{\Delta z \to 0}\varepsilon(\Delta z) = 0$ となる関数である．いま $f'(z_0) \neq 0$ とすると，(4.39) は Δz が小さい範囲において，つまり z_0 の近くで

$$\text{関数 } f(z) \approx 1 \text{ 次関数 } f'(z_0)(z - z_0) + f(z_0)$$

となっていることを示している．このことは，写像 $f(z)$ が，z 平面上の z_0 の近くにある微小図形 C を，z_0 のまわりに角 $\arg f'(z_0)$ だけ回転し，z_0 を中心として $|f'(z_0)|$ 倍に拡大して，w 平面上の $f(z_0)$ の近くに写像することを意味している．したがって，複素関数 $f(z)$ が z_0 で微分可能であることは，写像 $f(z)$ が z_0 の近くで近似的に回転角 $\arg f'(z_0)$, 拡大率 $|f'(z_0)|$ の相似変換となっていることを意味しているわけである．

ここで $\Delta z \to 0$ の極限を考えると，写像 $f(z)$ によって，z 平面上の z_0 を始点とする曲線の "無限小部分" が，w 平面上の $f(z_0)$ を始点とする曲線の "無限小部分" に回転角 $\arg f'(z_0)$, 拡大率 $|f'(z_0)|$ で相似変換されることになる．z_0 を始点とする曲線の "無限小部分" とは，z_0 の近くを無限に拡大すれば，曲線の z_0 における接線ベクトルに他ならない．したがって結局，写像 $f(z)$ によっ

て，z 平面上の $z = z_0$ を通る曲線の z_0 における接線ベクトルが，w 平面上の $f(z_0)$ を通る曲線の $f(z_0)$ における接線ベクトルに回転角 $\arg f'(z_0)$，拡大率 $|f'(z_0)|$ で相似変換される，ということになる．

いま得られた結果のうち，z_0 を通る任意の曲線の z_0 における接線ベクトルがいずれも一定角 $\arg f'(z_0)$ だけ回転することに注目すると，二つの曲線のなす角 (二つの接線ベクトルのなす角) が写像 $f(z)$ によって不変に保たれることがわかる．この性質をもつ写像は等角であるといわれる (図 4.2)．したがって，複素関数 $f(z)$ が z_0 で微分可能でかつ $f'(z_0) \neq 0$ であるならば，写像 $f(z)$ は z_0 で**等角**である．

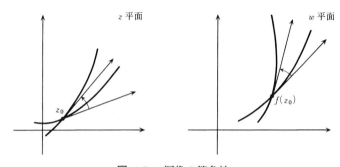

図 4.2　写像の等角性

第 3 章で，いくつかの初等関数について，z 平面上の直交する曲線，たとえば実軸に平行な直線と虚軸に平行な直線や原点に中心をもつ円と原点を始点とする半直線が w 平面の互いに直交する曲線に写像されることをみたが，それは初等関数の微分可能性および微分係数 $\neq 0$ から導かれる初等関数の等角性の現れなのである．

§4.4　正則関数

(a)　正則性の定義

§4.3 において，われわれは複素関数 $f(z)$ の 1 点での微分可能性についてかなり詳細に議論した．ここでは，複素関数 $f(z)$ の定義域 D 全体で微分可能な場合について議論する．なお，§4.3 (b) で述べたように，定義域 D は複素平

面内の領域，すなわち複素平面内の連結開集合とする．ところで，実関数の場合には，定義域 D 全体で微分可能な関数を，D で微分可能である，あるいは微分可能な関数であるといった．複素関数の場合には，歴史的所以により，D 全体で $f(z)$ が微分可能であることを $f(z)$ は D で**正則**である，あるいは $f(z)$ は D 上の**正則関数**であるという．$f(z)$ が D で正則であるとき，D の各点 z に対して微分係数 $f'(z)$ を対応させる関数が考えられるが，これを実関数の場合と同様に $f(z)$ の**導関数**とよび，$f'(z)$, df/dz などで表す．

なお，複素関数 $f(z)$ の定義域 D に含まれる領域 E の各点で $f(z)$ が微分可能であるとき，$f(z)$ は E で正則であるという．E が領域でない場合にも同様に $f(z)$ は E で正則であるというが，この場合 E の各点で $f(z)$ が微分可能であることを意味するのではなく，E を含むようなある領域の各点で $f(z)$ が微分可能であることを意味するものとする．したがって，たとえば $f(z)$ は点 z_0 で正則であるという場合には，$f(z)$ は 1 点 z_0 で微分可能であるだけではなく，z_0 を含む領域で，したがって z_0 の近くのすべての点で微分可能であることを意味している．いずれにせよ，複素関数について正則という言葉を使うときには，つねに，関数がある領域 (=連結開集合) において微分可能であることを意味しているのである．

正則性は一見なんら強い条件とは思えないが，実は非常に強い条件なのである．次の例にその一端がうかがえる．

例 4.11 [z と $\bar{z}$ の多項式の非正則性] z, $\bar{z}$ の多項式 $P(z, \bar{z})$ の正則性について考える．まず，$P(z, \bar{z})$ が z だけの多項式ならば，例 4.5 でみたように複素平面の各点で微分可能であるから，これは正則関数である．それに対して，例 4.7 でみたように，$\bar{z}$ を含む多項式 $P(z, \bar{z}) = z\bar{z}$ はただ 1 点 $z = 0$ でのみ微分可能で，また $P(z, \bar{z}) = z\bar{z}^2/2 - \bar{z}$ は単位円周上の点でのみ微分可能であった．したがって，これらはともに，どのような領域を考えても正則関数ではない．

例 4.7 において，多項式 $P(z, \bar{z})$ が z_0 で微分可能であるための必要十分条件は $\partial P(z_0, \overline{z_0})/\partial \bar{z} = 0$ で与えられることをみた．ここでは証明の内容は掲げないが，実は，この方程式がある領域 D で成り立つならば $P(z, \bar{z})$ が $\bar{z}$ を含まないことを証明することができる．したがって，$P(z, \bar{z})$ が正則関数になるのは z の多項式の場合のみに限られる． □

§4.4 正則関数

例 4.12 [初等関数の正則性] §4.3 の諸結果からわかるように，多項式，有理関数，指数関数，三角関数 ($\sin z, \cos z, \tan z, \cot z$)，対数関数，一般のベキ乗関数などの初等関数は，有理関数の分母の零点などを除いて，正則関数である． □

(b) 正則関数の基本的性質

ここでは，§4.3 の関数の 1 点における微分可能性に関する結果から導かれる正則関数の基本的性質について述べる．

まず，定理 4.8 および定理 4.9 から，正則関数は連続関数であり，二つの正則関数の 1 次結合，積，商，合成関数は，それらが意味をもつ限り正則関数となることがわかる．また定理 4.10 より，$f(z) = u(x,y) + iv(x,y)$ が正則になるための条件を与える次の定理が導かれる．

定理 4.11 領域 D で定義された複素変数 $z = x+iy$ の関数 $f(z)$ を $u(x,y) + iv(x,y)$ と表すとき，$u(x,y), v(x,y)$ が D の各点で微分可能であるならば，$f(z)$ が正則であるための必要十分条件は $u(x,y), v(x,y)$ が D で Cauchy-Riemann の微分方程式を満たすことである． □

なお，定理 4.10 の後の注意 4.3.2 に対応して，次の同値関係が成り立つ．

$$f = u+iv \text{ が } D \text{ で正則} \iff$$
u, v が D の各点で微分可能で Cauchy-Riemann の微分方程式を満たす[*1]．
(4.40)

第 6 章において示されるように，正則関数 $f(z)$ の導関数 $f'(z)$ はふたたび微分可能になり，したがって $f(z)$ は無限階微分可能になる．いまこのことを認めるならば，$f(z)$ の実数部 $u(x,y)$，虚数部 $v(x,y)$ は 2 変数の無限階微分可能関数となる．そこで，Cauchy-Riemann の関係式

$$\frac{\partial u}{\partial x} = \frac{\partial v}{\partial y}, \quad \frac{\partial u}{\partial y} = -\frac{\partial v}{\partial x}$$

において，第 1 式を x で，第 2 式を y で偏微分すれば

[*1] $f = u+iv$ が D で正則になるための u, v に関する十分条件については古くから詳細に調べられている．たとえば G. H. Sindalovskii : On Cauchy-Riemann Conditions in the Class of Functions with Summable Modulus, and Some Boundary Properties of Analytic Functions, Math. USSR Sb., Vol. 56 (1987), pp. 359-377 などを参照せよ．

$$\frac{\partial^2 u}{\partial x^2} = \frac{\partial^2 v}{\partial x \partial y}, \quad \frac{\partial^2 u}{\partial y^2} = -\frac{\partial^2 v}{\partial x \partial y}$$

となり，これらを辺々加えると

$$\Delta u \equiv \frac{\partial^2 u}{\partial x^2} + \frac{\partial^2 u}{\partial y^2} = 0 \tag{4.41}$$

が成り立つ．同様にして，$v(x,y)$ についても

$$\Delta v = \frac{\partial^2 v}{\partial x^2} + \frac{\partial^2 v}{\partial y^2} = 0 \tag{4.42}$$

が成り立つ．

(4.41), (4.42) はそれぞれ u および v に関する Laplace 方程式であるが，一般に **Laplace 方程式**

$$\Delta g = 0$$

の解 g を**調和関数**という．(4.41), (4.42) は正則関数の実数部と虚数部がそれぞれ 2 次元の調和関数であることを示している．Laplace 方程式は工学や物理学のいろいろなポテンシアル問題に現れるが，正則関数は Laplace 方程式の境界値問題を解くための有力な道具として利用されてきた．

Cauchy-Riemann の関係式をみたす u と v は，互いに**共役な調和関数**であるという．ただし，v を u の共役調和関数とよぶと，Cauchy-Riemann の関係式における符号の非対称性によって，v の共役調和関数は $-u$ ということになる．

互いに共役な調和関数は，一方を与えると他方は付加定数を除いて一意的に定まることが知られている．

例 4.13

$$u(x,y) = e^x \cos y \tag{4.43}$$

のとき，これに共役な調和関数を求めてみよう．(4.43) より $u_x = e^x \cos y$ であるから，Cauchy-Riemann の関係式より $v_y = e^x \cos y$ が成り立つ．この両辺を y で積分すると

$$v(x,y) = \int v_y \mathrm{d}y + c(x) = e^x \sin y + c(x)$$

となる．$c(x)$ は積分定数としての x の関数である．両辺を x で偏微分すれば $v_x = e^x \sin y + c'(x)$ となるが，一方 Cauchy-Riemann の関係式および (4.43) よ

§4.4 正則関数

り $v_x = -u_y = \mathrm{e}^x \sin y$ であり,両者を等置して $c'(x) = 0$,すなわち $c(x) =$ 定数となる.したがって,
$$v(x,y) = \mathrm{e}^x \sin y + 定数$$
である.結局 (4.43) を実数部とする正則関数は,付加定数を除いて
$$w(z) = u(x,y) + \mathrm{i}v(x,y) = \mathrm{e}^x(\cos y + \mathrm{i}\sin y) = \mathrm{e}^z$$
であることがわかる. □

(c) 逆関数定理

第 3 章で逆関数を通して対数関数などいくつかの初等関数を定義した.ここで,一般の正則関数について逆関数が存在するための条件を示しておこう.実関数 $y = f(x)$ の場合には,$f(x)$ が微分可能でかつ $f'(x_0) \neq 0$ ならば $y_0 = f(x_0)$ の近くで逆関数 $x = g(y)$ が存在し,逆関数の微分は $\dfrac{\mathrm{d}g}{\mathrm{d}y} = 1/\dfrac{\mathrm{d}f}{\mathrm{d}x}$ で与えられる.複素関数の微分の定義は形式的には実関数の場合と同じであるから,複素関数の逆関数についても同様な関係が成り立つことが期待される.実際,次の定理が成り立つ[*1].

定理 4.12 $f(z)$ は平面上の点 $z = z_0$ で正則で,$f'(z_0) \neq 0$ とする.このとき,

(i) z_0 のある近傍 $|z - z_0| < r$ で逆関数が存在する.すなわち,$|z - z_0| < r$ において $z_1 \neq z_2$ ならば $f(z_1) \neq f(z_2)$ が成り立つ.

(ii) $w = f(z)$ による $|z - z_0| < r$ の w 平面における像を E とする.E において定義される $w = f(z)$ の逆関数 $z = g(w)$ は正則で,次式が成り立つ:
$$\frac{\mathrm{d}g}{\mathrm{d}w} = \frac{1}{\dfrac{\mathrm{d}f}{\mathrm{d}z}}. \tag{4.44}$$
□

例 4.14 関数 $f(z) = z^2$ の逆関数を考える.$f'(z) = 2z$ であるから,定理 4.12 より,$z_0 \neq 0$ なる点 z_0 に対応する w 平面の点 $w_0 = z_0^2$ の近傍では,逆関数 $w^{1/2}$ が定義できて,正則である.一方,$z_0 = 0$ では定理 4.12 の前提が成り立たない.実軸に沿って調べてみると,実 2 次関数の形から明らかなよう

[*1] 証明に関しては,たとえば Einar Hille, Analytic Function Theory, Vol. I, Blaisdel Publishing Co., 1959 を参照せよ.

に，$z_0 = 0$ のどのように小さな r-近傍を考えても，$r > r' > 0$ なる実数 r' を選んで $z_1 = -r'$, $z_2 = +r'$ とおくと，$f(z_1) = f(z_2) = r'^2$ $(z_1 \neq z_2)$ となって (i) が成立しない．いいかえれば，z^2 の逆関数は $w^{1/2}$ であって，$z_0 = 0$ に対応する w 平面上の点 $w_0 = 0$ は $w^{1/2}$ の分岐点であり，この点では $w^{1/2}$ は正則ではない．§3.4 (a) でみたように，$w^{1/2}$ はこの分岐点 $w_0 = 0$ から枝分れしているために，この点ではどのように小さな近傍をとっても $w \to w^{1/2}$ の写像が1対1にならないのである． □

演習問題

4.1 $f(z)$, $g(z)$ を領域 $|z - z_0| < \rho$ で定義され，z_0 で微分可能な関数とする．いま，$f(z_0) = g(z_0) = 0$, $g'(z_0) \neq 0$ とするとき，つぎの等式 (複素関数に関する L'Hospital の公式) を示せ．

$$\lim_{z \to z_0} \frac{f(z)}{g(z)} = \frac{f'(z_0)}{g'(z_0)}$$

4.2 $f(z)$ を領域 D の各点で微分可能な関数とする．

(1) 変数 z を $x + \mathrm{i}y$ と表すとき，等式

$$\frac{\partial f}{\partial x} = \frac{\mathrm{d}f(z)}{\mathrm{d}z}\frac{\partial z}{\partial x} = \frac{\mathrm{d}f(z)}{\mathrm{d}z}, \quad \frac{\partial f}{\partial y} = \frac{\mathrm{d}f(z)}{\mathrm{d}z}\frac{\partial z}{\partial y} = \mathrm{i}\frac{\mathrm{d}f(z)}{\mathrm{d}z}$$

から，$f(z)$ の実数部 $u(x,y)$, 虚数部 $v(x,y)$ に関する Cauchy-Riemann の微分方程式を導け．

(2) 変数 z を $r\mathrm{e}^{\mathrm{i}\theta}$ と表すとき，等式

$$\frac{\partial f}{\partial r} = \frac{\mathrm{d}f(z)}{\mathrm{d}z}\frac{\partial z}{\partial r} = \mathrm{e}^{\mathrm{i}\theta}\frac{\mathrm{d}f(z)}{\mathrm{d}z}, \quad \frac{\partial f}{\partial \theta} = \frac{\mathrm{d}f(z)}{\mathrm{d}z}\frac{\partial z}{\partial \theta} = \mathrm{i}r\mathrm{e}^{\mathrm{i}\theta}\frac{\mathrm{d}f(z)}{\mathrm{d}z} \quad (4.45)$$

から，$f(z)$ の実数部 $u(r,\theta)$, 虚数部 $v(r,\theta)$ に関する Cauchy-Riemann の微分方程式を導け．

(3) $f(z)$ を極形式で

$$f(z) = R(r,\theta)\mathrm{e}^{\mathrm{i}\Theta(r,\theta)}, \quad z = r\mathrm{e}^{\mathrm{i}\theta}$$

と表すとき，(4.45) を使って，極形式の Cauchy-Riemann の微分方程式は次のようになることを示せ．

$$\begin{cases} r\dfrac{\partial R}{\partial r} = R\dfrac{\partial \Theta}{\partial \theta} \\ \dfrac{\partial R}{\partial \theta} = -rR\dfrac{\partial \Theta}{\partial r} \end{cases}$$

4.3

(1) $|z| < \rho$ で定義された複素関数 $h(z)$ について，つぎの同値関係を示せ．
$$\lim_{\Delta z \to 0} \frac{h(\Delta z)}{\Delta z} = 0 \iff \lim_{\Delta z \to 0} \mathrm{Re}\,\frac{h(\Delta z)}{|\Delta z|} = 0, \quad \lim_{\Delta z \to 0} \mathrm{Im}\,\frac{h(\Delta z)}{|\Delta z|} = 0$$

(2) $f(z)$ を z_0 で微分可能な関数とし，$h(z) = f(z_0 + z) - f(z_0) - f'(z_0)z$ とおく．(1) の同値関係を用いて $f(z) = u(x,y) + iv(x,y)$ の $z_0 = x_0 + iy_0$ での微分可能性から，$u(x,y)$, $v(x,y)$ の (x_0, y_0) での微分可能性を導け．

4.4 $z, \bar{z}$ に関する偏微分 $\partial/\partial z, \partial/\partial \bar{z}$ について成り立つ一連の公式 (4.36), (4.37), (4.38) を証明せよ．

4.5

(1) $u(x,y)$ を平面上の領域 D で定義された C^2 級の実関数 (連続な 2 階偏導関数をもつ実関数) とする．次の等式示せ．
$$\Delta u = \frac{\partial^2 u}{\partial x^2} + \frac{\partial^2 u}{\partial y^2} = 4\frac{\partial^2 u}{\partial z \partial \bar{z}}$$

(2) $f(z)$ を複素平面上の領域 D で定義された正則関数とする．このとき $f(z)$ の実数部 $u(x,y)$，虚数部 $v(x,y)$ は D 上の無限階微分可能関数になることを認めて，次の等式を示せ．
$$\Delta u = \mathrm{Re}\,4\frac{\partial^2 f}{\partial z \partial \bar{z}} = 0, \quad \Delta v = \mathrm{Im}\,4\frac{\partial^2 f}{\partial z \partial \bar{z}} = 0$$

(3) $f(z) = u(x,y) + iv(x,y)$ を複素平面上の領域 D で定義された正則関数，$g(\xi, \eta)$ を $\xi\eta$ 平面上の領域 E で定義された C^2 級の実関数とし，$f(D) \subset E$ とする ($f(D)$ を平面上の集合と考えている)．次の等式を示せ．
$$\Delta(g \circ f)\,(= \Delta g(u(x,y), v(x,y))) = \Delta g |f'(z)|^2$$
[ヒント] $\zeta = \xi + i\eta$ とすると，示すべき等式は
$$4\frac{\partial^2 (g \circ f)}{\partial z \partial \bar{z}} = 4\frac{\partial^2 g}{\partial \zeta \partial \bar{\zeta}} \frac{\partial f}{\partial z}\overline{\frac{\partial f}{\partial z}}$$
である．

4.6

(1) $u(x,y)$ を平面上の領域 D で定義された C^4 級の実関数 (連続な 4 階偏導

関数をもつ実関数) とする．次の等式を示せ．
$$\Delta^2 u = \Delta(\Delta u) = 16\frac{\partial^4 u}{\partial z^2 \partial \bar{z}^2}$$

(2) $f(z)$, $g(z)$ を複素平面上の領域 D で定義された正則関数とする．このとき $\bar{z}f(z) + g(z)$ の実数部，虚数部を $u(x,y)$, $v(x,y)$ で表す．次の等式を示せ．
$$\Delta^2 u = 0, \quad \Delta^2 v = 0$$
$\Delta^2 u = 0$ を満たす C^4 級の実関数は**重調和関数**とよぶ．上の等式は $\bar{z}f(z)+g(z)$ の実数部，虚数部が重調和関数になることを示している．

4.7 $f(z)$ が領域 D で正則で，D のすべての点で $f'(z) = 0$ ならば，$f(z) \equiv$ 定数 であることを示せ．

第5章
複素積分と Cauchy の積分定理

この章では複素関数の積分について議論する．最初に複素関数の積分の概念を導入し，次に解析学で最も重要な定理の一つである Cauchy の積分定理を導く．

§5.1 複素積分の導入

(a) 実関数の積分

複素関数の積分を導入するために，まず初めに実関数の積分について復習しておこう．議論を簡単にするために，考えている関数 $f(x)$ は区間 $[a,b]$ において連続であると仮定する．

［実関数の定積分の定義］ 区間 $[a,b]$ の間に分点
$$a = x_0 < x_1 < x_2 < \cdots < x_n = b$$
をとり，有限和
$$\sum_{k=0}^{n-1} f(\xi_k)(x_{k+1} - x_k) \tag{5.1}$$
をつくる．ここで，ξ_k は x_k と x_{k+1} の間の任意の値である．分点間の最大幅 $\max|x_{k+1} - x_k|$ が 0 になるように分点を増やしていくとき，有限和 (5.1) の極限が存在し，その値は分点 x_k および ξ_k の選び方にはよらない．この極限値を，$f(x)$ の区間 $[a,b]$ での定積分と定義する：
$$\int_a^b f(x)\mathrm{d}x = \lim \sum_{k=0}^{n-1} f(\xi_k)(x_{k+1} - x_k). \tag{5.2}$$

(b) 複素積分の導入

実関数の積分の定義にならって複素関数の積分,すなわち**複素積分**を定義しよう.考えている複素関数 $f(z)$ はある領域 D で定義された連続関数とする.実関数の積分は1次元の区間で考えたが,複素積分は複素平面の曲線上で考える.そこで,複素平面上の D 内にある2点 α と β の間を結ぶ D 内を通る曲線 C 上に分点 $\alpha = z_0, z_1, \cdots, z_n = \beta$ をとり,(5.1) に対応する有限和をつくる(図 5.1 参照):

$$\sum_{k=0}^{n-1} f(\zeta_k)(z_{k+1} - z_k). \tag{5.3}$$

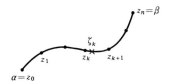

図 5.1 複素積分の分点

ただし,ζ_k は曲線 C 上の z_k と z_{k+1} の間の任意の点である.ここで,分点間の最大幅 $\max|z_{k+1} - z_k|$ が 0 になるように分点を増やしていったとき有限和 (5.3) の極限が存在するならば,その極限値を複素関数 $f(z)$ の定積分と定義し,

$$\int_C f(z)\mathrm{d}z \tag{5.4}$$

と書く.ここで定義した複素関数の定積分を曲線 C に沿う $f(z)$ の**積分** (**複素積分**) とよび,曲線 C をこの積分の**積分路**とよぶ.

なお,積分路の両端点が一致している場合,すなわち $\alpha = \beta$ の場合には,α から出て $\beta\,(=\alpha)$ にもどる閉曲線を考え,その上に分点をとって同様に積分を定義すればよい.この場合,閉曲線 C に沿う周回積分であることを積分記号に明示してとくに

$$\oint_C f(z)\mathrm{d}z$$

§5.1 複素積分の導入

と書くこともある．

[**区分的になめらかな曲線**]　$f(z)$ が連続関数であるとき，上に述べたような意味で積分が定義できるための最も一般的条件，つまり (5.3) の極限が存在するための最も一般的条件としては，曲線 C が"長さをもつ曲線"であればよいことが知られている[*1]．しかし，具体的に積分値を求めるために (5.3) の有限和をつくって極限を計算したり，積分路 C として"長さをもつ曲線"を扱ったりするのは応用上の立場からは現実的ではない．一方，曲線 C が"区分的になめらかな曲線"である場合には，複素積分は実関数の積分を経由して定義することができ，さらに応用上現れる曲線はほとんど区分的になめらかな曲線である．そこでまず，区分的になめらかな曲線について説明しておこう．

xy 平面上の曲線 C は，一般に実数の媒介変数 t を用いて

$$x = \xi(t), \quad y = \eta(t) \quad (a \leqq t \leqq b) \tag{5.5}$$

の形の方程式で表される．この曲線は，複素平面上の曲線と考えれば，$z = x+iy$, $\phi(t) = \xi(t) + i\eta(t)$ とおいて，

$$z = \phi(t) \quad (a \leqq t \leqq b) \tag{5.6}$$

のように表される．つまり，複素平面上の曲線は，実数の区間上の複素数値関数で表現した方程式の形で表されるわけである．

さて，複素平面上の曲線 C が方程式 $z = \phi(t)$ $(a \leqq t \leqq b)$ で表されているとする．実数の区間 $[a,b]$ のすべての t に対して $\phi(t)$ が微分可能で，$\phi'(t)$ が連続でかつ $\phi'(t) \neq 0$ のとき，曲線 C を**なめらかな曲線**という．ここで，$\phi'(t)$ は実変数をもつ複素数値関数の微分であるが，これは関数 $\phi(t)$ の実数部 $\xi(t)$ と虚数部 $\eta(t)$ のそれぞれを t で微分して

$$\phi'(t) = \xi'(t) + i\eta'(t) \tag{5.7}$$

とすることを意味する．ただし，$t = a, b$ ではそれぞれ右側微分，左側微分を考える．曲線 C の接線ベクトルは $(\xi'(t), \eta'(t))$ で与えられるから，(5.7) より，なめらかな曲線とは接線が連続的に変化するような曲線のことであることがわかる．

さらに，$\phi(t)$ が $[a,b]$ 上で連続でかつ区分的になめらかであるとき，すなわち $[a,b]$ を分点 $t_0, t_1, \cdots, t_n$ によって小区間 $[t_0, t_1]$ $(= [a, t_1])$, $[t_1, t_2]$, $\cdots$, $[t_{n-1}, t_n]$

[*1] 吉田洋一：函数論 (第 2 版)，岩波書店，1965 を参照せよ．

($= [t_{n-1}, b]$) に分割したとき,各小区間 $[t_k, t_{k+1}]$ $(k = 0, 1, \cdots, n-1)$ で $\phi(t)$ がなめらかで,全体として連続ならば,曲線 C は**区分的になめらかな曲線**という.

例 5.1 (図 5.2)

(i) 方程式
$$C_1 : \quad z = \phi(t) = (1+\mathrm{i})t \quad (0 \leq t \leq 1)$$
で表される曲線 C_1 は,0 から $1+\mathrm{i}$ へ直線的に進む曲線,すなわち直線であり,なめらかな曲線である.

(ii) 方程式
$$C_2 : \quad z = \phi(t) = \begin{cases} t & (0 \leq t \leq 1) \\ 1 + \mathrm{i}(t-1) & (1 \leq t \leq 2) \end{cases}$$
で表される曲線 C_2 は,曲線 C_1 と同様に 0 から $1+\mathrm{i}$ へ至る曲線であるが,まず実軸に沿って 0 から 1 まで進み,次に 1 から虚軸に平行な方向に 1 だけ進んで $1+\mathrm{i}$ に達する曲線である.これは,区分的になめらかな曲線である.

(iii) 方程式
$$C_3 : \quad z = \phi(\theta) = a + r\mathrm{e}^{\mathrm{i}\theta} \quad (0 \leq \theta \leq 2\pi)$$
で表される曲線 C_3 は,$a+r$ から出発して,中心が a で半径が r の円周上を反時計回りに回って $a+r$ に至る曲線で,なめらかな曲線である.

□

図 5.2

[区分的になめらかな曲線に沿う積分]　複素関数 $f(z)$ はある領域 D で定義された連続関数とする.そして C は,D に含まれる α から β に至る曲線であって,方程式
$$z = \phi(t) \quad (a \leq t \leq b, \ \alpha = \phi(a), \ \beta = \phi(b)) \tag{5.8}$$

§5.1 複素積分の導入

で表されているとする．C がなめらかな曲線の場合，曲線 C に沿う $f(z)$ の積分は，次のように実関数の積分を通じて定義する：

$$\int_C f(z)\mathrm{d}z = \int_a^b f(\phi(t))\phi'(t)\mathrm{d}t. \tag{5.9}$$

ただし，右辺の積分の意味は

$$\int_a^b f(\phi(t))\phi'(t)\mathrm{d}t = \int_a^b \mathrm{Re}\,(f(\phi(t))\phi'(t))\mathrm{d}t + \mathrm{i}\int_a^b \mathrm{Im}\,(f(\phi(t))\phi'(t))\mathrm{d}t \tag{5.10}$$

である．$\mathrm{Re}\,(f(\phi(t))\phi'(t))$, $\mathrm{Im}\,(f(\phi(t))\phi'(t))$ は $[a,b]$ 上の連続関数であるから，§5.1 (a) に述べたことから (5.9) の積分が定義できることに注意せよ．(5.9) は積分変数 z に関する積分を変数変換 $z = \phi(t)$ によって t に関する積分に変換したものとみなすことができる．

上の定義 (5.9) には変換の関数 $\phi(t)$ が含まれているが，積分の結果はこの $\phi(t)$ に依存しない．実際，$c \leqq \tau \leqq d$ を $a \leqq t \leqq b$ に対応させる任意の連続微分可能な増加関数[*1]を $t = \lambda(\tau)$, $\lambda'(\tau) \neq 0$ とすると，

$$\int_a^b f(\phi(t))\phi'(t)\mathrm{d}t = \int_c^d f(\phi(\lambda(\tau)))\phi'(\lambda(\tau))\lambda'(\tau)\mathrm{d}\tau$$

$$= \int_c^d f(\phi(\lambda(\tau)))\frac{\mathrm{d}}{\mathrm{d}\tau}(\phi(\lambda(\tau)))\mathrm{d}\tau$$

となる．ここで $\psi(\tau) = \phi(\lambda(\tau))$ とおけば

$$\int_a^b f(\phi(t))\phi'(t)\mathrm{d}t = \int_c^d f(\psi(\tau))\psi'(\tau)\mathrm{d}\tau$$

が成り立つ．これは，積分の結果が変換の関数に依存しないことを示している．

C が区分的になめらかな曲線の場合には，分点を $t_0, t_1, \cdots, t_n$ とすると，曲線 C に沿う $f(z)$ の積分は，上に述べたことにより次のようになる：

$$\int_C f(z)\mathrm{d}z = \sum_{k=0}^{n-1} \int_{t_k}^{t_{k+1}} f(\phi(t))\phi'(t)\mathrm{d}t. \tag{5.11}$$

右辺の和の各項の積分は (5.10) と同様の意味である．$\phi(t)$ は区分的になめらかであるから，各項の積分が定義できる．

[*1] 連続微分可能な関数とは，微分可能でかつ導関数が連続な関数のことである．

曲線 C が区分的になめらかであれば，(5.11) の定義は (5.3) の極限と一致することがわかっている．大筋としては，変換 $z = \phi(x)$ によって実数の区間 $[a, b]$ 上の点 $x_0, x_1, \cdots, x_n$ が z 平面の曲線 C 上の点 $z_0, z_1, \cdots, z_n$ に対応し，(5.2) によって (5.3) の極限として (5.4) が定義される，ということである．

例 5.2 例 5.1 で扱った C_1, C_2, C_3 に沿う $\bar{z}$ の積分を計算してみる．

$$\int_{C_1} \bar{z} dz = \int_0^1 (1-i)t(1+i) dt = 1$$

$$\int_{C_2} \bar{z} dz = \int_0^1 t dt + \int_1^2 (1 - i(t-1)) i dt = 1 + i$$

$$\int_{C_3} \bar{z} dz = \int_0^{2\pi} (\bar{a} + re^{-i\theta}) ire^{i\theta} d\theta = 2\pi r^2 i$$

□

例 5.3 $f(z) = (z-a)^n$ (n：整数) を円周 $C_3 : z = a + re^{i\theta}$ ($0 \leq \theta \leq 2\pi$) に沿って積分してみる．a は複素数の定数，r は実の定数である．

$$\int_{C_3} (z-a)^n dz = \int_0^{2\pi} r^n e^{in\theta} rie^{i\theta} d\theta = ir^{n+1} \int_0^{2\pi} e^{i(n+1)\theta} d\theta$$

$$= \begin{cases} \dfrac{r^{n+1}}{n+1} e^{i(n+1)\theta} \Big|_0^{2\pi} = 0 & (n \neq -1) \\ i \int_0^{2\pi} d\theta = 2\pi i & (n = -1). \end{cases}$$

□

例 5.2 あるいは例 5.3 にみるように，区分的になめらかな曲線に沿う積分は，実関数の定積分の結果を利用することによってその値を計算することができる．また，はじめに述べたように，実用上現れる曲線はほとんど区分的になめらかな曲線である．そこで以下では，考える複素積分を区分的になめらかな曲線に沿う積分に限定することにする．複素積分をこのように限定することは理論的視点からも有効である．実際，区分的になめらかな曲線に沿う積分は実質的に実関数の積分で書けるから，その性質を調べるとき実関数の積分に関する多くの結果を利用することができる．

(c) 複素積分の基本的性質

複素積分の基本的性質を列挙しておく．ただし，以下に現れる関数はすべて領域 D で定義された連続関数とし，積分路は D に含まれる区分的になめらかな曲線とする．

(1) 1次結合

$$\int_C (c_1 f(z) + c_2 g(z))\mathrm{d}z = c_1 \int_C f(z)\mathrm{d}z + c_2 \int_C g(z)\mathrm{d}z \ (c_1, c_2 : 複素定数). \tag{5.12}$$

(2) α から β に至る曲線 C に対して，β から α に至る C と逆向きの曲線を C^{-1} とするとき

$$\int_{C^{-1}} f(z)\mathrm{d}z = -\int_C f(z)\mathrm{d}z. \tag{5.13}$$

(3) α から β に至る曲線を C_1，β から γ に至る曲線を C_2，C_1 と C_2 を通って α から γ に至る曲線を $C_1 \cdot C_2$ とするとき

$$\int_{C_1 \cdot C_2} f(z)\mathrm{d}z = \int_{C_1} f(z)\mathrm{d}z + \int_{C_2} f(z)\mathrm{d}z. \tag{5.14}$$

(4) C は方程式 $z = \phi(t) \ (a \leqq t \leqq b)$ で表される α から β に至る曲線で，$\phi(t)$ は $[a,b]$ を分割した小区間 $[t_0, t_1] \ (= [a, t_1])$，$[t_1, t_2]$，…，$[t_{n-1}, t_n]$ $(= [t_{n-1}, b])$ のそれぞれでなめらかであるとする．このとき，次の関係が成り立つ．

(i)
$$\left| \int_C f(z)\mathrm{d}z \right| \leqq \int_C |f(z)||\mathrm{d}z|. \tag{5.15}$$

この不等式の右辺の積分は

$$\int_C |f(z)||\mathrm{d}z| = \sum_{k=0}^{n-1} \int_{t_k}^{t_{k+1}} |f(\phi(t))||\phi'(t)|\mathrm{d}t$$

であり，曲線の弧の長さに関する積分を意味する．

(ii)
$$\left| \int_C f(z)\mathrm{d}z \right| \leqq (\sup_{z \in C} |f(z)|) l(C). \tag{5.16}$$

ただし，$l(C)$ は曲線 C の長さである．

［証明］ (1) は自明であろう．(2) は，曲線 C の方程式を $z = \phi(t) \ (a \leqq t \leqq b)$

とするとき，逆向きの曲線 C^{-1} の方程式が $z = \phi(-t)$ $(-b \leqq t \leqq -a)$ で与えられることに注意すれば，(5.11) から導くことができる．(3) も，曲線 C_1, C_2 の方程式をそれぞれ $z = \phi_1(t)$ $(a_1 \leqq t \leqq b_1)$, $z = \phi_2(t)$ $(a_2 \leqq t \leqq b_2)$ とするとき，$C_1 \cdot C_2$ の方程式が $z = \phi(t)$ $(a_1 \leqq t \leqq b_1 + b_2 - a_2)$ (ここで $\phi(t) = \phi_1(t)$ $(a_1 \leqq t \leqq b_1)$, $\phi(t) = \phi_2(t - b_1 + a_2)$ $(b_1 \leqq t \leqq b_1 + b_2 - a_2)$) で与えられることに注意すればよい．(4) は，$n = 1$ の場合，つまり曲線がなめらかな場合に示せば十分である．(i) の不等式は

$$\left| \int_a^b \mathrm{Re}\, f(\phi(t))\phi'(t)\mathrm{d}t + \mathrm{i} \int_a^b \mathrm{Im}\, f(\phi(t))\phi'(t)\mathrm{d}t \right|$$
$$\leqq \int_a^b |\mathrm{Re}\, f(\phi(t))\phi'(t) + \mathrm{i}\,\mathrm{Im}\, f(\phi(t))\phi'(t)|\mathrm{d}t$$

を意味する．不等式の左辺の積分および右辺の積分がそれぞれ (5.3) の形の近似和

$$\sum_{k=0}^{n-1} \mathrm{Re}\, (f(\phi(\sigma_k))\phi'(\sigma_k))(s_{k+1} - s_k) + \mathrm{i} \sum_{k=0}^{n-1} \mathrm{Im}\, (f(\phi(\sigma_k))\phi'(\sigma_k))(s_{k+1} - s_k)$$

および

$$\sum_{k=0}^{n-1} |\mathrm{Re}\, (f(\phi(\sigma_k))\phi'(\sigma_k)) + \mathrm{i}\,\mathrm{Im}\, (f(\phi(\sigma_k))\phi'(\sigma_k))|(s_{k+1} - s_k)$$

の極限であることに注意すれば，この不等式は絶対値に関する三角不等式から容易に証明される．(ii) の不等式は，方程式 $z = \phi(t) = \xi(t) + \mathrm{i}\eta(t)$ $(a \leqq t \leqq b)$ で表されるなめらかな曲線 C の長さ $l(C)$ が

$$l(C) = \int_a^b (\xi'(t)^2 + \eta'(t)^2)^{1/2}\mathrm{d}t = \int_a^b |\phi'(t)|\mathrm{d}t \tag{5.17}$$

で与えられることに注意すれば，(i) の不等式を用いて次のように証明される：

$$\left| \int_C f(z)\mathrm{d}z \right| \leqq \int_a^b |f(\phi(t))||\phi'(t)|\mathrm{d}t$$
$$\leqq (\sup_{z \in C} |f(z)|) \int_a^b |\phi'(t)|\mathrm{d}t$$
$$= (\sup_{z \in C} |f(z)|) l(C).$$

(d) 積分路の近似

次節では区分的になめらかな曲線を折れ線によって近似して議論を行う．そこで，その近似が許される根拠となる次の定理を証明しておこう．

定理 5.1 曲線 C 上の分点 z_0, z_1, $\cdots$, z_n を順次線分で結んだ折れ線を L, C を含む領域で連続な関数を $f(z)$ とする．このとき，分点を十分密にとれば，$\int_C f(z)\mathrm{d}z$ は $\int_L f(z)\mathrm{d}z$ によっていくらでもよく近似できる． □

[証明] 分点 z_k と z_{k+1} で区切られる C の曲線弧を C_k，線分を L_k とする (図 5.3)．$f(z)$ は連続であるから，z を C_k 上の点とするとき，与えられた ε に対して δ を十分小さくとれば $|z - z_k| < \delta$ のとき $|f(z) - f(z_k)| < \varepsilon$ が成り立つようにすることができる (連続性の一様性)．一方，分点を十分密にとれば，各 C_k の長さ s_k を δ よりも小さくすることができる．そのように分点をとると，(5.16) より

$$\left| \int_{C_k} f(z)\mathrm{d}z - \int_{C_k} f(z_k)\mathrm{d}z \right| = \left| \int_{C_k} \{f(z) - f(z_k)\}\mathrm{d}z \right| \leqq \varepsilon s_k$$

が成り立つ．ここで，

$$F_k = \int_{C_k} f(z_k)\mathrm{d}z = f(z_k)\int_{C_k}\mathrm{d}z = f(z_k)(z_{k+1} - z_k)$$

とおくと，

$$\left| \int_C f(z)\mathrm{d}z - \sum_{k=0}^{n-1} F_k \right| = \left| \sum_{k=0}^{n-1}\left\{\int_{C_k} f(z)\mathrm{d}z - F_k\right\} \right|$$
$$\leqq \sum_{k=0}^{n-1}\left| \int_{C_k}\{f(z) - f(z_k)\}\mathrm{d}z \right| \leqq \varepsilon \sum_{k=0}^{n-1} s_k = \varepsilon l \quad (5.18)$$

となる．ただし，l は曲線 C の長さである．$\int_{L_k} f(z_k)\mathrm{d}z = F_k$ であることに注意すれば，折れ線 L についてもまったく同様にして次の不等式を得る．

$$\left| \int_L f(z)\mathrm{d}z - \sum_{k=0}^{n-1}\int_{L_k} f(z_k)\mathrm{d}z \right| = \left| \sum_{k=0}^{n-1}\left\{\int_{L_k} f(z)\mathrm{d}z - F_k\right\} \right| \leqq \varepsilon l' \leqq \varepsilon l. \quad (5.19)$$

ただし，l' は折れ線 L の長さである．したがって，(5.18) と (5.19) より

$$\left|\left(\int_C f(z)\,\mathrm{d}z - \sum F_k\right) - \left(\int_L f(z)\,\mathrm{d}z - \sum F_k\right)\right| = \left|\int_C f(z)\,\mathrm{d}z - \int_L f(z)\,\mathrm{d}z\right| \leq 2\varepsilon l$$

となり，ε は任意に小さくとれるから定理は成り立つ．　　■

図 5.3　曲線の折れ線による近似

§5.2　Cauchy の積分定理

(a)　原始関数

前節で複素関数の積分を導入した．この節では，積分する対象を正則関数にしぼり，正則関数の積分のもつ基本的な性質を明らかにする．本節では，とくにことわらない限り，曲線といえばつねに区分的になめらかな曲線を意味するものとする．

$f(z)$ を領域 D で定義された連続関数とする．実関数の場合と同様に，領域 D で $F'(z) = f(z)$ をみたす関数 $F(z)$ を，$f(z)$ の**原始関数**とよぶ．実関数の場合には，実際の積分計算において原始関数が中心的役割を果たしている．複素関数の場合にも，実関数の原始関数に相当するような関数は存在するのであろうか．

ところで，もしも複素関数 $f(z)$ に原始関数が存在すると仮定すると，$f(z)$ の積分に関して次のことがいえる．

定理 5.2　C を α から β に至る区分的になめらかな曲線，$f(z)$ を領域 D で定義された連続関数とする．もしも $f(z)$ に原始関数 $F(z)$ が存在するならば，

$$\int_C f(z)\mathrm{d}z = F(\beta) - F(\alpha) \tag{5.20}$$

が成り立つ．

　[証明]　まず，積分路 C は方程式 $z = \phi(t)$ $(a \leq t \leq b)$ で表される，α か

§5.2 Cauchy の積分定理

ら β に至るなめらかな曲線とする.このとき,仮定から

$$\frac{\mathrm{d}F(\phi(t))}{\mathrm{d}t} = F'(\phi(t))\phi'(t) = f(\phi(t))\phi'(t)$$

が成り立つ.ここで,$F(\phi(t)) = U(t) + \mathrm{i}V(t)$ とおくと

$$U'(t) = \operatorname{Re} f(\phi(t))\phi'(t), \quad V'(t) = \operatorname{Im} f(\phi(t))\phi'(t)$$

である.これは,$U(t)$,$V(t)$ がそれぞれ $\operatorname{Re} f(\phi(t))\phi'(t)$,$\operatorname{Im} f(\phi(t))\phi'(t)$ の原始関数となっていることを意味する.したがって,これらの結果を (5.9) に代入し,$\alpha = \phi(a)$,$\beta = \phi(b)$ に注意すると

$$\begin{aligned}\int_C f(z)\mathrm{d}z &= \int_a^b f(\phi(t))\phi'(t)\mathrm{d}t = \int_a^b U'(t)\mathrm{d}t + \mathrm{i}\int_a^b V'(t)\mathrm{d}t \\ &= (U(b) - U(a)) + \mathrm{i}(V(b) - V(a)) = F(\phi(b)) - F(\phi(a)) \\ &= F(\beta) - F(\alpha) \end{aligned} \tag{5.21}$$

が成り立つ.

次に,積分路 C が区分的になめらかな曲線の場合には,なめらかな小区間 $[t_{k-1}, t_k]$ ごとに (5.21) を用いれば

$$\int_C f(z)\mathrm{d}z = \sum_{k=1}^n \int_{t_{k-1}}^{t_k} f(\phi(t))\phi'(t)\mathrm{d}t = \sum_{k=1}^n (F(t_k) - F(t_{k-1}))$$
$$= F(\beta) - F(\alpha)$$

が成り立つ.∎

定理 5.2 は次のことも意味している.

系 5.3 C を α から β に至る区分的になめらかな曲線,$f(z)$ を領域 D で定義された連続関数とする.このとき,もしも $f(z)$ に原始関数が存在するならば,積分 $\int_C f(z)\mathrm{d}z$ は端点 α,β にのみ依存し,積分路 C には依存しない[*1].□

逆に,定理 5.2 あるいは系 5.3 の結果は,端点を固定するとき,$f(z)$ の積分の値が積分路 C に依存するならば,$f(z)$ には原始関数が存在しないことを示している.たとえば,例題 5.2 にみたように,$\bar{z}$ の積分は積分路に依存するので,$\bar{z}$ には原始関数は存在しない.では,$f(z)$ がどのような性質をもてば,積

[*1] 実 2 変数関数の線積分の値は,積分の端点のみでなく,一般に積分路にも依存する.したがって,実 2 変数関数の線積分を知っている者には系 5.3 の結果はこれまでの知識とは相容れない印象を与えるであろう.

分の値が積分路に依存しないのであろうか.

第4章で得た微分の結果から逆にわかるように,いくつかの関数については実際に原始関数が存在している.

例 5.4
(1) 多項式 $\sum_{k=0}^{n} a_k z^k$ の原始関数は,例 4.5 より $\sum_{k=0}^{n} a_k z^{k+1}/(k+1)$.
(2) e^z, $\sin z$, $\cos z$ の原始関数は,例 4.8 よりそれぞれ e^z, $-\cos z$, $\sin z$.
(3) $1/z$ の原始関数は,例 4.9 より $\log z$. □

このように,典型的な正則関数はいずれも原始関数をもっている.このことからも類推されるように,実は $f(z)$ が正則関数であれば $f(z)$ には原始関数が存在し,したがって端点を固定するときその積分の値は積分路 C に依存しない.この結論は,次に述べる Cauchy の積分定理を証明してはじめて,それからの帰結として導かれるのである.

(b) Cauchy の積分定理

Cauchy の積分定理を証明するために,はじめに単連結領域という概念を導入しておく.**単連結領域**とは,その領域内を通る自分自身と交わらない任意の閉曲線の内部がつねにその領域に含まれるような領域であって,要するに穴のあいていない領域のことである(図 5.4).たとえば,後で例 5.6 の有理関数の積分でみるように,固定した2点を結ぶ曲線を正則でない分母の零点の上を越えて変形すると,積分の値が変わってしまう.このような可能性が生ずるのを避けて正則でない部分をあらかじめ領域 D から除外して議論を行うために,こ

単連結な領域

単連結でない領域

図 5.4

§5.2 Cauchy の積分定理

こでは D に対して単連結の仮定をおくのである．

さて，最初に次の補題を証明する．この補題は，Cauchy の積分定理の証明の核心部分を成すものである．

補題 5.4 関数 $f(z)$ が単連結領域 D で正則ならば，D 内に含まれる三角形 T の周 ∂T に沿う積分は 0 である：

$$\int_{\partial T} f(z)\mathrm{d}z = 0. \tag{5.22}$$

[証明] まずはじめに，三角形の周に沿う f の積分に関する一つの不等式を導く．$f(z)$ は $z_0 \in D$ で微分可能であるから，任意の $\varepsilon > 0$ に対して，$\delta > 0$ を十分小さくすると，$|z - z_0| < \delta$ において，

$$|f(z) - (f(z_0) + f'(z_0)(z - z_0))| < \varepsilon|z - z_0| \tag{5.23}$$

が成り立つ．いま，z_0 を内部に含みかつそれ自身は $|z - z_0| < \delta$ に含まれる三角形 Δ を考え，三角形 Δ の周 $\partial \Delta$ に沿う $f(z)$ の積分を評価してみる．例 5.4 (1) より，1 次関数 $f(z_0) + f'(z_0)(z - z_0)$ の $\partial \Delta$ に沿う積分は 0 であることに注意し，(5.23) を用いれば，次の評価が得られる：

$$\left|\int_{\partial \Delta} f(z)\mathrm{d}z\right| = \left|\int_{\partial \Delta}[f(z) - (f(z_0) + f'(z_0)(z - z_0))]\mathrm{d}z\right|$$
$$\leq \varepsilon \int_{\partial \Delta} |z - z_0||\mathrm{d}z| \leq \frac{1}{2}\varepsilon(l(\partial \Delta))^2. \tag{5.24}$$

ここで，$l(\partial \Delta)$ は三角形 Δ の周の長さである．最後の不等号で，z が Δ の周上にあるとき $|z - z_0| \leq l(\partial \Delta)/2$ であることを使った．いま，三角形 Δ の面積を $s(\Delta)$ として

$$c(\Delta) = \frac{(l(\partial \Delta))^2}{2s(\Delta)} \tag{5.25}$$

なる量を考える．これは三角形の形できまる量で，相似な三角形であれば大きさに関係なく共通の値になる．この $c(\Delta)$ を使うと，(5.24) より結局次の評価が得られる．

$$\left|\int_{\partial \Delta} f(z)\mathrm{d}z\right| \leq \varepsilon c(\Delta)s(\Delta) \tag{5.26}$$

上で導いた不等式 (5.26) を三角形 T 全体に適用するために，T を次のよう

に分割する．まず，図 5.5 に示したように三角形 T の各辺の中点で T を 4 個の合同な三角形に分割する．そして，これらの 4 個の三角形の周について (5.23) が成り立つかどうかを調べる．(5.23) が成り立った三角形はそのままにし，成り立たなかった三角形を各辺の中点で 4 個の合同な三角形に分割する．そして (5.23) が成り立つかどうかを調べる．(5.23) が成り立った三角形はそのままにし，成り立たなかった三角形を 4 分割する．以下，同様の手続きを繰り返す．

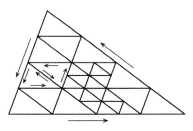

図 5.5　三角形の分割

このような手続きを有限回繰り返したところで，それまでにつくられたすべての三角形 Δ_k で (5.23) がみたされたと仮定しよう．ここで，各 Δ_k の周 $\partial \Delta_k$ の向きは ∂T の向きと同じになるようにとるものとする (図 5.5)．このとき，隣合う $\partial \Delta_j$ と $\partial \Delta_k$ の共通辺上の積分は互いに積分路の向きが逆であるからその積分は打ち消し合い，∂T に沿う積分は $\partial \Delta_k$ に沿う積分の和となる：

$$\int_{\partial T} f(z) \mathrm{d}z = \sum_{k=1}^{n} \int_{\partial \Delta_k} f(z) \mathrm{d}z.$$

これらの三角形 Δ_k ははすべてはじめの三角形 T に相似であるから，

$$\left| \int_{\partial T} f(z) \mathrm{d}z \right| \leqq \sum_{k=1}^{n} \left| \int_{\partial \Delta_k} f(z) \mathrm{d}z \right| \leqq \sum_{k=1}^{n} \varepsilon c(T) s(\Delta_k) \leqq \varepsilon c(T) s(T) \quad (5.27)$$

が成り立つ．ここで，ε は任意であるから，∂T に沿う $f(z)$ の積分は 0 である．

さて，上のような分割の手続きが実際に有限回で終了することが示されれば，この補題は証明されたことになる．いま，この手続きが無限回繰り返されたと仮定する．このとき，T を 4 分割した三角形を考えると，少なくとも一つについて上記のような手続きが無限回繰り返される．その三角形を T_1 と書く．次に，T_1 を 4 分割した三角形を考えると，少なくとも一つについて上記のような

手続きが無限回繰り返される．その三角形を T_2 と書く．以下この操作を続けると，次第に小さくなっていく三角形の無限系列：$T_1 \supset T_2 \supset \cdots \supset T_n \supset \cdots$ を得る．T_n の定義より，T_n では (5.23) が成り立っていない．いま，$\bigcap_n T_n$ に含まれる 1 点を z_0 とする．$f(z)$ は $z_0 \in D$ で微分可能であるから，$\delta > 0$ を十分小さくすると，$|z - z_0| < \delta$ において (5.23) が成り立っているはずである．一方，T_n は T を相似比 2^{-n} で縮小したものであるから，n を十分大きくすれば T_n は $|z - z_0| < \delta$ に含まれる．これは，T_n に対して (5.23) が成り立っていることを意味しており，T_n の定義に矛盾する． ∎

補題 5.4 は三角形の周に沿う積分に関するものであるが，次にこれを多角形の周に沿う積分に拡張する．

補題 5.5 関数 $f(z)$ が単連結領域 D で正則ならば，D 内の多角形 P の周 ∂P に沿う積分は 0 である．ただし，多角形の辺は互いに交わることはないものとする．

$$\int_{\partial P} f(z) \mathrm{d}z = 0. \tag{5.28}$$

[証明] 多角形 P の頂点を線分で結ぶことによって P を有限個の三角形 Δ_1, $\cdots$, Δ_n に分け，$\partial \Delta_1$, $\cdots$, $\partial \Delta_n$ に沿う積分の向きを ∂P に沿う積分の向きと同じになるようにとる．ただし，各線分はすべて P の内部に入るようにとる（図 5.6）．このとき

$$\int_{\partial P} f(z) \mathrm{d}z = \sum_{k=1}^{n} \int_{\partial \Delta_k} f(z) \mathrm{d}z \tag{5.29}$$

が成り立つ．また $P \subset D$ であるから $\Delta_k \subset D$ ($k = 1, \cdots, n$) となり，補題 5.4

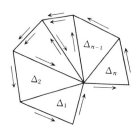

図 5.6　多角形の三角形による分割

の結果からただちに ∂P に沿う $f(z)$ の積分が 0 となることが結論される．■

区分的になめらかな閉曲線 C が与えられたとき，C 上に分点をとってそれらを線分で結んで多角形 P をつくる．このとき，分点を十分密にとれば，定理 5.1 により，連続関数の C 上の積分は多角形の周上の積分でいくらでもよく近似できる．正則関数は連続であるから，補題 5.5 より結局次の定理を得る．この定理は正則関数を論じるに当たって最も基本的な定理であり，正則関数の基礎理論はすべてこの定理から導かれるといってもよい．なお，自分自身と交わらない曲線を**単純曲線**といい，それが閉曲線である場合には**単純閉曲線**という．

定理 5.6 $f(z)$ は単連結領域 D で正則関数であるとする．このとき，D 内の任意の区分的になめらかな単純閉曲線 C に沿う $f(z)$ の積分は 0 である：

$$\int_C f(z)\mathrm{d}z = 0. \tag{5.30}$$

□

閉曲線が自分自身と交わる場合にも，各交点で曲線を単純閉曲線に分割して考えれば，結論として上の定理 5.6 が成り立つことがわかる．したがって，Cauchy の積分定理は，積分路が単純であることをはずしてより一般的にした次の形に述べることができる．

定理 5.7（Cauchy の積分定理） $f(z)$ は単連結領域 D で正則関数であるとする．このとき，D 内の任意の区分的になめらかな閉曲線 C に沿う $f(z)$ の積分は 0 である：

$$\int_C f(z)\mathrm{d}z = 0. \tag{5.31}$$

□

いま，単連結領域 D 内に 2 点 α, β をとり，この 2 点を結ぶ異なる二つの曲線 C_1, C_2 を任意にとる．このとき，C_2 の向きを逆にして C_2^{-1} とし，C_1 と C_2^{-1} を結んで一つの閉曲線 $C_1 \cdot C_2^{-1}$ をつくる（図 5.7）．すると，(5.13) と (5.14)，および定理 5.7 によって

$$0 = \int_{C_1 \cdot C_2^{-1}} f(z)\mathrm{d}z = \int_{C_1} f(z)\mathrm{d}z + \int_{C_2^{-1}} f(z)\mathrm{d}z \tag{5.32}$$

$$= \int_{C_1} f(z)\mathrm{d}z - \int_{C_2} f(z)\mathrm{d}z \tag{5.33}$$

が成り立ち，したがって次の定理を得る．

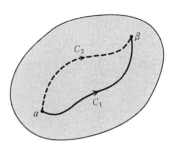

図 5.7　積分路 C_1 と C_2

定理 5.8　単連結領域 D 内の 2 点を α, β とし，α から β へ至る任意の区分的になめらかな D 内にある二つの曲線を C_1, C_2 とする．$f(z)$ を領域 D で正則な関数とすると

$$\int_{C_1} f(z)\mathrm{d}z = \int_{C_2} f(z)\mathrm{d}z \tag{5.34}$$

が成り立つ．すなわち，積分の値は 2 点を結ぶ積分路には依存しない．　□

Cauchy の積分定理 5.7 あるいは定理 5.8 の応用として，実関数の積分を複素関数論を利用して計算する一つの例を示しておく．

例 5.5　$\int_0^\infty \mathrm{e}^{-x^2}\mathrm{d}x = \sqrt{\pi}/2$ は既知であるとして，次の等式を示す．ただし，a は 0 でない実数とする．

$$\int_0^\infty \mathrm{e}^{-x^2}\cos 2ax\,\mathrm{d}x = \frac{\sqrt{\pi}}{2}\mathrm{e}^{-a^2} \tag{5.35}$$

$$\int_0^\infty \mathrm{e}^{-x^2}\sin 2ax\,\mathrm{d}x = \mathrm{e}^{-a^2}\int_0^a \mathrm{e}^{x^2}\mathrm{d}x \tag{5.36}$$

[証明]　$a > 0$ の場合について計算すれば十分である．e^{-z^2} は複素平面全体で正則であるから，定理 5.8 により，z 平面上で 0 から $R + \mathrm{i}a$ に至る折れ線 $L_1 = \{0 \to \mathrm{i}a \to R + \mathrm{i}a\}$ と $L_2 = \{0 \to R \to R + \mathrm{i}a\}$ に沿う e^{-z^2} の積分は等しい (図 5.8)：

$$\int_0^a e^{-(iy)^2} i dy + \int_0^R e^{-(x+ia)^2} dx$$
$$= \int_0^R e^{-x^2} dx + \int_0^a e^{-(R+iy)^2} i dy. \qquad (5.37)$$

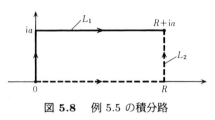

図 5.8　例 5.5 の積分路

右辺第 2 項は

$$\left| \int_0^a e^{-(R+iy)^2} i dy \right| \leqq \int_0^a e^{-R^2+a^2} dy$$
$$= a e^{-R^2+a^2} \to 0 \; (R \to \infty)$$

であるから, (5.37) で $R \to \infty$ とすると

$$i \int_0^a e^{y^2} dy + \int_0^\infty e^{-(x+ia)^2} dx$$
$$= \int_0^\infty e^{-x^2} dx = \frac{\sqrt{\pi}}{2}.$$

両辺の実数部と虚数部を等置すれば

$$\int_0^\infty e^{-x^2+a^2} \cos 2ax \, dx = \int_0^\infty e^{-x^2} dx = \frac{\sqrt{\pi}}{2},$$
$$\int_0^\infty e^{-x^2+a^2} \sin 2ax \, dx = \int_0^a e^{y^2} dy$$

となり,これらの等式に e^{-a^2} を掛けて示すべき式を得る. ∎

(c) 不定積分

われわれに残された問題は,原始関数の存在を示すこと,そして可能ならば原始関数を具体的に構成することである.実関数の場合には,しかるべき条件のもとで不定積分をつくればそれが原始関数になる.そこでここでも, $f(z)$ の

§5.2 Cauchy の積分定理

不定積分をつくってそれが原始関数になるかどうかみてみよう．

定理 5.8 でみたように，正則関数 $f(z)$ の積分は端点 α と β のみによってきまり，α と β を結ぶ曲線にはよらない．そこで，あらためて β を z と書いて，f の積分を $\int_\alpha^z f(\zeta)\mathrm{d}\zeta$ とおく．そして，α を固定して z を D 内で動かしたとき，この積分を z の関数と考え，これを f の**不定積分**とよんで $F(z)$ で表すことにする：

$$F(z) = \int_\alpha^z f(\zeta)\mathrm{d}\zeta. \tag{5.38}$$

定理 5.9 $f(z)$ が単連結領域 D で正則なとき，その不定積分 $F(z)$ は正則で，$F'(z) = f(z)$ をみたす．

［証明］　まず $F'(z) = f(z)$ を予想して $(F(z+\Delta z) - F(z))/\Delta z - f(z)$ の絶対値を評価しよう．そのために，これを積分を用いて表現する：

$$\frac{F(z+\Delta z) - F(z)}{\Delta z} - f(z) = \frac{1}{\Delta z}\int_z^{z+\Delta z} f(\zeta)\mathrm{d}\zeta - \frac{1}{\Delta z}\int_z^{z+\Delta z} f(z)\mathrm{d}\zeta$$

$$= \frac{1}{\Delta z}\int_z^{z+\Delta z} (f(\zeta) - f(z))\mathrm{d}\zeta.$$

$f(z)$ は点 z で連続であるから，任意の正の実数 ε に対して正の実数 δ を適当に定めて $|\zeta - z| < \delta$ ならば $|f(\zeta) - f(z)| < \varepsilon$ となるようにできる．ここで，z と $z + \Delta z$ を結ぶ積分路として z と $z + \Delta z$ を結ぶ線分をとれば，$|\Delta z| < \delta$ のとき

$$\left|\frac{F(z+\Delta z) - F(z)}{\Delta z} - f(z)\right| \leq \frac{\varepsilon}{\Delta z}\int_z^{z+\Delta z} |\mathrm{d}\zeta| = \varepsilon$$

とすることができる．したがって

$$\lim_{\Delta z \to 0} \frac{F(z+\Delta z) - F(z)}{\Delta z} = f(z)$$

が成り立ち，$F'(z) = f(z)$ を得る．　∎

こうして，関数 $f(z)$ が正則であればその積分の値は端点のみに依存し，積分路には依存しないこと，$F'(z) = f(z)$ をみたす原始関数 $F(z)$ が存在して具体的に不定積分 (5.21) で与えられること，そしてその根拠となるのが Cauchy の積分定理であることが明らかにされた．

(d) 積分路の変更

複素積分の計算では，積分路を計算に都合のよいように変更することがしばしば行われる．このとき，定理 5.8 の結果が利用される．この定理は，端点を固定するとき，被積分関数が正則な範囲で積分路を変更しても積分の値は変わらないことを保証している．

次の例は，正則でない点の上を越えて積分路を変更すると，積分の値が変わってしまう例である．

例 5.6 $f(z) = 1/z$ を，$\alpha = -1 - i$ から $\beta = 1 + i$ に至る次の二通りの路に沿って積分してみる (図 5.9)：

$$C_1: \ -1-i \ \to \ 1-i \ \to \ 1+i$$
$$C_2: \ -1-i \ \to \ -1+i \ \to \ 1+i.$$

例 5.4 (3) により $f(z) = 1/z$ の原始関数は $F(z) = \log z$ である．出発の点 $\alpha = -1 - i$ における $\log z$ の分枝として (3.50) の $f_n(z)$ を選ぶ．すると，定理 5.2 により C_1 に沿う積分は

$$\int_{C_1} \frac{1}{z} dz = \log(1+i) - \log(-1-i)$$
$$= \left(\mathrm{Log}\sqrt{2} + \frac{1}{4}\pi i + 2n\pi i\right) - \left(\mathrm{Log}\sqrt{2} - \frac{3}{4}\pi i + 2n\pi i\right)$$
$$= \pi i \tag{5.39}$$

となる．一方，C_2 に沿う積分では，積分路が負の実軸を下から上へ向かって横切るとき，対数関数の分枝が (3.50) の $f_n(z)$ から $f_{n-1}(z)$ に乗り移る．したがって，$z = 1 + i$ における値は $f_{n-1}(1+i)$ であることに注意すると，

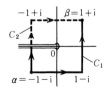

図 **5.9** 例 5.6 の積分路

$$\int_{C_2} \frac{1}{z} dz = (\text{Log}\sqrt{2} + \frac{1}{4}\pi i + 2(n-1)\pi i) - (\text{Log}\sqrt{2} - \frac{3}{4}\pi i + 2n\pi i)$$
$$= -\pi i \tag{5.40}$$

となり，これは C_1 に沿う積分の値とは異なる．

ここで，$\alpha = -1 - i$ から $\beta = 1 + i$ へ至る $f(z) = 1/z$ の積分路を C_1 から C_2 へ変更することを考えると，その際に積分路が $f(z) = 1/z$ が正則でない点 $z = 0$ の上を越え，変更する前と後で積分の値が変わることになる． □

この例にみるように，正則でない点の上を越えて積分路を変更すると，端点は固定してあっても，積分の値は変わってしまう可能性が生ずるのである．ただし，正則でない点の上を越えて積分路を変更しても積分の値が変わらない場合もある．

例 5.7 $f(z) = 1/z^2$ を例 5.6 と同じ二つの積分路 C_1, C_2 に沿って積分する．この原始関数は $F(z) = -1/z$ であり，1 価関数である．したがって，定理 5.2 より，その積分値はともに $F(1+i) - F(-1-i) = -1 + i$ となる． □

このような例もあるが，一般には理由なく正則でない点の上を越えて積分路を変更することは許されない．

閉曲線から成る積分路を変更する場合には，Cauchy の積分定理 5.7 の系として導かれる次の定理が利用される．なお，単純閉曲線 C でかこまれた部分を左手に見ながら C をまわる向き (反時計回り) を C の**正の向き**，その逆の向きを**負の向き**という．

定理 5.10 $f(z)$ は領域 D で正則で，C_1 と C_2 は D 内の単純閉曲線とする．C_2 が C_1 の内部にあって，C_1 と C_2 ではさまれる領域が D の内部に含まれるとき，次式が成り立つ．

$$\int_{C_1} f(z) dz = \int_{C_2} f(z) dz \tag{5.41}$$

ただし，積分路はそれぞれ C_1 と C_2 を正の向きに 1 周するものとする (図 5.10)．

[証明] 図 5.10 のように C_1 上に 2 点 α_1, α_2, C_2 上に 2 点 β_1, β_2 をとり，さらに β_1 から α_1 に至る単純曲線 L_1 および α_2 から β_2 に至る単純曲線 L_2 をとる．曲線 C_1 の α_1 から α_2 に至る部分を $C_1^\frown$ で，α_2 から α_1 に至る部分を $C_1^\smile$ で表し，曲線 C_2 についても同様に β_1 から β_2 に至る部

第5章 複素積分と Cauchy の積分定理

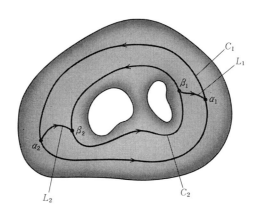

図 5.10　定理 5.10 の積分路

分を $C_2^\frown$ で，β_2 から β_1 に至る部分を $C_2^\smile$ で表す．このとき，単純閉曲線 $C_1^\frown \cdot L_2 \cdot (C_2^\frown)^{-1} \cdot L_1$, $C_1^\smile \cdot L_1^{-1} \cdot (C_2^\smile)^{-1} \cdot L_2^{-1}$ はそれぞれ D のある単連結部分領域内の閉曲線である．したがって，これらの曲線に沿う積分の値は Cauchy の積分定理により 0 となる．

$$\int_{C_1^\frown} f(z)\mathrm{d}z + \int_{L_2} f(z)\mathrm{d}z - \int_{C_2^\frown} f(z)\mathrm{d}z + \int_{L_1} f(z)\mathrm{d}z = 0$$

$$\int_{C_1^\smile} f(z)\mathrm{d}z - \int_{L_1} f(z)\mathrm{d}z - \int_{C_2^\smile} f(z)\mathrm{d}z - \int_{L_2} f(z)\mathrm{d}z = 0$$

この二つの等式を辺々加えて (5.41) を得る． ∎

例 5.8　例 5.6 と同じ $f(z) = 1/z$ を $\alpha = -1 - \mathrm{i}$ から出発して

$$C : -1-\mathrm{i} \to 1-\mathrm{i} \to 1+\mathrm{i} \to -1+\mathrm{i} \to -1-\mathrm{i}$$

のように元の $\alpha = -1-\mathrm{i}$ に戻る閉曲線に沿って積分してみる (図 5.11)．

この積分の値は，例 5.6 の C_2 の向きを逆にして C_1 と結べば，直ちに $2\pi\mathrm{i}$ であることがわかるが，題意のとおりに閉曲線 C に沿って 1 周積分してみよう．ここでも，出発の点 $\alpha = -1-\mathrm{i}$ における $\log z$ の分枝として (3.50) の $f_n(z)$ を選ぶ．すると，積分路が負の実軸を上から下へ向かって横切るとき $\log z$ の分枝は $f_n(z)$ から $f_{n+1}(z)$ に乗り移る．したがって，1 周して $z = -1-\mathrm{i}$ に戻っ

§5.2 Cauchy の積分定理

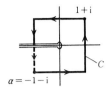

図 5.11　例 5.8 の積分路

たときの値は $f_{n+1}(-1-i)$ であることに注意すると，定理 5.2 により

$$\int_C \frac{1}{z}dz = (\text{Log}\sqrt{2} - \frac{3}{4}\pi i + 2(n+1)\pi i) - (\text{Log}\sqrt{2} - \frac{3}{4}\pi i + 2n\pi i)$$
$$= 2\pi i \tag{5.42}$$

となる．

一方，この正方形の積分路 C は定理 5.10 によって原点を中心とする半径 r の円周に変更できる．この変更に際して，積分路は $f(z) = 1/z$ が正則でない点 $z = 0$ の上を越えていないことに注意せよ．この円周に沿う積分の値は例 5.3 により $2\pi i$ であるが，この結果は当然 (5.42) と一致する．　　□

この例の積分路の形を一般化して結果を述べると，次のようになる．

例 5.9　点 $z = a$ を正の向きに囲む任意の単純閉曲線を C とすると，例 5.3 および定理 5.10 により次式が成り立つ：

$$\int_C \frac{1}{z-a}dz = 2\pi i. \tag{5.43}$$

この結果は次章で利用される．　　□

実関数の定積分を計算するために，与えられた積分路に適当な曲線を付加して一つの閉曲線をつくり，それに Cauchy の積分定理や例 5.9 の結果を適用する方法がよく用いられる．次にその例を示す．

例 5.10

$$I = \int_{-\infty}^{\infty} \frac{dx}{x^2+1} \left(= \lim_{R \to \infty} \int_{-R}^{R} \frac{dx}{x^2+1} \right).$$

この積分は，複素関数

$$f(z) = \frac{1}{z^2+1}$$

の実軸に沿う積分とみなすことができる．実軸上の線分 $[-R, R]$ に原点を中心とする半径 R の半円を付加して閉じた正の向きの積分路をつくり，これを C とする (図 5.12)．$f(z)$ を部分分数に分解して積分すると

$$\int_C f(z)\mathrm{d}z = \frac{1}{2\mathrm{i}} \int_C \frac{1}{z-\mathrm{i}}\mathrm{d}z - \frac{1}{2\mathrm{i}} \int_C \frac{1}{z+\mathrm{i}}\mathrm{d}z$$

となるが，右辺第 1 項は例 5.9 から π であり，また $1/(z+\mathrm{i})$ は C の内部で正則であるから，右辺第 2 項は Cauchy の積分定理により 0 である．

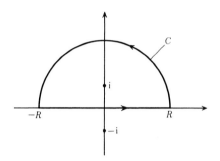

図 **5.12** 例 5.10 の積分路

一方，付加した半円の積分路を $\varGamma_R$ と書くと

$$\int_C f(z)\mathrm{d}z = \int_{-R}^{R} f(z)\mathrm{d}z + \int_{\varGamma_R} f(z)\mathrm{d}z$$

であるが，右辺第 2 項は

$$\left| \int_{\varGamma_R} f(z)\mathrm{d}z \right| = \left| \int_0^\pi \frac{\mathrm{i}Re^{\mathrm{i}\theta}\mathrm{d}\theta}{R^2 e^{2\mathrm{i}\theta}+1} \right| \leq \frac{R}{R^2-1} \int_0^\pi \mathrm{d}\theta = \frac{\pi R}{R^2-1}$$

となる．ここで，$R \to \infty$ とするとこの項は 0 となり，また右辺第 1 項は求める積分 I になる．したがって，

$$I = \int_{-\infty}^{\infty} \frac{1}{x^2+1}\mathrm{d}x = \pi.$$

□

実関数の定積分を計算するとき，複素関数論の知識がない場合には，まず原始関数を使って不定積分を求め，それに積分の上限と下限を代入して値を計算するのがふつうである．しかし，実関数の定積分に複素積分を利用すると，例

5.10 にもみるように，多くの場合不定積分を経由せずにその値を求めることができる．したがって，複素積分を利用する方法は，不定積分が初等関数で表されない場合や表されても形が複雑な場合にとくに有効である．複素積分の実関数の定積分への応用に関しては，後に章を改めて詳細に説明する．

演習問題

5.1 z 平面上の原点から $R+\mathrm{i}R$ $(R>0)$ に至る
(i) $L_1 : 0 \to R \to R+\mathrm{i}R$ のように点を辿る折れ線
(ii) $L_2 : 0$ と $R+\mathrm{i}R$ を結ぶ線分
に沿って e^{-z^2} の積分を考え，$R \to \infty$ とすることによって
$$\int_0^\infty \sin x^2 \mathrm{d}x = \int_0^\infty \cos x^2 \mathrm{d}x = \frac{\sqrt{\pi}}{2\sqrt{2}} \quad (\textbf{Fresnel の積分})$$
を証明せよ．
[ヒント] R と $R+\mathrm{i}R$ を結ぶ線分上で $z = R+\mathrm{i}y$ $(0 \leqq y \leqq R)$ とおくと，$|\mathrm{e}^{-z^2}| = \mathrm{e}^{-(R^2-y^2)} \leqq \mathrm{e}^{-R(R-y)}$ であることを用いよ．

5.2 複素関数 $f(z)$ を領域 D で定義された連続微分可能関数とする．また，曲線 C を α と β を結ぶなめらかな曲線とし，その方程式を $z = \phi(t)$ $(a \leqq t \leqq b)$ で表すことにする．このとき，C に沿う関数 $f(z)$ の積分を曲線 C の関数，正確には $\phi(t)$ の汎関数と考え，$J[C]$ または $J[\phi]$ で表す：
$$J[C] = J[\phi] = \int_C f(z)\mathrm{d}z = \int_a^b f(\phi(t))\phi'(t)\mathrm{d}t.$$

(1) 曲線 C を微小に動かした曲線を考える．つまり，ε を小さな正数とし，$\eta(t)$ を $\eta(a) = \eta(b) = 0$ なる $[a,b]$ 上の連続微分可能関数であるとし，方程式 $z = \phi(t) + \varepsilon\eta(t)$ で表されるような曲線を考える．このとき，$J[C]$ の第一変分
$$\delta J = \lim_{\varepsilon \to 0} \frac{J[\phi+\varepsilon\eta] - J[\phi]}{\varepsilon}$$
は次式で与えられることを示せ．
$$\delta J = \int_a^b (f'(\phi(t))\phi'(t)\eta(t) + f(\phi(t))\eta'(t))\mathrm{d}t$$

(2) 右辺の被積分関数は $(f(\phi(t))\eta(t))'$ と書けることに注意して, $\delta J = 0$ を示せ[*1].

以下の問題 5.3, 5.4 では実関数の線積分および次の Green の公式 (5.44) を既知としてよい.

[**Green の公式**]　2 変数実数値関数 $P(x,y)$, $Q(x,y)$ を単連結領域 D で定義された連続微分可能関数とし, 曲線 C を D に含まれるなめらかな単純閉曲線とする. このとき, 次式が成り立つ.

$$\int_C (P(x,y)\mathrm{d}x + Q(x,y)\mathrm{d}y) = \int\int_E \left(-\frac{\partial P(x,y)}{\partial y} + \frac{\partial Q(x,y)}{\partial x} \right) \mathrm{d}x\mathrm{d}y \quad (5.44)$$

ただし, E は C で囲まれた領域内部および周で, 閉曲線 C に沿って積分するときの向きは C の内部を左にみて進むものとする.

5.3　$f(z)$ を単連結領域 D で定義された連続関数とし, $f(z) = u(x,y) + \mathrm{i}v(x,y)$ のように実数部と虚数部に分けて考える.

(1) 曲線 C を D に含まれるなめらかな曲線とする. 曲線 C に沿う $f(z)$ の積分は, 次のように 2 変数実数値関数 $u(x,y)$, $v(x,y)$ の線積分で表されることを示せ.

$$\int_C f(z)\mathrm{d}z = \int_C (u(x,y)\mathrm{d}x - v(x,y)\mathrm{d}y) + \mathrm{i}\int_C (v(x,y)\mathrm{d}x + u(x,y)\mathrm{d}y)$$

(2) $f(z)$ を単連結領域 D で定義された連続微分可能関数とし, 曲線 C を D に含まれるなめらかな単純閉曲線とする. (1) で示した等式の右辺の実数部と虚数部に Green の公式を適用し, さらに Cauchy-Riemann の微分方程式を用いることによってつぎの式が成り立つことを示せ.

$$\int_C f(z)\mathrm{d}z = 0$$

5.4　曲線 C をなめらかな単純閉曲線とする. Green の公式を使って

$$\int_C x\mathrm{d}z = \mathrm{i}S, \quad \int_C y\mathrm{d}z = -S, \quad \int_C \bar{z}\mathrm{d}z = 2\mathrm{i}S$$

を示せ. ここで, S は曲線 C で囲まれた領域の面積である.

[*1] Cauchy は, $\delta J = 0$ に基づいて微小に曲線を動かしても積分値は変わらないとし, 始点と終点の一致する二つの曲線の一方を微小に移動させていくことによって, 二つの曲線に沿う積分が等しいと主張した.

第6章
Cauchy の積分公式と Taylor 展開

本章では，前章で示した Cauchy の積分定理から直接導かれる，正則関数の一つの表示である Cauchy の積分公式を与え，それから正則関数の重要な性質をいくつか導く．さらに，この表示から Taylor 展開および Laurent 展開を導出し，関数の孤立特異点を定義して分類する．

§6.1 Cauchy の積分公式

(a) Cauchy の積分公式

まず，正則関数の理論で有用な道具である Cauchy の積分公式を，Cauchy の積分定理から導く．

定理 6.1 (Cauchy の積分公式) $f(z)$ は単連結領域 D で正則で，C は D の内部にある単純閉曲線とする．このとき，C の内部の任意の点 z に対して次式が成り立つ．

$$f(z) = \frac{1}{2\pi i} \int_C \frac{f(\zeta)}{\zeta - z} d\zeta \tag{6.1}$$

ただし，積分路は C を正の向きに 1 周するものとする． □

注意 今後とくにことわらないかぎり，単純閉曲線の積分路は正の向きに 1 周するものとする．

[証明] 被積分関数 $f(\zeta)/(\zeta - z)$ は 1 点 $\zeta = z$ を除いて正則であるから，

定理 5.10 によって積分路 C を z を中心とする半径 ρ の小円 $\Gamma : |\zeta - z| = \rho$ に変形することができる (図 6.1). $f(\zeta)$ 自体は z の近くで正則であるから，任意の $\varepsilon > 0$ が与えられたとき適当な δ をとれば $|\zeta - z| < \delta$ なる ζ に対して $|f(\zeta) - f(z)| < \varepsilon$ とすることができる．例 5.9 によって

$$\frac{1}{2\pi\mathrm{i}} \int_\Gamma \frac{1}{\zeta - z} \mathrm{d}\zeta = 1$$

であるから，Γ の半径 ρ を δ 以下にすれば

$$\left| \frac{1}{2\pi\mathrm{i}} \int_\Gamma \frac{f(\zeta)}{\zeta-z} \mathrm{d}\zeta - f(z) \right| = \left| \frac{1}{2\pi\mathrm{i}} \int_\Gamma \frac{f(\zeta) - f(z)}{\zeta-z} \mathrm{d}\zeta \right|$$
$$< \frac{\varepsilon}{2\pi} \int_0^{2\pi} \frac{|\mathrm{i}\rho \mathrm{e}^{\mathrm{i}\theta} \mathrm{d}\theta|}{|\rho \mathrm{e}^{\mathrm{i}\theta}|} = \varepsilon$$

となり，(6.1) が証明された． ∎

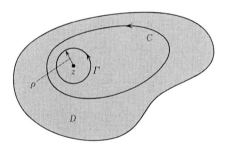

図 6.1　定理 6.1 の図

(6.1) を **Cauchy の積分公式**という．Cauchy の積分公式は，ある点における正則関数の値がその点を囲む閉曲線上の値によって完全に決定されるということを示している．この事実にも，正則関数のもつ典型的な性質が現れている．

積分 (6.1) に現れる関数 $1/(\zeta - z)$ は **Cauchy 核**といい，以下の議論で重要な役割を果たす．

単連結でない領域で成立するように，Cauchy の積分公式を書き換えてみよう．そのために，まず Cauchy の積分定理の系として導かれる次の定理を証明する．この定理自体，Cauchy の積分定理の単連結でない領域への拡張とみなすこともできる．

§6.1 Cauchy の積分公式

定理 6.2 $f(z)$ は領域 D で正則で，$C, C_1, C_2, \cdots, C_n$ は D 内の正の向きをもつ単純閉曲線とする．ただし，$C_1, C_2, \cdots, C_n$ はすべて C の内部にあり，また $j \neq k$ のときには C_j と C_k は互いに外部にあって，C と $C_1, C_2, \cdots, C_n$ ではさまれる領域は D の内部に含まれるものとする．このとき，

$$\int_C f(z)\mathrm{d}z = \int_{C_1} f(z)\mathrm{d}z + \int_{C_2} f(z)\mathrm{d}z + \cdots + \int_{C_n} f(z)\mathrm{d}z. \tag{6.2}$$

［証明］ C と $C_1, C_2, \cdots, C_n$ ではさまれる領域を往復の曲線弧によって図 6.2 のように単連結な領域に分割すれば，定理 5.10 と同様にして証明できる．■

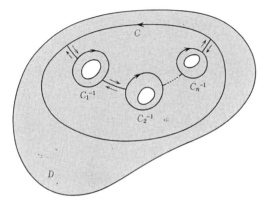

図 6.2　定理 6.2 の図

この定理を使って目的の定理を証明する．

定理 6.3 定理 6.2 と同じ仮定のもとで，点 z が C の内部にありかつすべての C_k $(k=1, 2, \cdots, n)$ の外部にあるとき，

$$f(z) = \frac{1}{2\pi\mathrm{i}}\int_C \frac{f(\zeta)}{\zeta - z}\mathrm{d}\zeta - \sum_{k=1}^{n} \frac{1}{2\pi\mathrm{i}}\int_{C_k} \frac{f(\zeta)}{\zeta - z}\mathrm{d}\zeta. \tag{6.3}$$

［証明］ $f(\zeta)/(\zeta - z)$ は D において $\zeta = z$ を除いて正則である．ここで，点 z を内部に含み，他の閉曲線 C, C_k $(k=1, 2, \cdots, n)$ と交わらない十分小さな単純閉曲線に沿う正の向きの積分路を C_z とすると，定理 6.2 より

$$\frac{1}{2\pi\mathrm{i}}\int_C \frac{f(\zeta)}{\zeta - z}\mathrm{d}\zeta - \sum_{k=1}^{n} \frac{1}{2\pi\mathrm{i}}\int_{C_k} \frac{f(\zeta)}{\zeta - z}\mathrm{d}\zeta - \frac{1}{2\pi\mathrm{i}}\int_{C_z} \frac{f(\zeta)}{\zeta - z}\mathrm{d}\zeta = 0 \tag{6.4}$$

が成り立つが，(6.4) の左辺の最後の項は定理 6.1 により $f(z)$ に等しい．した

がって，(6.3) が成り立つ． ∎

(b) 微分に対する Cauchy の積分公式

$f(z)$ の導関数は，(6.1) の被積分関数に含まれる Cauchy 核 $1/(\zeta-z)$ をその微分 $1/(\zeta-z)^2$ で置き換えれば得られるであろうことは直観的に予想される．これを証明しよう．

定理 6.4 定理 6.1 と同じ仮定のもとで

$$f'(z) = \frac{1}{2\pi i}\int_C \frac{f(\zeta)}{(\zeta-z)^2}d\zeta. \tag{6.5}$$

[証明] $f(z)$ の差分商をつくると，(6.1) より

$$\frac{f(z+h)-f(z)}{h} = \frac{1}{2\pi i}\int_C \frac{1}{h}\left(\frac{1}{\zeta-z-h}-\frac{1}{\zeta-z}\right)f(\zeta)d\zeta$$

$$= \frac{1}{2\pi i}\int_C \frac{f(\zeta)}{(\zeta-z-h)(\zeta-z)}d\zeta$$

となる．閉円板 $|\zeta-z|\leq\delta$ が C の内部に入るように $\delta>0$ をとると，ζ が C 上にあるとき $|\zeta-z|>\delta$ となる（図 6.3）．ここで，$|h|<\delta$ をみたすように h をとり，また C の長さを L，$M=\max_{\zeta\in C}|f(\zeta)|$ とすると，

$$\left|\int_C \frac{f(\zeta)}{(\zeta-z-h)(\zeta-z)}d\zeta - \int_C \frac{f(\zeta)}{(\zeta-z)^2}d\zeta\right|$$

$$= \left|h\int_C \frac{f(\zeta)}{(\zeta-z)^2(\zeta-z-h)}d\zeta\right| \leq \frac{ML}{\delta^2(\delta-|h|)}|h|$$

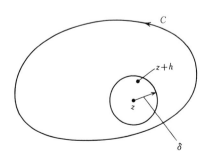

図 **6.3** 定理 6.4 の図

§6.1 Cauchy の積分公式

となる．ここで $h \to 0$ とすれば最右辺は 0 に収束するから，

$$\lim_{h \to 0} \frac{f(z+h) - f(z)}{h} = \frac{1}{2\pi i} \int_C \frac{f(\zeta)}{(\zeta - z)^2} d\zeta$$

となり，(6.5) が証明された．　∎

この定理により，$f(z)$ の微分が Cauchy の積分公式の積分記号の中で Cauchy 核を微分することによって得られることがわかったが，このことは高階の微分についても成り立つ．それを示すために次の補題を使う．

補題 6.5 $k \geq 1$ のとき次の恒等式が成立する．

$$\frac{b^{-k} - a^{-k}}{b - a} + k a^{-k-1} = (b-a) \sum_{j=1}^{k} j a^{-j-1} b^{-k+j-1} \tag{6.6}$$

[証明] 右辺で実際に $b - a$ の掛け算を行うと

$$(b-a)(a^{-2}b^{-k} + 2a^{-3}b^{-k+1} + 3a^{-4}b^{-k+2} + \cdots + k a^{-k-1} b^{-1})$$
$$= -(a^{-1}b^{-k} + a^{-2}b^{-k+1} + a^{-3}b^{-k+2} + \cdots + a^{-k}b^{-1}) + k a^{-k-1}$$

となるが，この右辺に $b - a$ を掛けて整理すれば，左辺に $b - a$ を掛けたものが得られる．　∎

この補題を使って，高階の微分に対する Cauchy の積分公式を証明しよう．

定理 6.6 定理 6.1 と同じ仮定のもとで

$$f^{(m)}(z) = \frac{m!}{2\pi i} \int_C \frac{f(\zeta)}{(\zeta - z)^{m+1}} d\zeta \qquad (m = 1, 2, 3, \cdots). \tag{6.7}$$

[証明] 帰納法による．$m = 1$ のときはすでに定理 6.4 によって証明されている．いま，$m = k-1$ のとき (6.7) が成立したと仮定する．ここで，

$$f_k(z) = \frac{k!}{2\pi i} \int_C \frac{f(\zeta)}{(\zeta - z)^{k+1}} d\zeta$$

とおくと，補題 6.5 より

$$\frac{f^{(k-1)}(z+h) - f^{(k-1)}(z)}{h} - f_k(z)$$
$$= -\frac{(k-1)!}{2\pi i} \int_C \left\{ \frac{(\zeta - z - h)^{-k} - (\zeta - z)^{-k}}{(\zeta - z - h) - (\zeta - z)} + k(\zeta - z)^{-k-1} \right\} f(\zeta) d\zeta$$

$$= -\frac{h(k-1)!}{2\pi i}\int_C \left\{\sum_{j=1}^k j(\zeta-z)^{-j-1}(\zeta-z-h)^{-k+j-1}\right\}f(\zeta)\mathrm{d}\zeta$$

となるが, ζ が C 上にあるとき $|\zeta-z|\geqq\delta$, $|\zeta-z-h|\geqq\delta-|h|$ であるから,

$$\left|\frac{f^{(k-1)}(z+h)-f^{(k-1)}(z)}{h}-f_k(z)\right|\leqq\frac{(k+1)!LM}{4\pi(\delta-|h|)^{k+2}}|h|$$

となる. ただし, L は C の長さで, $M=\max_{\zeta\in C}|f(\zeta)|$ である. $h\to 0$ のとき右辺は 0 に収束するから,

$$\lim_{h\to 0}\frac{f^{(k-1)}(z+h)-f^{(k-1)}(z)}{h}=f^{(k)}(z)=f_k(z)$$

が証明された. ∎

公式 (6.7) を **Cauchy–Goursat の積分公式**, あるいは単に **Cauchy の積分公式**とよぶ. 定理 6.6 からただちに次のことがいえる.

系 6.7 $f(z)$ が領域 D で正則ならば, $f(z)$ は D の任意の点で何回でも微分できる. □

これも正則関数の典型的な特徴の一つである. 関数が正則であれば連続であるから, 正則関数の導関数の連続性も定理 6.6 からただちにいえる.

系 6.8 定理 6.2 と同じ条件のもとで,

$$f^{(m)}(z)=\frac{m!}{2\pi i}\int_C\frac{f(\zeta)}{(\zeta-z)^{m+1}}\mathrm{d}\zeta-\sum_{k=1}^n\frac{m!}{2\pi i}\int_{C_k}\frac{f(\zeta)}{(\zeta-z)^{m+1}}\mathrm{d}\zeta. \tag{6.8}$$

［証明］ $f(\zeta)/(\zeta-z)^{m+1}$ が $\zeta=z$ を除いて正則であることに注意すれば, 定理 6.3 と同様に証明できる. ∎

(c) Morera の定理

Cauchy の定理の逆である次の **Morera の定理**が成り立つ.

定理 6.9 $f(z)$ が単連結領域 D で連続で, D の内部にある任意の単純閉曲線 C に対して

$$\int_C f(z)\mathrm{d}z=0$$

が成り立つならば, $f(z)$ は D で正則である.

[証明] α を D 内の定点, z を D 内の任意の点として積分 $\int_\alpha^z f(\zeta)\mathrm{d}\zeta$ を考えると, 仮定からこの積分の値は α から z に至る積分路に依存しないから,

$$F(z) = \int_\alpha^z f(\zeta)\mathrm{d}\zeta$$

と書くことができる. $f(z)$ は連続であるから, 定理 5.9 の証明とまったく同じ推論によって, $F(z)$ が D で正則で, $F'(z) = f(z)$ であることが導かれる. したがって, $f(z)$ は正則関数の導関数であるから, 定理 6.4 あるいは定理 6.6 により $f(z)$ は正則である. ∎

§6.2 最大値原理

(a) 最大値原理

この節では, Cauchy の積分公式から導かれる, 正則関数のもつ二三の重要な性質について述べる.

定理 6.10 (平均値の定理) $f(z)$ は領域 D で正則であるとする. D 内の点 $z = a$ における $f(z)$ の値は, a を中心とする D 内の任意の円周上の f の平均値に等しい. すなわち,

$$f(a) = \frac{1}{2\pi} \int_0^{2\pi} f(a + re^{i\theta})\mathrm{d}\theta. \tag{6.9}$$

[証明] Cauchy の積分公式の積分路 C として a を中心とする半径 r の円周 $z = a + re^{i\theta}$ をとれば (6.9) が得られる. 積分の値は半径 r によらない. ∎

等式 (6.9) の両辺の絶対値をとれば, 不等式

$$|f(a)| \leq \frac{1}{2\pi} \int_0^{2\pi} |f(a + re^{i\theta})|\mathrm{d}\theta \tag{6.10}$$

が得られる. この不等式から, 次の**最大値原理**が導かれる.

定理 6.11 (最大値原理) $f(z)$ が領域 D で正則ならば, 絶対値 $|f(z)|$ は領域 D の内部で最大値をとらない. ただし, $f(z) \neq$ 定数 とする.

[証明] $|f(z)|$ が D の内部のある点 a で最大値 M をとると仮定して, $f(z)$ が定数であることを示せばよい. $|f(z)|$ が定数ならば $f(z)$ は定数であるから

(演習問題 6.1),$|f(z)|$ が定数であることを示せば十分である.

初めに,D の内部の点 a で $|f(a)| = M$ とすると,a を中心とする D に含まれる任意の開円板 $U_r(a) = \{z \mid |z-a| < r\}$ 上で $|f(z)| = M$ となることを示そう.いま,開円板 $U_r(a)$ 上に $|f(z)| < M$ となる点 b があったとする.このとき,$|f(z)|$ の連続性によって b の近傍で $|f(z)| < M$ となるから,(6.10) より,

$$M = |f(a)| \leq \frac{1}{2\pi}\int_0^{2\pi} |f(a + |b-a|\mathrm{e}^{i\theta})|\mathrm{d}\theta < \frac{1}{2\pi}\int_0^{2\pi} M\mathrm{d}\theta = M$$

となるが,これは矛盾である.したがって,開円板 $U_r(a)$ 上で $|f(z)| = M$ でなければならない.

次に,D 内の任意の点 c において $|f(c)| = M$ であることを示そう.いま,D 内にある開円板列 $U_\rho(b_0)\,(=U_\rho(a)), U_\rho(b_1), \cdots, U_\rho(b_N)\,(=U_\rho(c))$ をとり,各開円板 $U_\rho(b_j)$ が次の開円板 $U_\rho(b_{j+1})$ の中心 b_{j+1} を含むようにする(次の注意参照).このとき $b_1 \in U_\rho(b_0)\,(=U_\rho(a))$ であるから,すでに証明したことより b_1 において $|f(b_1)| = M$ である.次に b_1 において $|f(b_1)| = M$ であるから,先と同様の議論によって $U_\rho(b_1)$ 上で $|f(z)| = M$ がわかり,これから $b_2 \in U_\rho(b_1)$ において $|f(b_2)| = M$ であることがわかる.以下この議論を繰り返すことによって $b_N = c$ において $|f(c)| = M$ がわかる.以上から,D において $|f(z)| = M$ であることが証明された.∎

注意 D 内にある開円板列 $U_\rho(b_0)\,(=U_\rho(a)), U_\rho(b_1), \cdots, U_\rho(b_N)\,(=U_\rho(c))$ をとり,各開円板 $U_\rho(b_j)$ が次の開円板 $U_\rho(b_{j+1})$ の中心 b_{j+1} を含むようにすることができることを証明しておこう.このことは定理 8.14 でも用いられる.

まず,D は領域であるから,a, c を D 内にある折れ線で結ぶことができる(定理 4.7).この折れ線を L と書く.いま,折れ線 L と D の境界との距離を $\delta\,(> 0)$,$(L$ の長さ$)/n < \delta$ となるような自然数 n を N,$(L$ の長さ$)/N$ を δ' とする(図 6.4).このとき,折れ線 L 上に a から L に沿う距離が $0, \delta', 2\delta', \cdots, N\delta'\,(=(L$ の長さ$))$ である点をとり,それを $b_0(=a), b_1, \cdots, b_N(=c)$ として,これらの点を中心とする半径 $\rho = \delta$ の開円板を考える.明らかに,このようにしてできた開円板列 $U_\rho(b_0)\,(=U_\rho(a)), U_\rho(b_1), \cdots, U_\rho(b_N)\,(=U_\rho(c))$ は D 内にあり,かつ各開円板 $U_\rho(b_j)$ は次の開円板 $U_\rho(b_{j+1})$ の中心 b_{j+1} を含んでいる.

系 6.12 $f(z)$ が領域 D で正則で,0 にならないならば,絶対値 $|f(z)|$ は領域 D の内部で最小値をとらない.ただし,$f(z) \neq$ 定数 とする.

§6.2 最大値原理

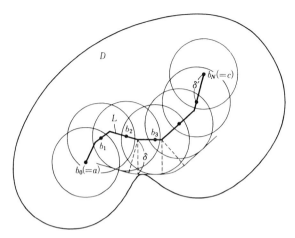

図 6.4　D に含まれる開円板列

[証明] 仮定から，$|f(z)|$ は D で 0 にならない．$|f(z)|$ が点 $z=a$ で 0 でない最小値をとると仮定すると，$1/|f(z)|$ が $z=a$ で最大値をとることになり，定理 6.11 に矛盾する． ∎

注意 $f(z)$ の零点では $|f(z)|=0$ であるから，最小値 0 をとることはありうる．

定理 6.11 の最大値原理から，ただちに次のことがいえる．

系 6.13 関数 $f(z)$ がある有界閉集合 K で正則ならば，$|f(z)|$ は K の境界で最大値をとる． □

(b)　**Liouville の定理**

この項では，次の項で述べる代数学の基本定理で必要になる **Liouville の定理**を示す．そのための準備として，次の **Cauchy の評価式**を証明しておこう．

補題 6.14 (Cauchy の評価式)　$f(z)$ が領域 D で正則で，円板 $|z-a| \leq r$ が D に含まれるとき，円 $|z-a|=r$ の周上で $|f(z)| \leq M$ ならば次の不等式が成り立つ．

$$|f^{(n)}(a)| \leq \frac{n!M}{r^n} \qquad (6.11)$$

[証明] (6.7) において，積分路 C として円 $|z-a|=r$ をとれば，

$$|f^{(n)}(a)| \leq \frac{n!}{2\pi} \int_{|z-a|=r} \frac{|f(z)||\mathrm{d}z|}{|z-a|^{n+1}} \leq \frac{n!M}{2\pi r^n} \int_0^{2\pi} \mathrm{d}\theta = \frac{n!M}{r^n}.$$

∎

定理 6.15 (Liouville の定理) $f(z)$ が無限遠点を除く複素平面全体で正則 (整関数) で，かつ有界ならば，$f(z) =$ 定数 である．

[証明] Cauchy の評価式 (6.11) において $n=1$ とおくと，

$$|f'(a)| \leq \frac{M}{r}$$

が成り立つが，仮定から r はいくらでも大きくとることができるから $f'(a) = 0$ である．a は任意の点であるから，これから $f(z) =$ 定数 が結論される (演習問題 4.7)．∎

(c) 代数学の基本定理

Liouville の定理から，次の Gauss の**代数学の基本定理**を導くことができる．

定理 6.16 n 次代数方程式 $(n \geq 1)$ は，少なくとも一つ解をもつ．

[証明] n 次代数方程式を $P_n(z) = 0$ と書く．もしも $P_n(z)$ が有限な z に対して 0 にならなければ，$Q_n(z) = 1/P_n(z)$ は z の有限な範囲で正則で，かつ $z \to \infty$ では 0 になる．したがって，十分大きな R をとると，$Q_n(z)$ は $|z| \geq R$ で有界である．一方，$|z| \leq R$ では $Q_n(z)$ は正則だから有界で，結局 $Q_n(z)$ は複素平面全体で正則かつ有界になり，Liouville の定理によって $Q_n(z)$ は定数になる．しかし，これは $P_n(z)$ も定数ということを意味して，矛盾である．したがって，$P_n(z) = 0$ は少なくとも一つの解をもつ．∎

系 6.17 n 次代数方程式 $(n \geq 1)$ は，重複度を含めて n 個の解をもつ．

[証明] $z = z_1$ を $P_n(z) = 0$ の一つの解として，$n-1$ 次方程式 $P_{n-1}(z) = P_n(z)/(z-z_1) = 0$ を考える．$P_{n-1}(z) = 0$ に定理 6.16 を適用すれば，これもまた少なくとも一つの解をもつ．以下同様にして，$P_n(z) = 0$ は，多重解も別々に数えてちょうど n 個の解をもつことが結論される．∎

§6.3 関数のベキ級数展開と孤立特異点

(a) Taylor 展開

正則関数には具体的にいろいろな表示が知られている．本節では，そのうち最も基本的かつ有用な Taylor 展開を Cauchy の積分公式から導く．

まず初めに，Cauchy の積分公式に現れる Cauchy 核自体が次のようにベキ級数に展開できることに注意しよう．

$$\frac{1}{\zeta-z} = \frac{1}{(\zeta-a)-(z-a)} = \frac{1}{\zeta-a}\frac{1}{1-\dfrac{z-a}{\zeta-a}}$$

$$= \frac{1}{\zeta-a} + \frac{z-a}{(\zeta-a)^2} + \cdots + \frac{(z-a)^n}{(\zeta-a)^{n+1}} + r_n, \quad (6.12)$$

$$r_n = \frac{(z-a)^{n+1}}{(\zeta-z)(\zeta-a)^{n+1}} \quad (6.13)$$

$|z-a| < |\zeta-a|$ のとき，$r_n \to 0$ $(n \to \infty)$ であるから，この級数が収束することは明らかである．(6.12) の両辺の各項に $f(\zeta)$ を掛けて項別に積分すれば，次の定理が得られる．

定理 6.18 関数 $f(z)$ が開円板領域 $D = \{z \mid |z-a| < R\}$ において正則ならば，$f(z)$ は次の形の級数に展開できる．

$$f(z) = f(a) + \frac{f'(a)}{1!}(z-a) + \cdots + \frac{f^{(n)}(a)}{n!}(z-a)^n + \cdots \quad (6.14)$$

この級数は D 内のすべての z に対して収束する．

[証明] z を D 内の任意の 1 点とする．a を中心とする半径 r の円 C を z を内部に含むようにとる（図 6.5）．このとき，Cauchy の積分公式 (6.1) より

$$f(z) = \frac{1}{2\pi i}\int_C \frac{1}{\zeta-z}f(\zeta)\mathrm{d}\zeta$$

となるが，右辺の $1/(\zeta-z)$ に (6.12) を代入して項別積分を行い，(6.7) に注意すれば，次式を得る．

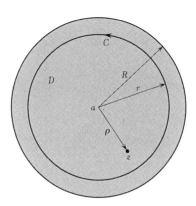

図 6.5 定理 6.18 の図

$$f(z) = f(a) + \frac{f'(a)}{1!}(z-a) + \cdots + \frac{f^{(n)}(a)}{n!}(z-a)^n + R_n, \quad (6.15)$$

$$R_n = \frac{(z-a)^{n+1}}{2\pi i} \int_C \frac{f(\zeta)}{(\zeta-z)(\zeta-a)^{n+1}} d\zeta \quad (6.16)$$

ζ は C 上を動くから $|\zeta - a| = r$ であるが,一方 $|z - a| = \rho$ とおくと,z が C の内部に含まれるので

$$|\zeta - z| = |(\zeta - a) - (z - a)| \geqq |\zeta - a| - |z - a| = r - \rho > 0$$

となる.したがって,C 上の $|f(z)|$ の最大値を M とおけば

$$|R_n| \leqq \frac{\rho^{n+1}}{2\pi} \frac{2\pi M r}{(r-\rho)r^{n+1}} = \frac{rM}{r-\rho}\left(\frac{\rho}{r}\right)^{n+1}$$

が成り立つが,ここで $\rho/r < 1$ に注意すれば $R_n \to 0$ $(n \to \infty)$ となる.これは (6.14) が収束することを意味する. ∎

(6.14) を,a を中心とする **Taylor 展開**または **Taylor 級数**という.あるいは,a のまわりの Taylor 展開ともいう.

注意 (6.14) は,点 z における関数 f の値が,点 z から離れた点 a における f の値およびすべての階数の微分係数の値によって完全に決定されることを示している.(6.14) は Cauchy の積分公式から導かれたものであるからこれは当然の結果であるが,ここにも正則関数の著しい特徴を見ることができる.

§6.3 関数のベキ級数展開と孤立特異点

原点 $a = 0$ を中心とする Taylor 展開

$$f(z) = f(0) + \frac{f'(0)}{1!}z + \frac{f''(0)}{2!}z^2 + \cdots + \frac{f^{(n)}(0)}{n!}z^n + \cdots \tag{6.17}$$

をとくに **Maclaurin 展開**または **Maclaurin 級数**という．実関数の微分も複素関数の微分もその定義は形式的には同一であるから，複素初等関数の Maclaurin 展開は対応する実初等関数の展開と形は同じである．

次に代表的な初等関数の Maclaurin 展開を示しておく．それぞれの展開が収束する範囲，すなわち収束円も併せて掲げておく．ベキ級数の収束円については，さらに §8.2 で一般的な形で説明する．

例 6.1 (代数関数と対数関数)

$$\frac{1}{1+z} = 1 - z + z^2 - \cdots + (-1)^n z^n + \cdots \quad (|z| < 1) \tag{6.18}$$

$$(1+z)^\alpha = 1 + \binom{\alpha}{1}z + \binom{\alpha}{2}z^2 + \cdots + \binom{\alpha}{n}z^n + \cdots \quad (|z| < 1),$$

$$\binom{\alpha}{n} = \frac{\alpha(\alpha-1)\cdots(\alpha-n+1)}{n!} \quad (\alpha \neq 0 \text{ または正の整数}) \tag{6.19}$$

$$\mathrm{Log}\,(1+z) = z - \frac{z^2}{2} + \frac{z^3}{3} - \cdots + (-1)^{n-1}\frac{z^n}{n} + \cdots \quad (|z| < 1) \tag{6.20}$$

□

例 6.2 (指数関数と三角関数)

$$e^z = 1 + \frac{z}{1!} + \frac{z^2}{2!} + \cdots + \frac{z^n}{n!} + \cdots \quad (|z| < \infty) \tag{6.21}$$

$$\sin z = z - \frac{z^3}{3!} + \frac{z^5}{5!} - \cdots + (-1)^{n-1}\frac{z^{2n-1}}{(2n-1)!} + \cdots \quad (|z| < \infty) \tag{6.22}$$

$$\cos z = 1 - \frac{z^2}{2!} + \frac{z^4}{4!} - \cdots + (-1)^n\frac{z^{2n}}{(2n)!} + \cdots \quad (|z| < \infty) \tag{6.23}$$

□

(b) Laurent 展開

Taylor 展開は関数の正則な点を中心とする展開であった．それに対して，関数 $f(z)$ が正則でない点を中心とする展開も可能である．この展開は，一般に

は次のように円環領域における展開として与えることができる.

定理 6.19 関数 $f(z)$ が円環領域 $D = \{z \mid R_1 < |z-a| < R_2\}$ $(0 \leqq R_1 < R_2 \leqq \infty)$ において正則ならば, $f(z)$ は次の形の級数に展開できる.

$$f(z) = \sum_{n=-\infty}^{\infty} c_n(z-a)^n, \tag{6.24}$$

$$c_n = \frac{1}{2\pi i} \int_C \frac{f(\zeta)}{(\zeta-a)^{n+1}} d\zeta \qquad (n = 0, \pm 1, \pm 2, \cdots) \tag{6.25}$$

この級数は D 内のすべての z に対して収束する. ただし, 積分路 C は, 円 $|z-a| = R_2$ の内部にあってかつ円 $|z-a| = R_1$ を内部に含む任意の単純閉曲線である. □

この級数を a を中心とする $f(z)$ の **Laurent 展開** あるいは **Laurent 級数** という.

[証明] z を D 内の任意の 1 点とする. $|z-a| = r$ とするとき, $R_1 < \rho_1 < r < \rho_2 < R_2$ をみたすように, a を中心とする半径 ρ_1 の円 Γ_1 と半径 ρ_2 の円 Γ_2 をとる (図 6.6). このとき, 定理 6.3 により次式が成り立つことがわかる.

$$f(z) = \frac{1}{2\pi i} \int_{\Gamma_2} \frac{f(\zeta)}{\zeta - z} d\zeta - \frac{1}{2\pi i} \int_{\Gamma_1} \frac{f(\zeta)}{\zeta - z} d\zeta \tag{6.26}$$

まず, 右辺第 1 項であるが, $r < \rho_2$ より $|z-a| < |\zeta-a|$ であるから, この

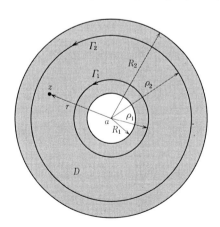

図 6.6 定理 6.19 の図

項の Cauchy 核は (6.12) のように収束する形に展開できる．したがって，定理 6.18 の証明とまったく同様にして，

$$\frac{1}{2\pi i}\int_{\Gamma_2}\frac{f(\zeta)}{\zeta-z}d\zeta = c_0 + c_1(z-a) + \cdots + c_n(z-a)^n + \cdots,$$

$$c_n = \frac{1}{2\pi i}\int_{\Gamma_2}\frac{f(\zeta)}{(\zeta-a)^{n+1}}d\zeta \qquad (n=0,1,2,\cdots) \tag{6.27}$$

を得る．

一方，(6.26) の右辺第 2 項については，$\rho_1 < r$ より $|\zeta-a| < |z-a|$ となって，その Cauchy 核の展開 (6.12) は収束しない．このときには，

$$-\frac{1}{\zeta-z} = \frac{1}{(z-a)-(\zeta-a)} = \frac{1}{z-a}\frac{1}{1-\dfrac{\zeta-a}{z-a}}$$

$$= \frac{1}{z-a} + \frac{\zeta-a}{(z-a)^2} + \cdots + \frac{(\zeta-a)^{n-1}}{(z-a)^n} + r'_n, \tag{6.28}$$

$$r'_n = \frac{(\zeta-a)^n}{(z-\zeta)(z-a)^n}$$

のように展開してから (6.26) の右辺第 2 項に代入すれば，この項は次のようになる．

$$-\frac{1}{2\pi i}\int_{\Gamma_1}\frac{f(\zeta)}{\zeta-z}d\zeta = \frac{c_{-1}}{z-a} + \frac{c_{-2}}{(z-a)^2} + \cdots + \frac{c_{-n}}{(z-a)^n} + R'_n,$$

$$c_{-k} = \frac{1}{2\pi i}\int_{\Gamma_1}(\zeta-a)^{k-1}f(\zeta)d\zeta \quad (k=1,2,\cdots,n), \tag{6.29}$$

$$R'_n = \frac{1}{2\pi i(z-a)^n}\int_{\Gamma_1}\frac{(\zeta-a)^n f(\zeta)}{z-\zeta}d\zeta$$

いまの場合，$\rho_1 < r$ より $|\zeta-a| < |z-a|$ であるから，Γ_1 上の $|f(z)|$ の最大値を M_1 とすれば，

$$|R'_n| \leq \frac{1}{2\pi r^n}\frac{M_1\rho_1^n}{r-\rho_1}2\pi\rho_1 = \left(\frac{\rho_1}{r}\right)^n\frac{M_1\rho_1}{r-\rho_1}$$

となり，$n \to \infty$ のとき $R'_n \to 0$ となる．

最後に，(6.27) の積分路 Γ_2 および (6.29) の積分路 Γ_1 は，定理 5.10 によってそれぞれ C に変更することができて，(6.25) を得る． ∎

Laurent 級数の展開係数は複素積分 (6.25) で与えられるが，一般にこれから具体的な係数を計算することはほとんど不可能に近い．既知の Taylor 展開などを利用して計算する方が実際的である．なお，ここでは証明しないが，Laurent 展開が一意であることはわかっている (演習問題 8.1)．

例 6.3 $f(z) = \dfrac{1}{z(1-z^2)}$ を，$z=0$ を中心として，二つの円環領域 $0 < |z| < 1$ および $1 < |z|$ においてそれぞれ Laurent 級数に展開する．

(1) $0 < |z| < 1$ のとき，$1/(1-z^2)$ をそのまま次のように展開すればよい．

$$f(z) = \frac{1}{z}(1 + z^2 + z^4 + \cdots + z^{2n} + \cdots)$$
$$= \frac{1}{z} + z + z^3 + \cdots + z^{2n-1} + \cdots \qquad (6.30)$$

この関数 $1/\{z(1-z^2)\}$ は原点 $z=0$ で正則でないが，そのことが級数の第 1 項目の $1/z$ に具体的に現れている．

(2) $1 < |z|$ のとき，$1/z$ のベキの Taylor 級数が収束するように，分母を次のように変形してから展開する．

$$f(z) = \frac{-1}{z^3\left(1 - \dfrac{1}{z^2}\right)} = \frac{-1}{z^3}\left(1 + \frac{1}{z^2} + \frac{1}{z^4} + \cdots\right)$$
$$= -\frac{1}{z^3} - \frac{1}{z^5} - \frac{1}{z^7} - \cdots - \frac{1}{z^{2n+1}} - \cdots \qquad (6.31)$$

□

例 6.4 $f(z) = \exp\dfrac{1}{z}$ を $0 < |z|$ において Laurent 級数に展開する．$\zeta = 1/z$ とおいて，指数関数 $\exp\zeta$ の Taylor 展開を利用する．

$$f(z) = \exp\zeta = 1 + \frac{1}{1!}\zeta + \frac{1}{2!}\zeta^2 + \cdots + \frac{1}{n!}\zeta^n + \cdots$$
$$= 1 + \frac{1}{1!z} + \frac{1}{2!z^2} + \cdots + \frac{1}{n!z^n} + \cdots \qquad (6.32)$$

この展開では，z の負のベキが無限項現れている． □

(c) 孤立特異点

定理 6.19 においてとくに $R_1 = 0$ の場合を考えよう．このとき，もしも $f(z)$ が展開 (6.24) の中心の点 $z=a$ において正則ならば，$n \leqq -1$ に対して (6.25) が 0 になるので，(6.24) は Taylor 級数に帰着される．われわれに関心がある

§6.3 関数のベキ級数展開と孤立特異点

のは，展開の中心の点 $z = a$ において $f(z)$ が正則でない場合である[*1]．関数 $f(z)$ が点 $z = a$ では正則ではないが，$z = a$ のある近傍で正則のとき，すなわち $0 < |z - a| < r$ (r はある定数) で正則のとき，点 $z = a$ を $f(z)$ の**孤立特異点**という．

定理 6.19 にみるように，点 $z = a$ が $f(z)$ の孤立特異点のとき，$f(z)$ は a を中心とする Laurent 級数 (6.24) に展開することができる．そして，その孤立特異点の性質は展開の負のベキをもつ項

$$\sum_{n=-\infty}^{-1} c_n(z-a)^n = \sum_{m=1}^{\infty} \frac{c_{-m}}{(z-a)^m} \tag{6.33}$$

が支配していると考えることができる．この負のベキの項の和 (6.33) を，Laurent 展開 (6.24) の**主要部**あるいは**主部**という．孤立特異点は，その点における Laurent 展開の主要部の形によって次の 3 種類の場合がある．

(1) 除去可能な特異点

主要部が存在しない場合，すなわち $c_{-m} = 0$ ($m = 1, 2, \cdots$) の場合，$\lim_{z \to a} f(z) = c_0$ であるから，あらためて $f(a) = c_0$ と定義すれば $z = a$ は実質的には $f(z)$ の正則点とみなして差し支えない．このような点 $z = a$ を，**除去可能な特異点**という．

例 6.5 $f(z) = (e^{iz} - 1)/z$ において $z = 0$ は一見正則でない点に見えるが，その Laurent 展開は

$$f(z) = \frac{e^{iz} - 1}{z} = i - \frac{1}{2!}z - \frac{1}{3!}iz^2 + \frac{1}{4!}z^3 + \cdots \tag{6.34}$$

となり，負のベキは存在しない．ここで $f(0) = i$ と定義すれば，$f(z)$ は $z = 0$ の近傍で正則になる．このように，除去可能な特異点はふつうは孤立特異点と考えなくてよい．　　　　　　　　　　　　　　　　　　　　　　　　□

(2) 極

Laurent 展開 (6.24) に有限個の項からなる主要部が存在するとき，$z = a$ を $f(z)$ の**極**という．そして，$c_{-m} \neq 0$, $c_k = 0$ ($k < -m$) のとき，$z = a$ を m **位の極**という．1 位の極をとくに**単純な極**という．点 $z = a$ が $f(z)$ の極であれ

[*1] $z = a$ において $f(z)$ が未定義の場合も含む．

ば，容易にわかるように，$\lim_{z \to a} f(z) = \infty$ である．

例 6.6 $f(z) = \dfrac{z}{(z-2)(z-1)^3}$ を Laurent 級数に展開する．

(1) 点 $z = 2$ を中心として $0 < |z - 2| < 1$ で展開する．

$$\begin{aligned}
f(z) &= \frac{2 + (z-2)}{(z-2)\{1 + (z-2)\}^3} \\
&= \frac{\{2 + (z-2)\}}{z-2}\left\{1 - 3(z-2) + 6(z-2)^2 - 10(z-2)^3 + \cdots\right\} \\
&= \frac{2}{z-2} - 5 + 9(z-2) - 14(z-2)^2 + \cdots.
\end{aligned} \qquad (6.35)$$

この展開から，点 $z = 2$ は $f(z)$ の単純な極である．

(2) 点 $z = 1$ を中心として $0 < |z - 1| < 1$ で展開する．

$$\begin{aligned}
f(z) &= -\frac{1 + (z-1)}{(z-1)^3\{1 - (z-1)\}} \\
&= -\frac{\{1 + (z-1)\}}{(z-1)^3}\left\{1 + (z-1) + (z-1)^2 + (z-1)^3 + \cdots\right\} \\
&= -\frac{1}{(z-1)^3} - \frac{2}{(z-1)^2} - \frac{2}{z-1} - 2 - 2(z-1) - \cdots.
\end{aligned} \qquad (6.36)$$

この展開から，点 $z = 1$ は $f(z)$ の 3 位の極である．

□

この例からもわかるように，$f(z)$ の極の性質はその分母の零点の性質と密接な関係にある．いま，$q(z)$ を $q(a) \neq 0$ かつ $z = a$ の近傍で正則な関数とする．関数 $Q(z)$ が，正の整数 k を適当に選んで

$$Q(z) = (z-a)^k q(z) \qquad (6.37)$$

の形に表されるとき，点 $z = a$ を $Q(z)$ の k **位の零点**という．$z = a$ が $Q(z)$ の k 位の零点のとき，$z = a$ は関数 $f(z) = 1/Q(z)$ の k 位の極となる．すなわち，例 6.6 の関数 $f(z) = z/\{(z-2)(z-1)^3\}$ では，その形から $z = 2$ が単純な極で，$z = 1$ が 3 位の極であることがわかる．

(3) 真性特異点

Laurent 展開 (6.24) の主要部が無限項からなるとき，$z = a$ を $f(z)$ の **真性特異点**という．

§6.3 関数のベキ級数展開と孤立特異点

例 6.7 $f(z) = \exp \dfrac{1}{z}$ の $0 < |z|$ における Laurent 展開は (6.32) で与えられるが,その主要部は無限項からなる.したがって,$z = 0$ は $\exp \dfrac{1}{z}$ の真性特異点である. □

注意 例 6.3 の (2) の展開では負のベキが無限項現れているが,これは $z = 0$ が真性特異点であることを意味しているのではない.孤立特異点の性質を決めるのは,その点の近傍での展開の形である.すなわち,例 6.3 では,(2) ではなく (1) の展開が,$z = 0$ の特異点としての性質を決めるのである.

点 $z = a$ が $f(z)$ の除去可能な特異点や極であれば,$\lim_{z \to a} f(z)$ が存在する.一方,$z = a$ が真性特異点の場合にはこの極限値は不定であり,極限のとり方によって任意の複素数値 (∞ でもよい) をとりうることがわかっている.さらに,$z = a$ の近傍で $f(z)$ はたかだか二つの値 (有限値または ∞) を除いた残りのすべての値を無限回とる.例として $f(z) = \exp 1/z$ を取り上げよう.$0, \infty$ 以外の任意の複素数を w とするとき,$w = \exp 1/z$ の解は

$$z_n = \frac{1}{\log w} = \frac{1}{\text{Log}|w| + i \operatorname{Arg} w + 2n\pi i} \qquad (n = 0, \pm 1, \pm 2, \cdots) \qquad (6.38)$$

のように無限個存在し,$n \to \pm\infty$ のとき $z_n \to 0$ となる.つまり,$\exp 1/z$ は $z = 0$ の任意の近傍で $0, \infty$ 以外の任意の複素数値を無限回とる.

(d) 無限遠点を中心とする Laurent 展開

関数 $f(z)$ が $0 < R_1 < |z| < \infty$ で正則なとき,定理 6.19 より

$$f(z) = \sum_{n=-\infty}^{\infty} c_n z^n, \quad c_n = \frac{1}{2\pi i} \int_C \frac{f(\zeta)}{\zeta^{n+1}} d\zeta \qquad (6.39)$$

が成り立つ.ここで,積分路 C はすべての有限な特異点を内部に含むようにとる.これを,$f(z)$ の**無限遠点を中心とする Laurent 展開**という.

一般に,関数 $f(z)$ の無限遠点における性質は,$z = 1/\zeta$ とおいて,$f(z) = f(1/\zeta)$ の原点 $\zeta = 0$ における性質に置き換えて考えることができる.したがって,(6.39) は $\zeta = 1/z = 0$ を中心とする Laurent 展開とみなすことができて,(6.39) の z の正のベキの項

$$\sum_{n=1}^{\infty} c_n z^n \tag{6.40}$$

が展開 (6.39) の主要項となる．したがって，(6.39) の係数が $c_m \neq 0$ であってかつ $k > m$ のとき $c_k = 0$ ならば $z = \infty$ は $f(z)$ の m 位の極であり，正のベキの項が無限に続けば $z = \infty$ は $f(z)$ の真性特異点である．例えば，$z = \infty$ は m 次多項式の m 位の極であり，また $z = \infty$ は e^z の真性特異点である．

(e) 有理形関数

本章を終えるにあたり，関数の極に関連するいくつかの重要な概念を導入しておこう．

関数 $f(z)$ が領域 D (無限遠点を含んでもよい) において極を除いて正則であるとき，f は D で**有理形**であるという．そして，無限遠点を除く複素平面全体で有理形である関数を単に**有理形関数**という．$P(z)$, $Q(z)$ を多項式として $P(z)/Q(z)$ の形に表される有理関数はもちろん有理形関数であるが，これは無限遠点を含む複素平面全体で有理形である．有理関数以外の有理形関数としては，$1/\sin z$, $\tan z$, $\tanh z$ などがある．しかし，$1/\sin(1/z)$ は，原点 $z = 0$ が極でも正則な点でもないから有理形関数ではない．ただし，原点 $z = 0$ を含まない任意の領域では有理形である．

有理形関数の特殊なものであるが，無限遠点を除く複素平面全体で正則である関数を**整関数**という．整関数の例としては，多項式，e^z, $\sin z$ などがある．

ここでは証明は掲げないが，無限遠点を含む複素平面全体で有理形の関数は有理関数だけであり，また，無限遠点を含む複素平面全体で有理形の整関数は多項式だけであることがわかっている．この特徴付けゆえに，多項式は**有理整関数**ともよばれる．

多項式は，その零点が与えられれば，その零点を零点としてもつ 1 次因子の積の定数倍として表現される．また，有理関数は，極と Laurent 展開の主要部が与えられれば，演習問題 6.5 にみるように，部分分数の形に表現される．第 8 章で，これらの結果の一般化として，零点が与えられたとき，整関数がどのように表現されるか，あるいは極と Laurent 展開の主要部が与えられたとき有理形関数がどのように表現されるか，といった問題について述べる．

演習問題

6.1 $f(z)$ を領域 D で定義された正則関数とする．領域 D において $|f(z)| = M$(定数) ならば $f(z)$ は定数関数であることを，次の 2 通りの方法によって示せ．ただし，$M = 0$ ならば $f(z) = 0$ であることは自明であるので，以下では $M > 0$ とする．

(i) $f(z)$ を極形式で $f(z) = R(x,y)\,\mathrm{e}^{\mathrm{i}\Theta(x,y)}$ と表すとき，極形式で表した Cauchy–Riemann の微分方程式は
$$\frac{1}{R}\frac{\partial R}{\partial x} = \frac{\partial \Theta}{\partial y}, \quad \frac{1}{R}\frac{\partial R}{\partial y} = -\frac{\partial \Theta}{\partial x}$$
で与えられることを示し，これを利用して $|f(z)| = M$(定数)，すなわち $R(x,y) = M$(定数) ならば $\Theta(x,y) =$ 定数 であることを示す．

(ii) $|f(z)| = M$ より導かれる等式 $f(z)\overline{f(z)}(=|f(z)|^2) = M^2$ の両辺を z で偏微分する (pp. 82–83) ことによって $f'(z) = 0$ を示す．あとは演習問題 4.7 による．

6.2 $f(z)$ を複素平面全体で正則な関数 (ただし定数関数ではないとする) とし，a, b を 0 でない実数とする．このとき $f(z)$ は，a および $\mathrm{i}b$ を周期にもつような周期関数 (2 重周期関数)，すなわち任意の複素数 z に対して
$$f(z+a) = f(z), \quad f(z+\mathrm{i}b) = f(z)$$
が成立するような関数にはなりえないことを証明せよ．

[ヒント] まず周期性を用いて $f(z)$ は複素平面全体で有界であることを示す．あとは定理 6.15 (Liouville の定理) による．

6.3 $f(z)$ を複素平面全体で正則な関数とする．このとき，ある正の実数 ρ, M_1, M_2 が存在して，複素平面全体で
$$|f(z)| \leq M_1 + M_2|z|^\rho$$
が成り立つならば，$f(z)$ は z の多項式でその次数は $[\rho]$ 以下であること (拡張された Liouville の定理) を示せ．ただし，$[\rho]$ は ρ を越えない最大の整数を表す．

6.4 $f(z)$ を $0 < |z-a| < R$ で正則な関数とする．このとき，ある正の実数 ρ, M が存在して，$0 < |z-a| < R$ において

$$|f(z)| \leq \frac{M}{|z-a|^\rho}$$

が成り立つならば，$z=a$ は $f(z)$ の極でその位数は $[\rho]$ 以下であることを示せ．ただし，$[\rho]$ は ρ を越えない最大の整数を表し，位数が 0 の極とは除去可能な特異点を意味するものとする．

6.5 $P(z), Q(z)$ を多項式として，関数 $f(z) = P(z)/Q(z)$ を考える．$Q(z)$ の根を $a_1, a_2, \cdots, a_n$ とする．ただし，これらの根はすべて相異なるものとする．根 a_j の多重度を μ_j として，$z = a_j$ を中心とする $f(z)$ の Laurent 展開の主要部を

$$f_j(z) = \sum_{k=1}^{\mu_j} c_{j,-k}(z-a_j)^{-k},$$

また $z = \infty$ を中心とする Laurent 展開の主要部を

$$f_\infty(z) = \sum_{k=1}^{\mu_\infty} c_{\infty,k} z^k$$

とする．このとき，$f(z)$ の部分分数分解は，c をある定数として次式で与えられることを示せ．

$$f(z) = \sum_{j=1}^{n} f_j(z) + f_\infty(z) + c \tag{6.41}$$

第7章
留数定理と実積分の計算

複素関数論の典型的な応用の一つに実積分の計算がある.その基礎を成すものは留数である.本章では,まず留数定理について述べ,それをいろいろな実関数の積分の計算に応用し,さらに有理形関数に関連するいくつかの定理について解説する.

§7.1 留数定理

(a) 留数

関数 $f(z)$ を単純閉曲線 C で囲んで積分したとき,C およびその内部で $f(z)$ が正則ならば,Cauchy の積分定理からその積分値は 0 になる.しかし,C の内部に孤立特異点が存在する場合には,その値は必ずしも 0 にはならない.そこで,次のような定義を行う.

定義 7.1 $f(z)$ は $0 < |z - a| < R$ で正則であり,そこで

$$f(z) = \sum_{n=-\infty}^{\infty} c_n(z-a)^n \tag{7.1}$$

の形に Laurent 級数に展開されるとする.このとき,展開係数 c_{-1} を $f(z)$ の $z = a$ における**留数**という. □

c_{-1} は $f(z)$ を C で囲んで積分した値の $1/2\pi i$ に他ならない.したがって,留数を次のように積分として直接定義することもできる.

定義 7.2 $f(z)$ が $0 < |z-a| < R$ で正則なとき,

$$\frac{1}{2\pi i}\int_{|z-a|=r} f(\zeta)d\zeta \qquad (0 < r < R) \tag{7.2}$$

を $f(z)$ の $z=a$ における留数という. □

この (7.2) の積分が 0 でないある値をもつ可能性があるという意味を込めて, これを留数とよぶ. 留数は, $\operatorname{Res}(f,a)$, $\operatorname{Res}f(a)$, $\operatorname{Res}(a)$ などと書く.

定理 7.1 (留数定理) $f(z)$ は, 単純閉曲線 C の内部に有限個の孤立特異点 $a_1, a_2, \cdots, a_m$ をもつが, それらを除けば周も含めて C の内部で正則であるとする. このとき,

$$\int_C f(z)dz = 2\pi i \sum_{k=1}^m \operatorname{Res}(f, a_k). \tag{7.3}$$

[証明] 各孤立特異点 $z=a_k$ を中心とする円周 $\Gamma_k : |z-a_k|=\rho_k$ をとる. ただし, それぞれの半径 ρ_k は a_k から C に至る距離よりも小さくとっておく. 定理 6.2 においてこれらの円周 Γ_k を C_k とみなせば, ただちに結論を得る. ∎

(b) 無限遠点における留数

関数 $f(z)$ の点 $z=a$ における留数は a を正の向きに 1 周する閉曲線に沿う積分値として定義した. 点 $z=a$ が無限遠点の場合には, 複素球面を考えればわかるように, 無限遠点を正の向きに囲む閉曲線は有限の側から見れば負の向きに 1 周する閉曲線になる. したがって, 無限遠点 $z=\infty$ における留数を次のように定義するのは自然であろう.

定義 7.3 $f(z)$ は $R < |z| < \infty$ において正則で, Γ_r を $|z|=r$ $(R<r<\infty)$ なる正の向きの円周とするとき,

$$\frac{1}{2\pi i}\int_{\Gamma_r^{-1}} f(z)dz = -\frac{1}{2\pi i}\int_{\Gamma_r} f(z)dz \tag{7.4}$$

を $f(z)$ の **無限遠点における留数** という. ただし, Γ_r^{-1} は Γ_r の向きを逆にした円周である. □

無限遠点における留数は, $\operatorname{Res}(f,\infty)$, $\operatorname{Res}f(\infty)$, $\operatorname{Res}(\infty)$ などと書く.

無限遠点における留数はまた

$$\operatorname{Res}(f,\infty) = -c_{-1} \tag{7.5}$$

と書くこともできる．c_{-1} は原点を中心とする Laurent 展開の $1/z$ の係数であるから，$z = \infty$ が $f(z)$ の正則点であっても一般には $\mathrm{Res}\,(f, \infty)$ は 0 ではないことに注意しよう．

積分路 C を無限遠点の側から見ることによって，次の定理を得る．

定理 7.2 単純閉曲線 C の外部にある有限個の点 a_k $(k = 1, 2, \cdots, m)$ および無限遠点 ∞ を除いて，$f(z)$ は C の外部ではその周上も含めて正則であるとする．このとき，

$$\int_C f(z)\mathrm{d}z = -2\pi\mathrm{i}\left(\sum_{k=1}^m \mathrm{Res}\,(f, a_k) + \mathrm{Res}\,(f, \infty)\right). \tag{7.6}$$

［証明］図 7.1 に示すように，すべての a_k を内部に含むように大きな円周 C_R をとり，またおのおのの a_k を中心とする十分小さな円周 C_k をとる．このとき，定理 6.2 により

$$\int_{C_R} f(z)\mathrm{d}z = \int_{C_1} f(z)\mathrm{d}z + \int_{C_2} f(z)\mathrm{d}z + \cdots + \int_{C_m} f(z)\mathrm{d}z + \int_C f(z)\mathrm{d}z.$$

C_R に沿う積分は定義 7.3 によって $-2\pi\mathrm{i} \times$ (無限遠点における留数) を与えるから，これからただちに (7.6) を得る．　∎

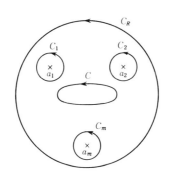

図 **7.1** 積分 (7.6) のための積分路

(c) **留数の計算法**

複素積分を具体的に計算するためには留数を知る必要がある．一般の関数について Laurent 展開を具体的に計算することはほとんどできないので，$z = a$

における留数を Laurent 展開の $1/(z-a)$ の係数として求めることは実際的ではない．点 $z=a$ が極の場合には，多くの場合次のようにして留数 c_{-1} を計算することができる．

(1) $z=a$ が単純な極の場合

$$c_{-1} = \lim_{z \to a}(z-a)f(z) \qquad (7.7)$$

この関係は，いまの場合 $f(z)$ の Laurent 展開が

$$f(z) = \frac{c_{-1}}{z-a} + c_0 + c_1(z-a) + c_2(z-a)^2 + \cdots$$

となっていることからただちに導かれる．

例 7.1

$$f(z) = \frac{z}{(z-2)(z-1)^3}$$

$z=2$ はこの関数の単純な極であり，(7.7) より $z=2$ における留数は 2 である．この結果は (6.35) の $(z-2)^{-1}$ の係数ともちろん一致している． □

$p(z), q(z)$ を $z=a$ で正則かつ $q(a)=0$，$q'(a) \neq 0$，$p(a) \neq 0$ をみたす関数として，関数 $f(z)$ が $p(z)/q(z)$ の形に表されるとする．このとき，$f(z)$ は $z=a$ に単純な極をもち，

$$\lim_{z \to a}(z-a)\frac{p(z)}{q(z)} = \frac{p(a)}{\displaystyle\lim_{z \to a}\frac{q(z)-q(a)}{z-a}} = \frac{p(a)}{q'(a)}$$

である．したがって，そこでの留数は

$$c_{-1} = \frac{p(a)}{q'(a)} \qquad (7.8)$$

によって計算できる．

例 7.2

(1)
$$f(z) = \pi \cot \pi z = \pi \frac{\cos \pi z}{\sin \pi z}$$

§7.1 留数定理

$z = 0, \pm 1, \cdots, \pm k, \cdots$ は $f(z)$ の単純な極である。$\mathrm{d}\sin\pi z/\mathrm{d}z = \pi\cos\pi z$ であるから,そこでの留数は (7.8) より,すべて等しく次のようになる.

$$c_{-1} = \frac{\pi\cos k\pi}{\pi\cos k\pi} = 1$$

(2)
$$f(z) = \frac{\pi}{\sin\pi z}$$

$z = 0, \pm 1, \cdots, \pm k, \cdots$ は $f(z)$ の単純な極であり,そこでの留数は (7.8) より次のようになる.

$$c_{-1} = \frac{\pi}{\pi\cos k\pi} = (-1)^k$$

□

(2) $z = a$ が m 位の極の場合

$$c_{-1} = \lim_{z\to a}\frac{1}{(m-1)!}\frac{\mathrm{d}^{m-1}}{\mathrm{d}z^{m-1}}\{(z-a)^m f(z)\} \tag{7.9}$$

この関係は,いまの場合 $f(z)$ の Laurent 展開が

$$f(z) = \frac{c_{-m}}{(z-a)^m} + \frac{c_{-m+1}}{(z-a)^{m-1}} + \cdots + \frac{c_{-1}}{z-a} + c_0 + c_1(z-a) + \cdots$$

となっていることから導かれる.

例 7.3

$$f(z) = \frac{z}{(z-2)(z-1)^3}$$

$z = 1$ はこの関数の 3 位の極であり,(7.9) より

$$c_{-1} = \lim_{z\to 1}\frac{1}{2!}\frac{\mathrm{d}^2}{\mathrm{d}z^2}\frac{z}{z-2} = \lim_{z\to 1}\frac{4}{2(z-2)^3} = -2$$

となる.この結果は (6.36) の $(z-1)^{-1}$ の項の係数と一致している. □

§7.2 実積分の計算 I

第 5 章の最後に述べたように,留数定理を利用すると,不定積分を経由せずに実関数の定積分を計算することができる場合がある.本節では,いくつかの典型的な定積分の計算に留数定理を応用してみよう.留数定理を適用するためには,積分路は閉曲線でなければならない.そこで,与えられた積分路が直線のように閉じていない場合には,これに適当な曲線を付け加えて閉曲線をつくって留数定理を適用する.この方法が有効かどうかは,付け加えた曲線上の積分の値を既知の値,例えば 0 にできるかどうかにかかっている.

(a) 有理関数の無限区間における積分

$P(x)$ は m 次,$Q(x)$ は n 次の多項式で,$n \geq m+2$ かつ $Q(z)$ は実の零点をもたないとする.このとき,

$$\int_{-\infty}^{\infty} \frac{P(x)}{Q(x)} dx = 2\pi i \left(\sum_{k=1}^{N} \text{Res}\left(\frac{P(z)}{Q(z)}, a_k \right) \right). \tag{7.10}$$

ただし,$a_k\ (k=1,2,\cdots,N)$ は $P(z)/Q(z)$ の上半平面にある極である.

[証明] 図 7.2 に示すような,実軸上の線分 $(-R, R)$ と原点を中心とする半径 R の半円周 Γ_R をつないだ積分路 C を考える.ただし,極 a_k はすべて C の内部に入るように R は十分大きくとる.このとき,留数定理より

$$\int_C \frac{P(z)}{Q(z)} dz = \int_{-R}^{R} \frac{P(x)}{Q(x)} dx + \int_{\Gamma_R} \frac{P(z)}{Q(z)} dz$$
$$= 2\pi i \left(\sum_{k=1}^{N} \text{Res}\left(\frac{P(z)}{Q(z)}, a_k \right) \right) \tag{7.11}$$

となる.一方,仮定 $n \geq m+2$ より,R を十分大きくとれば M を R によらないある定数として $|z^2 P(z)/Q(z)| \leq M$ が成り立つから,

$$\left| \int_{\Gamma_R} \frac{P(z)}{Q(z)} dz \right| \leq \int_{\Gamma_R} \left| \frac{P(z)}{Q(z)} \right| |dz| = \int_{\Gamma_R} \left| z^2 \frac{P(z)}{Q(z)} \right| \frac{1}{|z^2|} |dz|$$
$$\leq \frac{M}{R^2} \pi R = \frac{M\pi}{R} \to 0 \quad (R \to \infty)$$

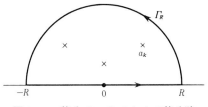

図 **7.2** 積分 (7.10) のための積分路

となる．したがって，(7.11) で $R \to \infty$ とすれば (7.10) を得る． ∎

例 7.4

$$I = \int_{-\infty}^{\infty} \frac{1}{1+x^4} dx \tag{7.12}$$

$f(z) = 1/(1+z^4)$ は 4 個の単純な極 $\exp(\pm\pi i/4), \exp(\pm 3\pi i/4)$ をもち，上半平面にある極 $\exp(\pi i/4), \exp(3\pi i/4)$ における $1/(1+z^4)$ の留数は，(7.8) よりそれぞれ $\exp(-3\pi i/4)/4, \exp(-\pi i/4)/4$ である．一方，関数 $1/(1+x^4)$ は (7.10) の前提条件を満足するから，(7.10) より

$$I = 2\pi i \frac{1}{4}\left(\exp\left(-\frac{3\pi}{4}i\right) + \exp\left(-\frac{\pi}{4}i\right)\right)$$
$$= \pi \frac{\exp\left(\frac{\pi}{4}i\right) - \exp\left(-\frac{\pi}{4}i\right)}{2i} = \pi \sin\frac{\pi}{4} = \frac{\pi}{\sqrt{2}}.$$

□

(b) 三角関数と有理関数の積の無限区間における積分

まず，次の補題を証明しておこう．

補題 7.3 $f(z)$ は上半平面 $(0 \leqq \arg z \leqq \pi)$ において $|z| \to \infty$ のとき一様に 0 に近づく正則関数で，Γ_R は原点を中心とする半径 R の上半平面にある半円周からなる積分路とする．このとき，

$$\lim_{R\to\infty} \int_{\Gamma_R} e^{ipz} f(z) dz = 0 \tag{7.13}$$

が成り立つ．ただし，$p > 0$ とする．

[証明]

$$I_R = \int_{\Gamma_R} e^{ipz} f(z) dz$$

とおく．ε を任意の正数とするとき，R を十分大きくとれば，仮定から上半平面で $R \leq |z|$ なるすべての z に対して $|f(z)| < \varepsilon$ とすることができる．このとき，

$$|I_R| \leq \int_{\Gamma_R} |e^{ipz}| |f(z)| |dz|$$

であるが，$z = Re^{i\theta}$ とおくと

$$|e^{ipz}| = |\exp(ipR\cos\theta - pR\sin\theta)| = \exp(-pR\sin\theta),$$
$$|dz| = |iRe^{i\theta}d\theta| = Rd\theta$$

となり，したがって

$$|I_R| < \varepsilon R \int_0^\pi \exp(-pR\sin\theta)d\theta = 2\varepsilon R \int_0^{\pi/2} \exp(-pR\sin\theta)d\theta$$

が得られる．ここで，$0 \leq \theta \leq \pi/2$ において成り立ついわゆる Jordan の不等式

$$\frac{2}{\pi}\theta \leq \sin\theta \tag{7.14}$$

を使えば，

$$\int_0^{\pi/2} \exp(-pR\sin\theta)d\theta \leq \int_0^{\pi/2} \exp(-2pR\theta/\pi)d\theta$$
$$= -\frac{\pi}{2pR} \exp\left(-\frac{2pR}{\pi}\theta\right)\bigg|_0^{\pi/2}$$
$$= \frac{\pi}{2pR}(1 - e^{-pR}) < \frac{\pi}{2pR},$$

すなわち $|I_R| < \pi\varepsilon/p$ となり，したがって (7.13) が成り立つ．∎

この補題によって，三角関数と有理関数の積の積分を計算する公式が得られる．

$P(x)$ は m 次，$Q(x)$ は n 次の実係数多項式で，$n \geq m+1$ をみたし，$Q(z)$ は実の零点をもたないものとする．また，$p > 0$ とする．このとき，次の式が成り立つ:

$$\int_{-\infty}^{\infty} \frac{P(x)}{Q(x)} \cos px \, dx = \mathrm{Re}\left\{2\pi\mathrm{i}\left(\sum_{k=1}^{N} \mathrm{Res}\left(\frac{P(z)}{Q(z)}\mathrm{e}^{\mathrm{i}pz}, a_k\right)\right)\right\}, \quad (7.15)$$

$$\int_{-\infty}^{\infty} \frac{P(x)}{Q(x)} \sin px \, dx = \mathrm{Im}\left\{2\pi\mathrm{i}\left(\sum_{k=1}^{N} \mathrm{Res}\left(\frac{P(z)}{Q(z)}\mathrm{e}^{\mathrm{i}pz}, a_k\right)\right)\right\}. \quad (7.16)$$

ただし，$a_k\ (k=1,2,\cdots,N)$ は $P(z)/Q(z)$ の上半平面にある極である．

［証明］ (7.10) の場合と同様に，積分路 C を図 7.2 のようにとって関数 $\mathrm{e}^{\mathrm{i}pz}P(z)/Q(z)$ を積分し，$R \to \infty$ とすれば，仮定から補題 7.3 によって Γ_R に沿う積分は 0 になり，(7.15), (7.16) を得る． ∎

例 7.5

$$I = \int_{-\infty}^{\infty} \frac{\cos px}{1+x^2} dx \qquad (p > 0) \quad (7.17)$$

$f(z) = \mathrm{e}^{\mathrm{i}pz}/(1+z^2)$ の上半平面にある極は $z=\mathrm{i}$ だけで，そこでの $\mathrm{e}^{\mathrm{i}pz}/(1+z^2)$ の留数は (7.8) より $\mathrm{e}^{-p}/(2\mathrm{i})$ である．したがって，(7.15) より

$$I = \mathrm{Re}\left\{2\pi\mathrm{i}\left(\frac{\mathrm{e}^{-p}}{2\mathrm{i}}\right)\right\} = \pi\mathrm{e}^{-p}.$$

□

とくに (7.15), (7.16) の直接の応用ではないが，同様の考え方で次のような積分も計算できる．

例 7.6

$$I = \int_0^{\infty} \frac{\sin x}{x} dx \quad (7.18)$$

図 7.3 に示すような，原点を中心とする半径 R の半円周 Γ_R と半径 ε の半円周 Γ_ε を，実軸上の線分 $(-R,-\varepsilon)$, (ε,R) で結んだ正の向きの積分路 C をつくる．C に沿って $\mathrm{e}^{\mathrm{i}z}/z$ の積分を考えると，C およびその内部で被積分関数は正則であるから

$$\int_C \frac{\mathrm{e}^{\mathrm{i}z}}{z} dz = 0 \quad (7.19)$$

となる．ここで，$R \to \infty$ とするとき，Γ_R に沿う積分は補題 7.3 から 0 になる．一方，Γ_ε に沿う積分は

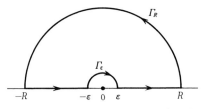

図 **7.3** 積分 (7.18) のための積分路

$$\int_{\Gamma_\varepsilon} \frac{dz}{z} + \int_{\Gamma_\varepsilon} \frac{e^{iz}-1}{z} dz$$

となるが，第 1 項は $z = \varepsilon e^{i\theta}$ とおくと，

$$\int_{\Gamma_\varepsilon} \frac{dz}{z} = \int_\pi^0 \frac{1}{\varepsilon e^{i\theta}} i\varepsilon e^{i\theta} d\theta = -\pi i$$

となり，第 2 項は被積分関数 $(e^{iz}-1)/z$ が原点の近傍で正則 (例 6.5) であるから $\varepsilon \to 0$ のとき 0 になる．最後に，線分 $(-R, -\varepsilon), (\varepsilon, R)$ に沿う積分は

$$\lim_{\substack{\varepsilon\to 0 \\ R\to\infty}} \left\{ \int_{-R}^{-\varepsilon} \frac{e^{iz}}{z} dz + \int_{\varepsilon}^{R} \frac{e^{iz}}{z} dz \right\} = 2i \int_0^\infty \frac{\sin x}{x} dx$$

となり，(7.19) より $I = \pi/2$ を得る． □

(c) 三角関数の有理関数の積分

三角関数 $\cos t, \sin t$ の有理関数の区間 $(0, 2\pi)$ における積分

$$I = \int_0^{2\pi} f(\cos t, \sin t) dt \tag{7.20}$$

は，

$$z = e^{it}, \quad dz = ie^{it} dt, \tag{7.21}$$

すなわち，

$$\cos t = \frac{z+z^{-1}}{2}, \quad \sin t = \frac{z-z^{-1}}{2i}, \quad dt = \frac{-i dz}{z} \tag{7.22}$$

とおくことによって，z 平面の単位円周 $|z| = 1$ を正の向きに回る z の有理関数の積分

$$I = \int_{|z|=1} -\mathrm{i}f\left(\frac{z+z^{-1}}{2}, \frac{z-z^{-1}}{2\mathrm{i}}\right)\frac{\mathrm{d}z}{z} \tag{7.23}$$

に帰着される．これに，留数定理を適用すればよい．

例 7.7
$$I = \int_0^{2\pi} \frac{\mathrm{d}t}{1-2a\sin t + a^2} \qquad (0 < a < 1). \tag{7.24}$$

(7.23) に従って変換を行って整理すると，

$$I = -\frac{1}{a}\int_{|z|=1} \frac{\mathrm{d}z}{\left(z-\dfrac{\mathrm{i}}{a}\right)(z-\mathrm{i}a)}$$

となる．$0 < a < 1$ の条件から，被積分関数 $-1/\{a(z-\mathrm{i}/a)(z-\mathrm{i}a)\}$ の単位円の内部にある特異点は単純な極 $z = \mathrm{i}a$ のみで，そこでの留数は $-\mathrm{i}/(1-a^2)$ である．したがって，$I = 2\pi/(1-a^2)$ を得る． □

(d) Cauchy の主値積分

$f(x)$ が区間 (a,b) 内の 1 点 $x = c$ を除いて連続なとき，**Cauchy の主値積分**を

$$\mathrm{PV}\int_a^b f(x)\mathrm{d}x = \lim_{\varepsilon \to 0}\left\{\int_a^{c-\varepsilon} f(x)\mathrm{d}x + \int_{c+\varepsilon}^b f(x)\mathrm{d}x\right\} \tag{7.25}$$

によって定義する．

$f(z)$ が有理関数で実軸上に 1 位の極をもつとき，次のように Cauchy の主値積分を計算することができる．

$P(x)$ は m 次，$Q(x)$ は n 次の多項式で，$n \geqq m+1$ かつ $Q(z)$ は実の零点をもたないとする．このとき，

$$\mathrm{PV}\int_{-\infty}^{\infty} \frac{P(x)}{(x-c)Q(x)}\mathrm{d}x = \pi\mathrm{i}\frac{P(c)}{Q(c)} + 2\pi\mathrm{i}\left(\sum_{k=1}^{N}\mathrm{Res}\left(\frac{P(z)}{(z-c)Q(z)}, a_k\right)\right). \tag{7.26}$$

ただし，$a_k \ (k=1,2,\cdots,N)$ は $P(z)/Q(z)$ の上半平面にある極である．

[証明] 図 7.4 に示すような，原点を中心とする半径 R の十分大きな円周 $\varGamma_R$ と，点 $z = c$ を中心とする半径 ε の十分小さな円周 $\varGamma_\varepsilon$ を，実軸に沿って

線分 $(-R, c-\varepsilon)$ と $(c+\varepsilon, R)$ で結んだ閉曲線 C をつくる．閉曲線 C に沿って $f(z) = P(z)/\{(z-c)Q(z)\}$ を積分すると，留数定理によって

$$\int_C \frac{P(z)}{(z-c)Q(z)} \mathrm{d}z = 2\pi\mathrm{i}\left(\sum_{k=1}^N \mathrm{Res}\left(\frac{P(z)}{(z-c)Q(z)}, a_k\right)\right)$$

$$= \int_{-R}^{C-\varepsilon} \frac{P(x)}{(x-c)Q(x)} \mathrm{d}x + \int_{C+\varepsilon}^R \frac{P(x)}{(x-c)Q(x)} \mathrm{d}x$$

$$+ \int_{\Gamma_R} \frac{P(z)}{(z-c)Q(z)} \mathrm{d}z + \int_{\Gamma_\varepsilon} \frac{P(z)}{(z-c)Q(z)} \mathrm{d}z.$$

最右辺第 3 項の Γ_R に沿う積分は，(7.10) の証明と同様に $R\to\infty$ のとき 0 になる．最右辺第 4 項の Γ_ε に沿う積分は，$z = c + \varepsilon e^{\mathrm{i}\theta}$ とおくと

$$\int_{\Gamma_\varepsilon} \frac{P(z)}{(z-c)Q(z)} \mathrm{d}z = \int_\pi^0 \frac{P(c+\varepsilon e^{\mathrm{i}\theta})}{\varepsilon e^{\mathrm{i}\theta} Q(c+\varepsilon e^{\mathrm{i}\theta})} \mathrm{i}\varepsilon e^{\mathrm{i}\theta} \mathrm{d}\theta = -\int_0^\pi \mathrm{i}\frac{P(c+\varepsilon e^{\mathrm{i}\theta})}{Q(c+\varepsilon e^{\mathrm{i}\theta})} \mathrm{d}\theta.$$

これは $\varepsilon \to 0$ のとき $-\pi\mathrm{i}P(c)/Q(c)$ になる．最右辺第 1 項と第 2 項の和は，$R\to\infty$, $\varepsilon\to 0$ のとき (7.25) によって，$\mathrm{PV}\int_{-\infty}^\infty P(x)/\{(x-c)Q(x)\}\mathrm{d}x$ となり，(7.26) が成り立つ． ∎

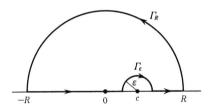

図 **7.4** Cauchy の主値積分のための積分路

(e) 級数の総和

留数定理は整数値 n における関数の値 $f(n)$ の総和

$$\sum_{n=-\infty}^\infty f(n) \qquad (7.27)$$

の計算に応用することができる．この形の総和を計算するためには，補助的に有理形関数

$$\sigma_1(z) = \pi\cot\pi z \qquad (7.28)$$

§7.2 実積分の計算 I

を利用する.例 7.2 でみたように,この関数は点 $z = 0, \pm 1, \pm 2, \cdots$ に単純な極をもち,そこでの留数はすべて 1 である.

定理 7.4 $f(z)$ は有理関数で,分母の次数は分子の次数より 2 以上大きく,$f(z)$ は整数の極をもたないとする.このとき,

$$\sum_{n=-\infty}^{\infty} f(n) = -\sum_{j} \operatorname{Res}(f\sigma_1, \zeta_j). \tag{7.29}$$

ただし,ζ_j は $f(z)$ の j 番目の極で,和はすべての極についてとる.

［証明］ 図 7.5 に示すように,$(\pm(m+1/2), \pm i(m+1/2))$ (m : 正の整数) を頂点とする正の向きをもつ正方形を Γ_m とする.$f(z)$ の極をすべて内部に含むように m は十分大きくとる.Γ_m に沿う $f(z)\sigma_1(z)$ の積分を考えると,$\sigma_1(z)$ の極は単純で留数はすべて 1 であるから

$$\frac{1}{2\pi i} \int_{\Gamma_m} f(z)\sigma_1(z) dz = \sum_{n=-m}^{m} f(n) + \sum_{j} \operatorname{Res}(f\sigma_1, \zeta_j) \tag{7.30}$$

となる.

$$\sigma_1(z) = \pi \cot \pi z = i\pi \frac{1 + e^{-2\pi i z}}{1 - e^{-2\pi i z}}$$

であるから,Γ_m 上の $|\operatorname{Im} z| = |y| = m + 1/2$ の部分では

$$|\sigma_1(z)| \leq 2\pi,$$

また $|\operatorname{Re} z| = |x| = m + 1/2$ の部分では

$$|\sigma_1(z)| \leq \pi \tanh \pi |y| \leq \pi$$

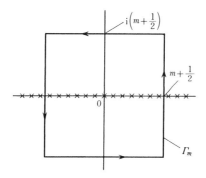

図 **7.5** 級数総和のための積分路

なる評価が成り立つことが確かめられる．$|x| = m + 1/2$ に沿って

$$\exp(-2\pi i z) = \exp(-2\pi i(m + 1/2 + iy)) = \exp(-\pi i(2m+1))\exp(2\pi y)$$
$$= -\exp(2\pi y)$$

となることに注意せよ．$f(z)$ の分母分子の次数に対する仮定から，m を十分大きくとれば，ある正の定数 C が存在して Γ_m 上で $|f(z)| \leq C/m^2$ であり，また Γ_m の周の長さは $4(2m+1)$ である．したがって，

$$\left| \frac{1}{2\pi i} \int_{\Gamma_m} f(z)\sigma_1(z) \mathrm{d}z \right| \leq \frac{C}{m^2} \int_{\Gamma_m} |\mathrm{d}z| = \frac{4(2m+1)C}{m^2}$$

となり，$m \to \infty$ のときこの積分は 0 となって (7.29) が成り立つ．

符号が交代する級数の総和を求めるためには，補助的に有理形関数

$$\sigma_2(z) = \frac{\pi}{\sin \pi z} \tag{7.31}$$

を利用する．例 7.2 でみたように，この関数は点 $z = 0$, $z = \pm 1, \pm 2, \cdots$ に単純な極をもち，そこでの留数は交互に $+1$ または -1 である．

定理 7.5 定理 7.4 と同じ条件のもとで，

$$\sum_{n=-\infty}^{\infty} (-1)^n f(n) = -\sum_j \mathrm{Res}\,(f\sigma_2, \zeta_j). \tag{7.32}$$

［証明］

$$\sigma_2(z) = \frac{\pi}{\sin \pi z} = \frac{2i\pi}{e^{\pi i z} - e^{-\pi i z}}$$

であるから，Γ_m 上の $|\mathrm{Im}\, z| = |y| = m + 1/2$ の部分では

$$|\sigma_2(z)| \leq 2\pi e^{-\pi m} \leq 2\pi,$$

また $|\mathrm{Re}\, z| = |x| = m + 1/2$ の部分では

$$|\sigma_2(z)| \leq \frac{\pi}{\cosh \pi y} \leq \pi$$

なる評価が成り立つことが確かめられる．この評価を使えば，あとは定理 7.4 の証明と同様である．

例 7.8

$$S = \sum_{n=1}^{\infty} \frac{1}{n^2 + a^2} \qquad (a > 0) \tag{7.33}$$

$f(z) = 1/(z^2 + a^2)$ は偶関数であるから,

$$\sum_{n=-\infty}^{\infty} f(n) = 2S + \frac{1}{a^2} \tag{7.34}$$

となる.$1/(z^2 + a^2)$ は $\pm \mathrm{i}a$ に単純な極をもち,そこでの留数は $\mp \mathrm{i}/(2a)$ である.したがって,定理 7.4 より

$$\sum_{n=-\infty}^{\infty} \frac{1}{n^2 + a^2} = -\pi \left[-\frac{\mathrm{i}}{2a} \cot(\mathrm{i}\pi a) + \frac{\mathrm{i}}{2a} \cot(-\mathrm{i}\pi a) \right] = \frac{\pi}{a} \coth \pi a$$

となり,(7.34) に代入すれば

$$S = \sum_{n=1}^{\infty} \frac{1}{n^2 + a^2} = \frac{1}{2} \left(\frac{\pi}{a} \frac{\mathrm{e}^{2\pi a} + 1}{\mathrm{e}^{2\pi a} - 1} - \frac{1}{a^2} \right). \tag{7.35}$$

□

§7.3 実積分の計算 II

第 3 章で多価関数はその分岐点を結んだ切断線に沿って不連続であることをみた.本節では,このことを利用して定積分を計算する方法について述べる[*1].

(a) 有理関数の有限区間における積分

まず,対数関数 $\mathrm{Log}\, \dfrac{z+1}{z-1}$ を取り上げる.点 $z = \pm 1$ が $\mathrm{Log}\, \dfrac{z+1}{z-1}$ の分岐点であることに注意しよう.§3.4 および §3.5 の議論にならって,この分岐点を結ぶ実軸上の線分 $[-1, 1]$ に沿ってこの関数の値を調べてみる.

$$\mathrm{Log}\, \frac{z+1}{z-1} = \mathrm{Log}\, \left| \frac{z+1}{z-1} \right| + \mathrm{i}\, \mathrm{Arg}\, \frac{z+1}{z-1} \tag{7.36}$$

であるが,Log は対数関数の主値であるから,z が $z < -1$ あるいは $z > 1$ なる実数のとき $\mathrm{Log}\, \dfrac{z+1}{z-1}$ は実数となる.この関数は二つの分岐点 ± 1 を結ぶ線分 $[-1, 1]$ 以外では連続であるが,この線分に沿って不連続である.この線分が,いまの場合第 3 章で述べた切断線になっている.

ε を無限に小さい正の実数として,この切断線のすぐ上側の点を $z = x + \mathrm{i}\varepsilon$

[*1] 本節の内容は**佐藤の超函数**に関係がある.佐藤幹夫,超函数の理論,数学 10 (1958), 1-27 を参照せよ.

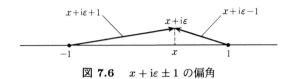

図 7.6　$x + \mathrm{i}\varepsilon \pm 1$ の偏角

と表すと，図 7.6 からわかるように，

$$\mathrm{Arg}\,\frac{x+\mathrm{i}\varepsilon+1}{x+\mathrm{i}\varepsilon-1} = \mathrm{Arg}\,(x+\mathrm{i}\varepsilon+1) - \mathrm{Arg}\,(x+\mathrm{i}\varepsilon-1)$$
$$= 0 - \pi = -\pi \tag{7.37}$$

であり，またすぐ下側の点 $z = x - \mathrm{i}\varepsilon$ では

$$\mathrm{Arg}\,\frac{x-\mathrm{i}\varepsilon+1}{x-\mathrm{i}\varepsilon-1} = \mathrm{Arg}\,(x-\mathrm{i}\varepsilon+1) - \mathrm{Arg}\,(x-\mathrm{i}\varepsilon-1)$$
$$= 0 - (-\pi) = \pi \tag{7.38}$$

である．$\mathrm{Log}\left|\dfrac{z+1}{z-1}\right|$ は $(-1, 1)$ のすぐ上側とすぐ下側で値は等しい．したがって，(7.36) より $\mathrm{Log}\,\dfrac{z+1}{z-1}$ は線分 $(-1, 1)$ に沿って

$$\mathrm{i}\,\mathrm{Arg}\,\frac{z+1}{z-1}\bigg|_{z=x+\mathrm{i}\varepsilon} - \mathrm{i}\,\mathrm{Arg}\,\frac{z+1}{z-1}\bigg|_{z=x-\mathrm{i}\varepsilon} = -2\pi\mathrm{i} \tag{7.39}$$

なる一定の純虚数値の差をもつ．

これを一般化すれば，$a < b$ のとき $\mathrm{Log}\,\dfrac{z-a}{z-b}$ は線分 (a, b) に沿って $-2\pi\mathrm{i}$ なる差をもつことがわかる．このことから，次の補題を得る．

補題 7.6　$f(z)$ は線分 $[a, b]$ を内部に含む領域 D で正則であるとする．このとき，

$$\int_a^b f(x)\mathrm{d}x = \frac{1}{2\pi\mathrm{i}}\int_C f(z)\,\mathrm{Log}\,\frac{z-a}{z-b}\mathrm{d}z. \tag{7.40}$$

ただし，積分路 C は図 7.7 に示すような線分 $[a, b]$ を正の向きに囲む D 内にある単純閉曲線で，C および C の内部で $f(z)$ が正則になるようにとる．

[証明]　積分路 C を，図 7.8 のように，点 a, 点 b をそれぞれ正の向きに回る半径 ε の小円周を線分 $[a, b]$ の上下を往復する実軸から少しだけ離れた線分で結んだ閉曲線に変形する (定理 5.10)．このとき，(7.37), (7.38) に注意すれ

§7.3 実積分の計算 II

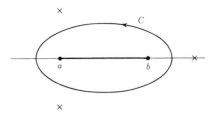

図 **7.7**　補題 7.6 の図

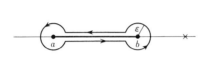

図 **7.8**　補題 7.6 の積分路の変形

ば (7.40) の右辺は次のようになる．

$$\frac{1}{2\pi i}\int_b^a f(x)\left(\text{Log}\left|\frac{x-a}{x-b}\right|-i\pi\right)dx + \frac{1}{2\pi i}\int_a^b f(x)\left(\text{Log}\left|\frac{x-a}{x-b}\right|+i\pi\right)dx$$
$$+ \frac{1}{2\pi i}\int_0^{2\pi} f(a+\varepsilon e^{i\theta})\left(\text{Log}\frac{\varepsilon e^{i\theta}}{a-b+\varepsilon e^{i\theta}}\right)i\varepsilon e^{i\theta}d\theta$$
$$+ \frac{1}{2\pi i}\int_{-\pi}^{\pi} f(b+\varepsilon e^{i\theta})\left(\text{Log}\frac{b-a+\varepsilon e^{i\theta}}{\varepsilon e^{i\theta}}\right)i\varepsilon e^{i\theta}d\theta$$
$$= \int_a^b f(x)dx + \frac{1}{2\pi i}\int_0^{2\pi} f(a+\varepsilon e^{i\theta})\left(\text{Log}\frac{\varepsilon e^{i\theta}}{a-b+\varepsilon e^{i\theta}}\right)i\varepsilon e^{i\theta}d\theta$$
$$+ \frac{1}{2\pi i}\int_{-\pi}^{\pi} f(b+\varepsilon e^{i\theta})\left(\text{Log}\frac{b-a+\varepsilon e^{i\theta}}{\varepsilon e^{i\theta}}\right)i\varepsilon e^{i\theta}d\theta \qquad (7.41)$$

$f(z)$ は $[a,b]$ の近傍で正則であるから，半径 ε の小円周に沿ってそれぞれ $|f(z)| \leqq M$ (M は正の定数) とすることができる．このとき，

$$\delta = \frac{\varepsilon e^{i\theta}}{a-b}$$

とおき，ε は十分小さいとして $|\delta| < 1$ を仮定すると，(7.41) の右辺第 2 項の対数関数の項は，次のように評価できる．

$$\left|\operatorname{Log}\frac{\varepsilon \mathrm{e}^{\mathrm{i}\theta}}{a-b+\varepsilon \mathrm{e}^{\mathrm{i}\theta}}\right| \leqq |\operatorname{Log}\varepsilon \mathrm{e}^{\mathrm{i}\theta}| + |\operatorname{Log}(a-b)| + |\operatorname{Log}(1+\delta)|$$

$$\leqq |\operatorname{Log}\varepsilon| + \pi + \left|\operatorname{Log}|a-b|\right| + \pi + \left|\delta - \frac{1}{2}\delta^2 + \frac{1}{3}\delta^3 - \cdots\right|$$

$$\leqq |\operatorname{Log}\varepsilon| + 2\pi + \left|\operatorname{Log}|a-b|\right| + |\delta| + \frac{1}{2}|\delta|^2 + \frac{1}{3}|\delta|^3 + \cdots$$

$$\leqq |\operatorname{Log}\varepsilon| + 2\pi + \left|\operatorname{Log}|a-b|\right| + |\delta| + |\delta|^2 + |\delta|^3 + \cdots$$

$$= |\operatorname{Log}\varepsilon| + 2\pi + \left|\operatorname{Log}|a-b|\right| + \frac{|\delta|}{1-|\delta|}$$

これから,(7.41) の右辺第 2 項は

$$\left|\frac{1}{2\pi \mathrm{i}}\int_0^{2\pi} f(a+\varepsilon \mathrm{e}^{\mathrm{i}\theta})\left(\operatorname{Log}\frac{\varepsilon \mathrm{e}^{\mathrm{i}\theta}}{a-b+\varepsilon \mathrm{e}^{\mathrm{i}\theta}}\right)\mathrm{i}\varepsilon \mathrm{e}^{\mathrm{i}\theta}\mathrm{d}\theta\right|$$

$$\leqq \frac{M}{2\pi}2\pi\varepsilon\left(|\operatorname{Log}\varepsilon| + \left|\operatorname{Log}|a-b|\right| + 2\pi + \frac{\varepsilon}{|a-b|}\frac{1}{1-\dfrac{\varepsilon}{|a-b|}}\right)$$

となるが,ここで $\varepsilon \to 0$ とすればこの項は 0 になる.同様に,右辺の第 3 項も $\varepsilon \to 0$ とすれば 0 になる.したがって,(7.40) が成り立つ. ∎

この補題は,次のようにして証明することもできる.Cauchy の積分公式 (6.1) を (7.40) の左辺に代入すると,

$$I = \int_a^b f(x)\mathrm{d}x = \int_a^b \left\{\frac{1}{2\pi \mathrm{i}}\int_C \frac{f(z)}{z-x}\mathrm{d}z\right\}\mathrm{d}x$$

となるが,この 2 重積分の積分範囲において $f(z)$ は正則であり,また $z \neq x$ である.したがって,被積分関数 $f(z)/(z-x)$ は z についても x についても積分の範囲全体で連続であり,積分の順序が交換できて,

$$I = \frac{1}{2\pi \mathrm{i}}\int_C f(z)\left\{\int_a^b \frac{\mathrm{d}x}{z-x}\right\}\mathrm{d}z = \frac{1}{2\pi \mathrm{i}}\int_C f(z)\left\{\operatorname{Log}\frac{1}{z-x}\bigg|_a^b\right\}\mathrm{d}z$$

$$= \frac{1}{2\pi \mathrm{i}}\int_C f(z)\operatorname{Log}\frac{z-a}{z-b}\mathrm{d}z$$

を得る.

補題 7.6 を使うと,有理関数の有限区間の定積分を計算する公式が得られる.

§7.3 実積分の計算 II

$P(x)$ は m 次, $Q(x)$ は n 次の多項式で, $n \geq m+1$ かつ $Q(z)$ は $[a,b]$ に零点をもたないとする. このとき,

$$\int_a^b \frac{P(x)}{Q(x)}dx = -\sum_{k=1}^{N} \operatorname{Res}\left(\frac{P(z)}{Q(z)} \operatorname{Log} \frac{z-a}{z-b}, a_k\right). \tag{7.42}$$

ただし, $a_k\ (k=1,2,\cdots,N)$ は $P(z)/Q(z)$ の極である.

とくに $a_k\ (k=1,2,\cdots,N)$ がすべて単純な極ならば,

$$\int_a^b \frac{P(x)}{Q(x)}dx = -\sum_{k=1}^{N} \operatorname{Res}\left(\frac{P(z)}{Q(z)}, a_k\right) \operatorname{Log} \frac{a_k-a}{a_k-b}. \tag{7.43}$$

[証明] (7.40) の積分路 C を無限遠点の側からみると, 定理 7.2 によって

$$\frac{1}{2\pi i}\int_C f(z) \operatorname{Log} \frac{z-a}{z-b}dz$$
$$= -\sum_{k=1}^{N} \operatorname{Res}\left(f(z)\operatorname{Log}\frac{z-a}{z-b}, a_k\right) - \operatorname{Res}\left(f(z)\operatorname{Log}\frac{z-a}{z-b}, \infty\right) \tag{7.44}$$

となる. $n \geq m+1$ であるから, $P(z)/Q(z)$ を無限遠点を中心として展開すると,

$$\frac{c_{-1}}{z} + \frac{c_{-2}}{z^2} + \cdots$$

であり, また $\operatorname{Log}(z-a)/(z-b)$ を展開すると

$$\operatorname{Log}\frac{z-a}{z-b} = \operatorname{Log}\frac{1-a/z}{1-b/z} = \frac{-a+b}{z} + \frac{1}{2}\frac{-a^2+b^2}{z^2} + \cdots$$

である. 両者の積をつくれば, $\dfrac{P(z)}{Q(z)}\operatorname{Log}\dfrac{z-a}{z-b}$ の展開の $-1/z$ の係数, すなわち無限遠点における留数は 0 であることがわかり, (7.44) の最後の項は 0 となる. したがって, (7.42) が成り立つ.

$P(z)/Q(z)$ の極がすべて単純なときには, (7.7) によって (7.42) からただちに (7.43) が導かれる. ∎

例 7.9

$$I = \int_{-1}^{1} \frac{1}{x^4+1}dx \tag{7.45}$$

$f(z) = 1/(z^4+1)$ は $a_1 = \exp(\pi i/4)$, $a_2 = \exp(3\pi i/4) = -\exp(-\pi i/4)$, $a_3 = \exp(5\pi i/4) = -\exp(\pi i/4)$, $a_4 = \exp(7\pi i/4) = \exp(-\pi i/4)$ に単純な極をも

ち，そこでの留数は (7.8) より，それぞれ $1/4a_1^3 = -\exp(\pi i/4)/4$, $1/4a_2^3 = \exp(-\pi i/4)/4$, $1/4a_3^3 = \exp(\pi i/4)/4$, $1/4a_4^3 = -\exp(-\pi i/4)/4$ である．一方，$\Psi(z) = \mathrm{Log}\{(z+1)/(z-1)\}$ とおくと，

$$\Psi(a_1) = \mathrm{Log}\frac{\exp(\pi i/4)+1}{\exp(\pi i/4)-1} = \mathrm{Log}\frac{(\exp(\pi i/4)+1)(\exp(-\pi i/4)-1)}{(\exp(\pi i/4)-1)(\exp(-\pi i/4)-1)}$$

$$= \mathrm{Log}\frac{-2\mathrm{i}\sin(\pi/4)}{2-2\cos(\pi/4)} = \mathrm{Log}\frac{\sqrt{2}}{2-\sqrt{2}} - \frac{\pi}{2}\mathrm{i} = \mathrm{Log}(1+\sqrt{2}) - \frac{\pi}{2}\mathrm{i}$$

となる．同様にして，

$$\Psi(a_2) = -\mathrm{Log}(1+\sqrt{2}) - \frac{\pi}{2}\mathrm{i},$$

$$\Psi(a_3) = -\mathrm{Log}(1+\sqrt{2}) + \frac{\pi}{2}\mathrm{i},$$

$$\Psi(a_4) = \mathrm{Log}(1+\sqrt{2}) + \frac{\pi}{2}\mathrm{i}$$

を得る．以上の結果を (7.43) の右辺に代入すると，

$$I = -\frac{1}{4}\left\{-\mathrm{e}^{\pi \mathrm{i}/4}\left(\mathrm{Log}(1+\sqrt{2}) - \frac{\pi}{2}\mathrm{i}\right) + \mathrm{e}^{-\pi \mathrm{i}/4}\left(-\mathrm{Log}(1+\sqrt{2}) - \frac{\pi}{2}\mathrm{i}\right)\right.$$
$$\left. + \mathrm{e}^{\pi \mathrm{i}/4}\left(-\mathrm{Log}(1+\sqrt{2}) + \frac{\pi}{2}\mathrm{i}\right) - \mathrm{e}^{-\pi \mathrm{i}/4}\left(\mathrm{Log}(1+\sqrt{2}) + \frac{\pi}{2}\mathrm{i}\right)\right\}$$
$$= \mathrm{Log}(1+\sqrt{2})\cos\frac{\pi}{4} + \frac{\pi}{2}\sin\frac{\pi}{4} = \frac{1}{\sqrt{2}}\mathrm{Log}(1+\sqrt{2}) + \frac{\pi}{2\sqrt{2}}$$

□

(b) 有理関数の半無限区間における積分

有理関数を半無限区間において積分する場合には，実軸の $[0,\infty]$ に沿って不連続性をもつ対数関数 $\mathrm{Log}(-z)$ を利用すればよい．

補題 7.7 $f(z)$ は $[0,\infty]$ において無限遠点も含めて正則で，$|z|$ が十分大きいとき M_1 をある定数として $|z^2 f(z)| \leq M_1$ をみたすものとする．このとき，

$$\int_0^\infty f(x)\mathrm{d}x = \frac{1}{2\pi \mathrm{i}}\int_C f(z)\mathrm{Log}(-z)\mathrm{d}z. \qquad (7.46)$$

ただし，積分路 C は図 7.9 に示すような実軸の正の部分 (原点と無限遠点を正の実軸に沿って結んだ半直線) を正の向きに囲む単純曲線で，C およびその内

§7.3 実積分の計算 II

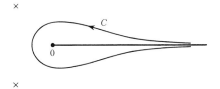

図 **7.9** 補題 7.7 の積分路 C

部で $f(z)$ が正則になるようにとる．

［証明］原点と無限遠点を正の実軸に沿って結んだ半直線を正の向きに囲む曲線 C は，複素球面上で考えればわかるように，図 7.10 に示すような，原点を中心とする半径 R の十分大きな円周 Γ_R と半径 ε の十分小さな円周 Γ_ε を実軸のすぐ上側と下側を (ε, R) に沿って往復する線分 L_+, L_- で結んだ閉曲線に変形することができる．ここで，Log の変数を $-z$ としているのは，積分区間 $(0, \infty)$ を対数関数の主値を定義する境界 $(-\infty, 0)$ に対応させるためである．

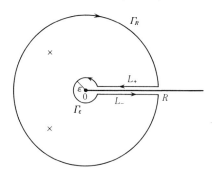

図 **7.10** 補題 7.7 の積分路の変形

変換 $\zeta = -z$ を図 7.11 で考えれば容易にわかるように，$\mathrm{Log}\,(-z)$ の z の偏角の変化 $0 \leqq \theta \leqq 2\pi$ が $\mathrm{Log}\,\zeta$ の ζ の偏角の主値の変化 $-\pi \leqq \phi \leqq \pi$ に対応する．(7.46) の右辺の積分路 C を図 7.10 のようにとると，

$$\int_C f(z) \mathrm{Log}\,(-z)\mathrm{d}z = \int_{L_+} f(z) \mathrm{Log}\,(-z)\mathrm{d}z + \int_{L_-} f(z) \mathrm{Log}\,(-z)\mathrm{d}z$$
$$+ \int_{\Gamma_R} f(z) \mathrm{Log}\,(-z)\mathrm{d}z + \int_{\Gamma_\varepsilon} f(z) \mathrm{Log}\,(-z)\mathrm{d}z$$

(7.47)

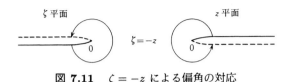

図 7.11 $\zeta = -z$ による偏角の対応

となる.まず右辺第 3 項であるが,$-z = Re^{i\phi}$ とおくと,仮定から R が十分大きければ $|f(-Re^{i\phi})| \leq M_1/R^2$ が成り立つから,

$$\left|\int_{\Gamma_R} f(z)\,\text{Log}\,(-z)\mathrm{d}z\right| = \left|\int_\pi^{-\pi} f(-Re^{i\phi})(\text{Log}\,R + i\phi)\,iRe^{i\phi}\mathrm{d}\phi\right|$$

$$\leq \int_{-\pi}^\pi \frac{M_1}{R^2}(\text{Log}\,R + \pi)R\,\mathrm{d}\phi$$

$$= \frac{2\pi M_1(\text{Log}\,R + \pi)}{R}$$

となり,$R \to \infty$ のときこの項は 0 になる.

次に右辺第 4 項であるが,$-z = \varepsilon e^{i\phi}$ とおくと,仮定から $f(z)$ は原点の近傍で正則であるから,ε が十分小さければ $|f(-\varepsilon e^{i\phi})| \leq M_2$ が成り立ち,

$$\left|\int_{\Gamma_\varepsilon} f(z)\,\text{Log}\,(-z)\mathrm{d}z\right| = \left|\int_{-\pi}^\pi f(-\varepsilon e^{i\phi})(\text{Log}\,\varepsilon + i\phi)\,i\varepsilon e^{i\phi}\mathrm{d}\phi\right|$$

$$\leq \int_{-\pi}^\pi M_2(|\text{Log}\,\varepsilon| + \pi)\varepsilon\,\mathrm{d}\phi$$

$$= 2\pi M_2(|\text{Log}\,\varepsilon| + \pi)\varepsilon$$

となる.したがって,$\varepsilon \to 0$ のときこの項も 0 になる.

最後に (7.47) の右辺第 1 項と第 2 項の和は,

$$\int_R^\varepsilon f(z)(\text{Log}\,|z| - \pi i)\mathrm{d}z + \int_\varepsilon^R f(z)(\text{Log}\,|z| + \pi i)\mathrm{d}z = 2\pi i\int_\varepsilon^R f(x)\mathrm{d}x$$

となる.したがって,$R \to \infty$,$\varepsilon \to 0$ のときこの項は $2\pi i \int_0^\infty f(x)\mathrm{d}x$ に近づき,(7.46) が成立する. ∎

この補題で積分路 C を図 7.10 のようにとり,定理 7.1 を適用すると,有理関数の $(0,\infty)$ における定積分を計算する公式を得る.

$P(x)$ は m 次,$Q(x)$ は n 次の多項式で,$n \geq m + 2$ かつ $Q(z)$ の零点は 0 および正の実数ではないとする.このとき,

$$\int_0^\infty \frac{P(x)}{Q(x)} \mathrm{d}x = -\sum_{k=1}^N \mathrm{Res}\left(\frac{P(z)}{Q(z)} \mathrm{Log}\,(-z), a_k\right). \tag{7.48}$$

ただし, $a_k\ (k=1,2,\cdots,N)$ は $P(z)/Q(z)$ の極である.

とくに $a_k\ (k=1,2,\cdots,N)$ がすべて単純な極ならば,

$$\int_0^\infty \frac{P(x)}{Q(x)} \mathrm{d}x = -\sum_{k=1}^N \mathrm{Res}\left(\frac{P(z)}{Q(z)}, a_k\right) \mathrm{Log}\,(-a_k). \tag{7.49}$$

例 7.10

$$I = \int_0^\infty \frac{1}{x^3+1} \mathrm{d}x \tag{7.50}$$

被積分関数 $f(z) = 1/(z^3+1)$ は $a_1 = \exp(\pi\mathrm{i}/3)$, $a_2 = -1$, $a_3 = \exp(-\pi\mathrm{i}/3)$ に単純な極をもち, そこでの留数は (7.8) よりそれぞれ $1/3a_1^2 = -\exp(\pi\mathrm{i}/3)/3$, $1/3a_2^2 = 1/3$, $1/3a_3^2 = -\exp(-\pi\mathrm{i}/3)/3$ である. 一方, $\mathrm{Log}\,(-a_1) = -2\pi\mathrm{i}/3$, $\mathrm{Log}\,(-a_2) = 0$, $\mathrm{Log}\,(-a_3) = 2\pi\mathrm{i}/3$ であるから, これらを (7.49) に代入すれば

$$I = -\left(-\frac{1}{3}\mathrm{e}^{\pi\mathrm{i}/3}\right)\left(-\frac{2}{3}\pi\mathrm{i}\right) - \left(-\frac{1}{3}\mathrm{e}^{-\pi\mathrm{i}/3}\right)\left(\frac{2}{3}\pi\mathrm{i}\right) = \frac{2\sqrt{3}\pi}{9}$$

を得る. □

(c) 代数関数の半無限区間における積分

多価性をもつ代数関数を半無限区間において積分する場合には, 前項の対数関数の代わりにその多価関数の多価性自体を利用して計算することができる.

補題 7.8 $f(z)$ は $[0, \infty]$ において無限遠点も含めて正則で, $|z|$ が十分大きいとき $|zf(z)| \leqq M_1$ をみたすものとする. このとき,

$$\int_0^\infty x^{p-1} f(x) \mathrm{d}x = \frac{1}{2\pi\mathrm{i}} \int_C f(z) \left\{ \frac{\pi}{\sin(p-1)\pi}(-z)^{p-1} \right\} \mathrm{d}z \quad (0 < p < 1). \tag{7.51}$$

ただし, C は補題 7.7 と同じく図 7.9 に示すような積分路で, $(-z)^{p-1}$ は主値をとる.

［証明］ (7.51) の右辺の積分の積分路 C を図 7.10 のようにとると,

$$\int_C f(z)(-z)^{p-1}\mathrm{d}z = \int_{L_+} f(z)(-z)^{p-1}\mathrm{d}z + \int_{L_-} f(z)(-z)^{p-1}\mathrm{d}z$$
$$+ \int_{\Gamma_R} f(z)(-z)^{p-1}\mathrm{d}z + \int_{\Gamma_\varepsilon} f(z)(-z)^{p-1}\mathrm{d}z \tag{7.52}$$

となる．まず右辺第 3 項であるが，$-z = Re^{\mathrm{i}\phi}$ とおくと，仮定から R が十分大きければ $|Rf(-Re^{\mathrm{i}\phi})| \leqq M_1$ が成り立つから，

$$\left|\int_{\Gamma_R} f(z)(-z)^{p-1}\mathrm{d}z\right| = \left|\int_\pi^{-\pi} f(-Re^{\mathrm{i}\phi})R^{p-1}e^{(p-1)\mathrm{i}\phi}\mathrm{i}Re^{\mathrm{i}\phi}\mathrm{d}\phi\right|$$
$$\leqq \int_{-\pi}^\pi |Rf(-Re^{\mathrm{i}\phi})|R^{p-1}\mathrm{d}\phi = 2\pi M_1 R^{p-1}$$

となり，$0 < p < 1$ より $R \to \infty$ のときこの項は 0 になる．

次に右辺第 4 項であるが，$-z = \varepsilon e^{\mathrm{i}\phi}$ とおくと，仮定から $f(z)$ は原点の近傍で正則であるから，ε が十分小さければ $|f(-\varepsilon e^{\mathrm{i}\phi})| \leqq M_2$ が成り立ち，

$$\left|\int_{\Gamma_\varepsilon} f(z)(-z)^{p-1}\mathrm{d}z\right| = \left|\int_{-\pi}^\pi f(-\varepsilon e^{\mathrm{i}\phi})\varepsilon^{p-1}e^{(p-1)\mathrm{i}\phi}\mathrm{i}\varepsilon e^{\mathrm{i}\phi}\mathrm{d}\phi\right|$$
$$\leqq \int_{-\pi}^\pi M_2 \varepsilon^p \mathrm{d}\phi = 2\pi M_2 \varepsilon^p \tag{7.53}$$

となる．したがって，$0 < p < 1$ より $\varepsilon \to 0$ のときこの項も 0 になる．

最後に (7.52) の右辺第 1 項と第 2 項の和は，

$$\int_R^\varepsilon f(z)|-z|^{p-1}e^{-\mathrm{i}(p-1)\pi}\mathrm{d}z + \int_\varepsilon^R f(z)|-z|^{p-1}e^{\mathrm{i}(p-1)\pi}\mathrm{d}z$$
$$= (e^{\mathrm{i}(p-1)\pi} - e^{-\mathrm{i}(p-1)\pi})\int_\varepsilon^R f(x)x^{p-1}\mathrm{d}x \tag{7.54}$$

となる．したがって，$R \to \infty$, $\varepsilon \to 0$ のときこの項は

$$2\mathrm{i}\sin(p-1)\pi \int_0^\infty f(x)x^{p-1}\mathrm{d}x \tag{7.55}$$

に近づき，(7.51) が成立する． ∎

この補題で積分路 C を図 7.10 のようにとり，定理 7.1 を適用すると，代数関数の $(0, \infty)$ における定積分を計算する公式を得る．

$P(x)$ は m 次, $Q(x)$ は n 次の多項式で, $n \geq m+1$ かつ $Q(z)$ の零点は 0 および正の実数ではないとする.このとき,

$$\int_0^\infty x^{p-1} \frac{P(x)}{Q(x)} \mathrm{d}x = -\sum_{k=1}^N \frac{\pi}{\sin(p-1)\pi} \mathrm{Res}\left(\frac{P(z)}{Q(z)}(-z)^{p-1}, a_k\right). \quad (7.56)$$

ただし, $0 < p < 1$ で, $a_k\ (k=1,2,\cdots,N)$ は $P(z)/Q(z)$ の極である.

とくに $a_k\ (k=1,2,\cdots,N)$ がすべて単純な極ならば,

$$\int_0^\infty x^{p-1} \frac{P(x)}{Q(x)} \mathrm{d}x = -\sum_{k=1}^N \frac{\pi}{\sin(p-1)\pi} \mathrm{Res}\left(\frac{P(z)}{Q(z)}, a_k\right)(-a_k)^{p-1}. \quad (7.57)$$

例 7.11

$$I = \int_0^\infty \frac{x^{p-1}}{x+1} \mathrm{d}x \qquad (0 < p < 1) \tag{7.58}$$

被積分関数 $f(z) = z^{p-1}/(z+1)$ は $z = -1$ に単純な極をもつ.したがって, (7.57) によって $I = -\pi/\sin(p-1)\pi = \pi/\sin p\pi$ を得る. □

§7.4 偏角の原理

本章を終えるにあたり,有理形関数に関するいくつかの重要な結果を示しておこう.

(a) 偏角の原理

まず,有理形関数の零点と極の個数に関する定理を示す.この定理は,有理形関数の対数微分と密接な関係がある.

補題 7.9 関数 $f(z)$ は $z = a$ を除いてその近傍で正則で, $z = a$ は $f(z)$ の零点または極であるとする.このとき, $z = a$ は $f'(z)/f(z)$ の 1 位の極である.

[証明] $z = a$ が $f(z)$ の λ 位の零点のときは,

$$f(z) = (z-a)^\lambda g(z), \quad g(a) \neq 0, \infty$$

とおける.このとき,

$$f'(z) = \lambda(z-a)^{\lambda-1} g(z) + (z-a)^\lambda g'(z)$$

であるから,

$$\frac{f'(z)}{f(z)} = \frac{\lambda}{z-a} + \frac{g'(z)}{g(z)} \tag{7.59}$$

が成り立つ. $g'(z)/g(z)$ は $z=a$ で正則であるから, $z=a$ は $f'(z)/f(z)$ の 1 位の極である.

$z=a$ が $f(z)$ の μ 位の極のときは,

$$f(z) = \frac{g(z)}{(z-a)^\mu}, \quad g(a) \neq 0, \infty$$

とおける. このとき,

$$f'(z) = -\frac{\mu g(z)}{(z-a)^{\mu+1}} + \frac{g'(z)}{(z-a)^\mu}$$

であるから,

$$\frac{f'(z)}{f(z)} = -\frac{\mu}{z-a} + \frac{g'(z)}{g(z)} \tag{7.60}$$

が成り立つ. $g'(z)/g(z)$ は $z=a$ で正則であるから, $z=a$ は $f'(z)/f(z)$ の 1 位の極である. ∎

定理 7.10 関数 $f(z)$ は単連結領域 D で有理形, C は D 内の正の向きの単純閉曲線で, C の上には $f(z)$ の零点も極も存在しないものとする. C の内部において, $f(z)$ は a_k ($k=1,2,\cdots,m$) にそれぞれ位数 λ_k の零点, b_k ($k=1,2,\cdots,n$) にそれぞれ位数 μ_k の極をもつとすると,

$$\frac{1}{2\pi i} \int_C \frac{f'(z)}{f(z)} dz = N_Z(f) - N_P(f), \tag{7.61}$$

$$N_Z(f) = \sum_{k=1}^m \lambda_k, \quad N_P(f) = \sum_{k=1}^n \mu_k. \tag{7.62}$$

[証明] 補題 7.9 およびその中の (7.59), (7.60) より明らかである. ∎

定理 7.10 は次の形に一般化することができる. 証明は (7.59), (7.60) から明らかであろう.

定理 7.11 関数 $f(z)$ は単連結領域 D で有理形, C は D 内の正の向きの単純閉曲線で, C の上には $f(z)$ の零点も極も存在しないものとする. C の内部において, $f(z)$ は a_k ($k=1,2,\cdots,m$) にそれぞれ位数 λ_k の零点, b_k ($k=1,2,\cdots,n$) にそれぞれ位数 μ_k の極をもつものとする. $G(z)$ を D の内部で正則な関数と

するとき，

$$\frac{1}{2\pi\mathrm{i}}\int_C G(z)\frac{f'(z)}{f(z)}\mathrm{d}z = \sum_{k=1}^{m}\lambda_k G(a_k) - \sum_{k=1}^{n}\mu_k G(b_k). \tag{7.63}$$

□

$f(z)$ が多項式の場合を考えよう．$G(z) = 1$ であれば，この定理は定理 7.10 に他ならず，左辺の積分は C の内部にある $f(z)$ の零点の個数を表す．また，$G(z) = z$ であれば，左辺の積分は C の内部にある $f(z)$ の零点の値自身の和を表す．

$f(z)$ の対数微分をつくると，

$$\frac{\mathrm{d}}{\mathrm{d}z}\log f(z) = \frac{f'(z)}{f(z)} \tag{7.64}$$

となる．この両辺を定理 7.10 の閉曲線 C に沿って積分すれば，$f(z)$ の偏角の変化量を与える，次の**偏角の原理**が導かれる．

定理 7.12 (偏角の原理) 定理 7.10 と同じ条件の下で，C 上の 1 点 z_0 から出発して C を 1 周して z_0 へ戻ったときの $f(z)$ の偏角の増加量 $\Delta_C \arg f(z)$ は次式で与えられる．

$$\Delta_C \arg f(z) = 2\pi(N_Z(f) - N_P(f)) \tag{7.65}$$

［証明］ C 上の 1 点 z_0 を出発して 1 周積分すると，定理 7.10 および (7.64) より，

$$\log f(z)\Big|_C = \int_C \frac{f'(z)}{f(z)}\mathrm{d}z = 2\pi\mathrm{i}(N_Z(f) - N_P(f))$$

が成り立つ．

$$\log f(z) = \mathrm{Log}|f(z)| + \mathrm{i}\arg f(z)$$

であるが，C を 1 周したとき $\mathrm{Log}|f(z)|$ はもとの値に戻る．したがって，$\log f(z)$ の増加量は，$\mathrm{i}\arg f(z)$ の増加量 $\mathrm{i}\Delta_C \arg f(z)$ に他ならない． ∎

(b) Rouché の定理

偏角の原理は次の **Rouché の定理**の形で応用されることが多い．

定理 7.13 定理 7.10 と同じ条件の下で，$f(z)$ は

$$f(z) = g(z) + h(z) \tag{7.66}$$

と表すことができるものとする.ただし,$g(z), h(z)$ は単純閉曲線 C およびその内部を含む領域で有理形で,$g(z)$ は C 上に零点および極をもたず,かつ C 上では

$$|g(z)| > |h(z)| \tag{7.67}$$

をみたしているものとする.このとき,z が C 上を 1 周したときの $f(z)$ と $g(z)$ の偏角の増加量は等しく,したがって

$$N_Z(f) - N_P(f) = N_Z(g) - N_P(g) \tag{7.68}$$

が成り立つ.

［証明］ $f(z)$ は C 上では

$$f(z) = g(z)w(z), \quad w(z) = 1 + \frac{h(z)}{g(z)}$$

と表すことができるが,その偏角は

$$\arg f(z) = \arg g(z) + \arg w(z). \tag{7.69}$$

ところが (7.67) の仮定から,つねに $|h(z)/g(z)| < 1$,すなわち $|w(z) - 1| < 1$ が成り立つ.これは,点 w がつねに点 1 から 1 以下の距離にあることを示しており,したがって点 w が原点を回ることはない.つまり,z が C 上を 1 周するとき $w(z)$ の値は w 平面の原点を回ることはなく,偏角も含めて元の値に戻る.したがって,(7.69) より

$$\Delta_C \arg f(z) = \Delta_C \arg g(z)$$

が成立する.また,これと定理 7.12 より,(7.68) を得る. ∎

Rouché の定理の応用として,第 6 章に示した代数学の基本定理である系 6.17 を別の形で証明してみよう.n 次代数方程式を

$$f(z) = z^n + \sum_{k=1}^{n} c_k z^{n-k} \tag{7.70}$$

とする.定理 7.13 を適用するために

$$g(z) = z^n, \quad h(z) = \sum_{k=1}^{n} c_k z^{n-k} \tag{7.71}$$

とおく.今の場合問題になるのは零点だけで,極は無関係である.

$$c = \max_{1 \le k \le n} |c_k| \tag{7.72}$$

とおくと，$|z| > 1$ のとき

$$|h(z)| = \left| \sum_{k=1}^{n} c_k z^{n-k} \right| \le c \sum_{k=1}^{n} |z|^{n-k} = \frac{c(|z|^n - 1)}{|z| - 1} \le \frac{c|z|^n}{|z| - 1} \tag{7.73}$$

が成り立つ．ここで，$R > 1 + c$ をみたすように R をとると，円周 $|z| = R$ の上で $|g(z)| > |h(z)|$ となる．ところが，$g(z)$ は明らかに円 $|z| = R$ の内部に n 重の零点 $z = 0$ をもつ．したがって，定理 7.13 によって，$f(z)$ は円 $|z| = R$ の内部に n 個の零点をもつ．

演習問題

7.1 極限値 $\lim_{z \to \infty} zf(z)$ が存在するならば，

$$\lim_{z \to \infty} zf(z) = -\operatorname{Res}(f, \infty)$$

であることを示せ．

7.2 (7.43) を使って，積分

$$I = \int_0^1 \frac{1}{x^3 + 1} dx$$

を計算せよ．

7.3 関数 $\sin^2 x / x^2$ （ただし $x = 0$ のとき，関数値は 1 とする）の区間 $[0, +\infty)$ における全変動量 $\operatorname{Var}[\sin^2 x/x^2]$ を次の指示に従って求めよ．

(i) $\tan x = x$ の正の解を $r_1 < r_2 < r_3 < \cdots$ とするとき，

$$\operatorname{Var}\left[\frac{\sin^2 x}{x^2}\right] = 1 + 2 \sum_{k=1}^{\infty} \frac{\sin^2 r_k}{r_k^2}$$

を示せ．

(ii) 関数 $F(z)$ を

$$F(z) = \frac{z^2}{(1 + z^2)(\tan z - z)}$$

とし，C_N を 4 頂点が $\pm N\pi \pm iN\pi$（N は正の整数）で与えられる正方形の周

とする．このとき，次の等式が成立することを示せ．
$$\frac{1}{2\pi i}\int_{C_N}F(z)\mathrm{d}z = 2\sum\frac{\sin^2 r_k}{r_k^2} + \mathrm{Res}\,(F,0) + \mathrm{Res}\,(F,\mathrm{i}) + \mathrm{Res}\,(F,-\mathrm{i})$$
ここで，右辺の和 $\sum$ は C_N の内部にある r_k についてとる．

(iii) N が十分大きいとき，C_N 上で不等式
$$\left|F(z)+\frac{1}{z}\right| \leq \frac{M}{|z|^2} \quad (M\text{ はある正の定数})$$
が成り立つことを示し，これより
$$\lim_{N\to\infty}\frac{1}{2\pi i}\int_{C_N}F(z)\mathrm{d}z = -1$$
を導け．

(iv) (i), (ii), (iii) の結果を用いて
$$\mathrm{Var}\left[\frac{\sin^2 x}{x^2}\right]$$
を求めよ．

7.4 $P(z)$, $Q(z)$ をそれぞれ z の m 次，n 次多項式とし，有理関数 $f(z) = P(z)/Q(z)$ を考える．いま，$m<n$，かつ $Q(z)$ の根 $a_1, a_2, \cdots, a_n$ はすべて異なるとする．このとき，$f(z)$ の部分分数展開は次式で与えられることを示せ．
$$f(z) = \sum_{j=1}^{n}\frac{\mathrm{Res}\,(f,a_j)}{z-a_j}$$

7.5 n 次代数方程式の根は，方程式の係数の連続関数であることを証明せよ．つまり，n 次多項式 $P(z) = c_n z^n + c_{n-1}z^{n-1} + \cdots + c_0$ $(c_n \neq 0)$ の一つの根を a，その重複度を μ とするとき，十分小さな任意の正数 ε に対して，ある $\delta > 0$ が存在して，$|d_m - c_m| < \delta$ $(m = 0, 1, \cdots, n)$ を満たす d_m を係数にもつ多項式 $Q(z) = d_n z^n + d_{n-1}z^{n-1} + \cdots + d_0$ は，円板 $U_\varepsilon(a) = \{z\,|\,|z-a|<\varepsilon\}$ 内に重複度もふくめて μ 個の根をもつことを証明せよ．

[ヒント] ε を十分小さくとり，$U_\varepsilon(a)$ 上およびその境界 $\partial U_\varepsilon(a)$ 上に a 以外の根がないようにする．このとき
$A = \partial U_\varepsilon(a)$ 上での $|P(z)|$ の最小値，$M = \partial U_\varepsilon(a)$ 上での $|z|$ の最大値として，$\delta = A/(2\sum_{m=0}^{n}M^m)$ ととれば，$\partial U_\varepsilon(a)$ 上で $|Q(z) - P(z)| < |P(z)|$ となる．あとは Rouché の定理による．

7.6 $f(z)$ は有理関数で，無限遠点も含めて a_k $(k = 1, 2, \cdots, m)$ にそれぞれ位

数 λ_k の零点,b_k $(k=1,2,\cdots,n)$ にそれぞれ位数 μ_k の極をもつものとする.このとき,
$$\sum_{k=1}^{m} \lambda_k = \sum_{k=1}^{n} \mu_k$$
が成立することを示せ.

第8章
関数の表示

第 6 章で正則関数の表示として Taylor 級数と Laurent 級数を導いた．本章では，これらベキ級数，整関数の無限乗積，有理形関数の部分分数展開など，正則関数のいろいろな表示とその収束について論ずる．

§8.1 複素関数列の収束

(a) 関数列とその一様収束

z 平面の領域 D において関数列 $\{f_n(z)\}$ が与えられているとする．D の内部のある特定の 1 点 $z = a$ における $\{f_n(a)\}$ の収束は，§2.1 で述べた複素数の収束と同じである．ただし，本章では収束を少々精密化して扱う必要があるので，ここでは δ, ε を使って記述する．すなわち，任意の $\varepsilon > 0$ に対して自然数 $n_0(\varepsilon, a)$ を適当に選べば，$n \geqq n_0(\varepsilon, a)$ なるすべての n について

$$|f_n(a) - f(a)| < \varepsilon$$

が成り立つとき，$\{f_n(a)\}$ は $f(a)$ に**収束**するという．

領域 D のすべての点 z で関数列 $\{f_n(z)\}$ が収束するとき，その極限値 $\lim_{n \to \infty} f_n(z)$ は D 内で一つの関数 $f(z)$ を定義すると考えることができる．この関数を**極限関数**といい，関数列 $\{f_n(z)\}$ は D で $f(z)$ に点ごとに**収束**する，あるいは $f(z)$ に**各点収束**するという．

以後，関数列 $\{f_n(z)\}$ が収束することを単に $f_n(z)$ が収束すると書く．

例 8.1 円板領域 $D = \{z \mid |z - 1/2| < 1/2\}$ (図 8.1 (a)) において関数列
$$f_n(z) = z^{1/n} \quad (n = 1, 2, \cdots)$$
の収束を考える.ただし,z が正の実数のとき $z^{1/n}$ も正の実数になるような分枝を選ぶ.$z = re^{i\theta}$ とおくと,
$$z^{1/n} = \sqrt[n]{r}\, e^{i\theta/n}$$
となるが,D においては $0 < r < 1$ であるから $n \to \infty$ のとき $\sqrt[n]{r} \to 1$ となり,また偏角は 0 に収束する.したがって,D の中で z の値を任意に一つ定めれば,その点 z において
$$\lim_{n\to\infty} z^{1/n} = 1$$
となる.つまり,$z^{1/n}$ は D で各点収束する. □

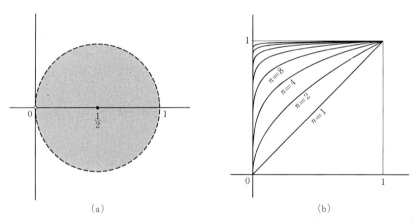

図 8.1 例 8.1 の円板領域 D と実関数 $x^{1/n}$

ところで,実関数 $x^{1/n}$ の収束は,図 8.1 (b) に示すように,$0 \leqq x \leqq 1$ において
$$\lim_{n\to\infty} x^{1/n} = \begin{cases} 1 & (0 < x \leqq 1) \\ 0 & (x = 0) \end{cases}$$
のようになる.したがって,ε を与えたとき,$n_0(\varepsilon, z)$ をいくら大きく定めてから $n_0(\varepsilon, z) \leqq n$ なる n をとっても,z を実軸上で原点に十分近づけると $z^{1/n}$

§8.1 複素関数列の収束

と極限関数 1 との差 $|z^{1/n}-1|$ は ε より大きくなってしまう．つまり，$z^{1/n}$ はおのおのの z で各点収束はするけれども，$z=0$ の近くでは z の値に応じて $n_0(\varepsilon,z)$ を選び直さなければならないのである．

後でわかるように，極限関数を取り扱うとき，その収束の仕方を支配する n_0 が z に依存しないことが重要になる．そこで必要になるのが，一様収束の概念である．

定義 8.1 任意の $\varepsilon>0$ に対して自然数 $n_0(\varepsilon)$ を適当に選べば，$n\geqq n_0(\varepsilon)$ なるすべての n に対して，複素平面の部分集合 E において z に無関係に

$$|f_n(z)-f(z)|<\varepsilon$$

が成り立つとする．このとき，E において $f_n(z)$ は $f(z)$ に**一様収束**するという． □

注意 一様収束では，z に依存しない n_0 を選べることが重要である．

例 8.2 例 8.1 の関数列の収束が D で一様収束でないのは，$z=0$ における $z^{1/n}$ ($n\to\infty$) の特異な挙動にある．そこで，原点 $z=0$ を避けて，D より小さい閉じた円板 $K_\rho=\{z\,|\,|z-1/2|\leqq \rho,\ \rho<1/2\}$ をとり，そこで収束を考える．ρ を固定して，$n_0(\varepsilon)$ として $|(1/2-\rho)^{1/n_0}-1|<\varepsilon$ をみたす最小の自然数，すなわち $\mathrm{Log}\,(1/2-\rho)/\mathrm{Log}\,(1-\varepsilon)$ より小さくない最小の自然数をとれば，K_ρ において $n\geqq n_0(\varepsilon)$ なるすべての n に対して $|z^{1/n}-1|<\varepsilon$ が成立する．すなわち，この K_ρ では $z^{1/n}\to 1$ ($n\to\infty$) の収束は一様である．ここで重要な点は，$z=0$ と K_ρ とが有限の距離だけ離れていることである． □

このように，領域 D では収束が一様でないときに，その中に適当に閉部分集合をとり，そこで収束を一様にすることができる場合がある．ところが，§4.3 (a) で注意したように，正則性すなわち微分可能性は開集合で定義されるものであるから，正則関数列の収束を論ずる場が閉じた円板のような閉集合では不都合である．そこで，次のように，広義一様収束という概念を導入する．ここで，開集合である領域 D の内部に含まれる任意の有界閉集合 K を考えると，一般に K は D の境界から有限の距離だけ離れることに注意しよう．

定義 8.2 領域 D に含まれる任意の有界閉集合 K で $f_n(z)$ が $f(z)$ に一様収束するとき，$f_n(z)$ は D で**広義一様収束**するという． □

例 8.3 例 8.1 の関数列 $f_n(z) = z^{1/n}$ $(n = 1, 2, \cdots)$ は，例 8.2 からわかるように，円板領域 $D = \{z \,|\, |z - 1/2| < 1/2\}$ で一様収束はしないが，広義一様収束する． □

(b) 連続関数列の収束

以上の準備の下に，連続関数の列が広義一様収束する場合，その極限関数がやはり連続関数になることを示そう．

定理 8.1 領域 D で関数列 $\{f_n(z)\}$ が定義されていて，おのおのの関数 $f_n(z)$ は D で連続であるとする．D において $f_n(z)$ が $f(z)$ に広義一様収束するならば，$f(z)$ は D で連続である．

[証明] D 内の任意の 1 点を $z = a$ とする．$z = a$ を中心とする閉円板 $K_\rho = \{z \,|\, |z - a| \leqq \rho\}$ が D に含まれるように ρ を選ぶ．仮定により K_ρ において $f_n(z) \to f(z)$ の収束は一様であるから，任意に与えた $\varepsilon > 0$ に対して十分大きな n をとればすべての $z \in K_\rho$ に対して

$$|f_n(z) - f(z)| < \frac{1}{3}\varepsilon \tag{8.1}$$

となる．とくに $z = a$ においても

$$|f_n(a) - f(a)| < \frac{1}{3}\varepsilon \tag{8.2}$$

が成り立つ．一方，$f_n(z)$ は連続だから，$\delta \, (\leqq \rho)$ を適当に選べば

$$|z - a| < \delta \quad \text{ならば} \quad |f_n(z) - f_n(a)| < \frac{1}{3}\varepsilon \tag{8.3}$$

とすることができる．したがって，(8.1), (8.2), (8.3) より，$|z - a| < \delta$ ならば
$$|f(z) - f(a)| < |f(z) - f_n(z)| + |f_n(z) - f_n(a)| + |f_n(a) - f(a)| < \varepsilon$$
となる．ε は任意であるから $f(z)$ は $z = a$ で連続で，また a は D 内の任意の点であるから，$f(z)$ は D で連続である． ∎

定理 8.2 領域 D で関数列 $\{f_n(z)\}$ が定義されていて，$f_n(z)$ は D で連続であるとする．C を D の内部にある区分的になめらかな曲線とするとき，D において $f_n(z)$ が $f(z)$ に広義一様収束するならば

§8.1 複素関数列の収束

$$\lim_{n\to\infty}\int_C f_n(z)\mathrm{d}z = \int_C f(z)\mathrm{d}z. \tag{8.4}$$

[証明] C は D 内の有界閉集合であるから,仮定により C 上で一様に $f_n(z) \to f(z)$ $(n \to \infty)$ となる.したがって,任意に与えた $\varepsilon > 0$ に対して十分大きな $n_0(\varepsilon)$ をとれば $n \geq n_0(\varepsilon)$ なる n について C 上のすべての z に対して

$$|f_n(z) - f(z)| < \varepsilon. \tag{8.5}$$

定理 8.1 により $f(z)$ は D で連続であるから $\int_C f(z)\mathrm{d}z$ は存在する.したがって,

$$\left|\int_C f_n(z)\mathrm{d}z - \int_C f(z)\mathrm{d}z\right| = \left|\int_C \{f_n(z) - f(z)\}\mathrm{d}z\right|$$

$$\leq \int_C |f_n(z) - f(z)||\mathrm{d}z| < \varepsilon\int_C |\mathrm{d}z| = \varepsilon L.$$

ただし,L は曲線 C の長さである.ε は任意であるから,(8.4) が証明された. ∎

(c) 正則関数列の収束

これまでの結果は関数列 $\{f_n(z)\}$ に対して連続性だけを仮定して得たものであるが,これからは正則性を仮定して議論を進める.

定理 8.3 領域 D で関数列 $\{f_n(z)\}$ が定義されていて,おのおのの関数 $f_n(z)$ は D で正則であるとする.D において $f_n(z)$ が $f(z)$ に広義一様収束するならば,$f(z)$ は D で正則である.また,k 階導関数の列 $f_n^{(k)}(z)$ $(k = 1, 2, \cdots)$ は D で $f^{(k)}(z)$ に広義一様収束する.

[証明] $z = a$ を D 内の任意の 1 点とする.$z = a$ を中心とする閉円板 $K_\rho = \{z \mid |z - a| \leq \rho\}$ が D に含まれるように ρ を選び,a の ρ-近傍 $U_\rho(a)$ を考える.C を $U_\rho(a)$ に含まれる任意の区分的になめらかな単純閉曲線とすると,Cauchy の積分定理 (定理 5.7) より

$$\int_C f_n(z)\mathrm{d}z = 0 \qquad (n = 1, 2, \cdots) \tag{8.6}$$

となる.仮定より $U_\rho(a)$ では一様に $f_n(z) \to f(z)$ であるから,定理 8.2 より

$$\lim_{n\to\infty}\int_C f_n(z)\mathrm{d}z = \int_C f(z)\mathrm{d}z$$

が成り立ち，(8.6) から

$$\int_C f(z)\mathrm{d}z = 0$$

となる．したがって，Morera の定理 (定理 6.9) によって $f(z)$ は $U_\rho(a)$ で正則である．$U_\rho(a)$ の中心 $z = a$ は D の内部の任意の点であるから，$f(z)$ は D で正則である．

定理の後半を証明しよう．まず，D が単連結の場合を考える．K を D に含まれる任意の有界閉集合とする．K を内部に含みかつ D に含まれるような単純閉曲線 C をとり，C と K の境界との最短距離を d，C の長さを L とする (図 8.2)．

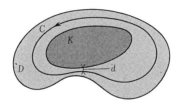

図 8.2　定理 8.3 の図

いま K 内の任意の 1 点を z とすれば，Cauchy の積分公式 (6.7) により

$$f^{(m)}(z) = \frac{m!}{2\pi\mathrm{i}} \int_C \frac{f(\zeta)}{(\zeta - z)^{m+1}} \mathrm{d}\zeta,$$

$$f_n^{(m)}(z) = \frac{m!}{2\pi\mathrm{i}} \int_C \frac{f_n(\zeta)}{(\zeta - z)^{m+1}} \mathrm{d}\zeta$$

となる．一方，仮定から C の上では一様に $f_n(\zeta) \to f(\zeta)$ ($n \to \infty$) となるから，十分大きな n をとれば

$$|f_n(\zeta) - f(\zeta)| < \varepsilon$$

となり，

$$|f_n^{(m)}(z) - f^{(m)}(z)| \leqq \frac{m!}{2\pi\mathrm{i}} \int_C \frac{|f_n(\zeta) - f(\zeta)|}{|\zeta - z|^{m+1}} |\mathrm{d}\zeta|$$

$$\leqq \frac{m!\varepsilon}{2\pi d^{m+1}} \int_C |\mathrm{d}\zeta| = \frac{m!\varepsilon L}{2\pi d^{m+1}}.$$

したがって、K で一様に $f_n^{(m)}(z) \to f^{(m)}(z)$ $(n \to \infty)$ となる.K は任意であるから、この収束は D で広義一様収束である.

次に、D が単連結でない場合を考える.このとき、領域 D に含まれる一つの有界閉集合 K をとる.ところが、この有界閉集合 K の各点 z に対してその近傍 $U(z) \subset D$ が一つずつ指定されているとき、そのうちの有限個を適当に選べば、それらによって K をおおうことができることがわかっている[*1].したがって、D に含まれる任意の有界閉集合 K における一様収束性を証明する代わりに、D の内部の任意の点 a に対して、ある近傍 $U(a) \subset D$ が存在して、$U(a)$ で $\{f_n^{(m)}(z)\}$ が $f^{(m)}(z)$ に一様収束することを証明すればよい.しかし、a の近傍 $U_r(a) \subset D$ を考えると、$U_r(a)$ は単連結であり、先の議論と同様にして、a の近傍 $U(a) = U_{r/2}(a)$ において $\{f_n^{(m)}(z)\}$ が $f^{(m)}(z)$ に一様収束することがわかる.したがって、D が単連結でない場合にも、広義一様収束性が成り立つ.∎

(d) 関数項級数とその収束

z 平面の領域 D において関数列 $\{f_k(z)\}$ が与えられているとき、そのおのおのを項とする**関数項級数**

$$\sum_{k=1}^{\infty} f_k(z) \tag{8.7}$$

を考える.この級数の第 n 部分和を

$$S_n(z) = \sum_{k=1}^{n} f_k(z) \qquad (n = 1, 2, \cdots) \tag{8.8}$$

と書く.

部分和のなす関数列 $\{S_n(z)\}$ が収束するとき、級数 $\sum_{k=1}^{\infty} f_k(z)$ は**収束**するといい、

$$S(z) = \sum_{k=1}^{\infty} f_k(z) \tag{8.9}$$

をこの級数の**和**とよぶ.そして、部分和 (8.8) の収束が各点収束、一様収束、広

[*1] これを **Heine–Borel の定理** という.この定理の詳細については、高木貞治, 解析概論 (改訂第 3 版), 岩波書店 (1983) p. 16 を参照せよ.

義一様収束であるのに応じて,関数項級数 (8.7) は各点収束,一様収束,広義一様収束するという.

関数項級数 $\sum_{k=1}^{\infty} f_k(z)$ が複素平面の部分集合 E で一様収束するための条件は,定義 8.1 および Cauchy の収束定理 (定理 2.7) より,次のように書くことができる.

定理 8.4 $\sum_{k=1}^{\infty} f_k(z)$ が複素平面の部分集合 E で一様収束するための必要十分条件は,任意の $\varepsilon > 0$ に対して n_0 を適当にとれば,$n_0 \leqq n < m$ をみたすすべての m, n に対して,E 内の任意の z において

$$|f_{n+1}(z) + \cdots + f_m(z)| < \varepsilon \tag{8.10}$$

とできることである. □

上の定理でとくに $m \to \infty$ とすれば,

$$|f_{n+1}(z) + f_{n+2}(z) + \cdots| \leqq \varepsilon \qquad (n_0 \leqq n) \tag{8.11}$$

を得る.

関数項級数の一様収束を判定するための方法として,次の **Weierstrass** の**判定法**がよく知られている.

定理 8.5 正項級数

$$\sum_{k=1}^{\infty} M_k, \quad M_k \geqq 0 \qquad (k = 1, 2, \cdots) \tag{8.12}$$

が収束するとする.このとき,複素平面の部分集合 E に属する任意の点 z で級数

$$\sum_{k=1}^{\infty} f_k(z) \tag{8.13}$$

の各項の関数 $f_k(z)$ が

$$|f_k(z)| \leqq M_k$$

をみたすならば,(8.13) は E で一様収束する.

[証明] E に属する任意の z に対して

$$|f_{n+1}(z) + \cdots + f_m(z)| < |f_{n+1}(z)| + \cdots + |f_m(z)|$$
$$\leqq M_{n+1} + \cdots + M_m \tag{8.14}$$

となるが,$\varepsilon > 0$ を任意に与えたとき,$\sum_{k=1}^{\infty} M_k$ は収束するから (8.14) の最右

辺は $n_0 \leqq n < m$ のとき ε より小さくなる．したがって，
$$|f_{n+1}(z) + \cdots + f_m(z)| < \varepsilon$$
が成り立ち，定理 8.4 より (8.13) は E で一様収束する． ∎

部分和としての関数列 $S_n(z)$ に定理 8.2 を適用すれば，級数の**項別積分可能**の条件を与える次の定理を得る．

定理 8.6 $f_k(z)$ は領域 D で連続で，D において $\sum\limits_{k=1}^{\infty} f_k(z)$ が $S(z)$ に広義一様収束するものとする．このとき，C を D の内部にある区分的になめらかな曲線とするとき，
$$\sum_{k=1}^{\infty} \int_C f_k(z) \mathrm{d}z = \int_C S(z) \mathrm{d}z. \tag{8.15}$$

∎

部分和としての関数列 $S_n(z) = \sum\limits_{k=1}^{n} f_k(z)$ に定理 8.3 を適用すると，ただちに**項別微分可能**の条件を与える次の定理を得る．

定理 8.7 $f_k(z)$ は領域 D で正則で，D において $\sum\limits_{k=1}^{\infty} f_k(z)$ が $S(z)$ に広義一様収束するならば，$S(z)$ は D で正則である．また，
$$\sum_{k=1}^{\infty} f_k^{(m)}(z) \qquad (m = 1, 2, \cdots)$$
は D において $S^{(m)}(z)$ に広義一様収束する． ∎

§8.2 ベキ級数とその収束

(a) ベキ級数と収束円

$a_k(z-a)^k$ を項とする複素変数 z の関数項級数
$$\sum_{k=0}^{\infty} a_k(z-a)^k \tag{8.16}$$
を，a を中心とする**ベキ級数**という．ベキ級数を**整級数**とよぶこともある．係数 a_k $(k = 0, 1, \cdots)$ は一般に複素数とする．このベキ級数の中心は a であるが，これは $\zeta = z - a$ とおけば 0 を中心とするベキ級数に簡単に変換できるから，以後 $a = 0$ の場合，すなわちベキ級数

$$\sum_{k=0}^{\infty} a_k z^k = a_0 + a_1 z + a_2 z^2 + \cdots + a_k z^k + \cdots \tag{8.17}$$

について考えることにする．

次の補題はベキ級数の収束を議論するために必要になる．

補題 8.8
$$\limsup_{n\to\infty} |p_n|^{1/n} = \mu$$

とおくとき，級数 $\sum_{k=0}^{\infty} p_k$ は $\mu < 1$ ならば絶対収束し，$\mu > 1$ ならば発散する．

［証明］　まず $\mu < 1$ の場合を考える．いま $\mu < q < 1$ をみたす q を選べば，$\limsup$ の定義から十分大きな N をとれば $N < n$ なる n に対して $|p_n|^{1/n} < q$, すなわち $|p_n| < q^n$ とすることができる．$\sum_{k=0}^{\infty} q^k$ は収束するから，定理 2.10 によって $\sum_{k=0}^{\infty} p_k$ は絶対収束する．

次に $\mu > 1$ の場合には，無限個の n に対して $|p_n|^{1/n} \geqq 1$, すなわち $|p_n| \geqq 1$ が成立する．したがって，定理 2.6 の対偶によって $\sum_{k=0}^{\infty} p_k$ は発散する．∎

$\mu = 1$ のときには，級数 $\sum_{k=0}^{\infty} p_k$ は収束する場合と発散する場合がある．

定理 8.9　ベキ級数
$$a_0 + a_1 z + a_2 z^2 + \cdots + a_k z^k + \cdots \tag{8.18}$$

に対して
$$\frac{1}{R} = \limsup_{n\to\infty} |a_n|^{1/n} \tag{8.19}$$

とおく．このとき，(8.18) は

(1) $R = 0$ ならばすべての $z \neq 0$ に対して発散する．
(2) $0 < R < \infty$ ならば $|z| < R$ において広義一様収束し，$|z| > R$ において発散する．
(3) $R = \infty$ ならばすべての有限な z に対して収束し，z 平面内の任意の有界閉集合で一様収束する．

［証明］　ベキ級数 (8.18) の各項の絶対値 $|a_n z^n|$ について，仮定から
$$\limsup_{n\to\infty} |a_n z^n|^{1/n} = \frac{1}{R}|z| \tag{8.20}$$

が成り立つ．したがって，補題 8.8 より (1) が成り立つことは明らかである．次に (2) の場合，すなわち $0 < R < \infty$ の場合を考える．まず $|z| > R$ なる領域では，補題 8.8 よりベキ級数 (8.18) は発散する．次に $|z| < R$ のとき，この円の内部に任意に有界閉集合 K をとる．この K は，$0 < \rho < R$ をみたすように適当に選んだ半径 ρ の閉円板 $K_\rho = \{z \mid |z| \leqq \rho, \ \rho < R\}$ でおおうことができる．$z \in K_\rho$ に対して

$$\limsup_{n \to \infty} |a_n z^n|^{1/n} = \frac{1}{R}|z| \leqq \frac{\rho}{R} < 1 \tag{8.21}$$

であるから，補題 8.8 の証明および定理 8.5 によりベキ級数 (8.18) は K_ρ で一様収束する．したがって，$|z| < R$ で広義一様収束する．(3) も同様である．∎

注意 この定理の (2) の場合の収束は絶対収束 (§2.2(b)) である．

定理 8.9 の R のことを**収束半径**といい，円 $|z| < R$ のことを**収束円**という．収束半径を与える (8.19) を **Cauchy–Hadamard の公式**という．ベキ級数の収束円周上での挙動は，円周上のある点で収束して他の点では発散したり，また円周上のすべての点で発散するなど，いろいろな場合がある．

例 8.4

(1) $$\sum_{k=0}^{\infty} a_k z^k = 1 + z + z^2 + \cdots + z^k + \cdots$$

定理 8.9 よりこのベキ級数の収束半径は $R = 1$ である．したがって，このベキ級数は $|z| < 1$ で広義一様収束する．

(2) $$\sum_{k=0}^{\infty} a_k z^k = z - \frac{z^2}{2} + \frac{z^3}{3} - \cdots + (-1)^{k-1}\frac{z^k}{k} + \cdots$$

定理 8.9 よりこのベキ級数の収束半径も $R = 1$ で，$|z| < 1$ で広義一様収束する．

□

(b) ベキ級数の項別微分

ここで $f_k(z) = a_k z^k \ (k = 0, 1, \cdots)$ とおくと，$f_k(z)$ は複素平面全体で正則で

ある.ベキ級数 $\sum_{k=0}^{\infty} f_k(z) = \sum_{k=0}^{\infty} a_k z^k$ の収束半径を R とすると,定理 8.9 と定理 8.7 から,ただちに次の定理を得る.この定理は,収束するベキ級数が**項別微分可能**であることを示すものである.

定理 8.10 ベキ級数 $\sum_{k=0}^{n} a_k z^k$ の収束半径 R が 0 でないならば,領域 $D = \{z \mid |z| < R\}$ で定義される関数

$$f(z) = \sum_{k=0}^{\infty} a_k z^k \qquad (8.22)$$

は正則で,その導関数は D において

$$f'(z) = \sum_{k=1}^{\infty} k a_k z^{k-1} \qquad (8.23)$$

で与えられる. □

定理 8.11 ベキ級数 $f(z) = \sum_{k=0}^{\infty} a_k z^k$ の収束半径とその導関数 $f'(z) = \sum_{k=1}^{\infty} k a_k z^{k-1}$ の収束半径とは等しい.

[証明] $f(z)$ と $f'(z)$ の収束半径をそれぞれ R, R' とする.このとき,

$$\frac{1}{R} = \limsup_{n \to \infty} |a_n|^{1/n} \leq \limsup_{n \to \infty} (n|a_n|)^{1/n}$$
$$\leq \left(\lim_{n \to \infty} n^{1/n} \right) \left(\limsup_{n \to \infty} |a_n|^{1/n} \right) = \frac{1}{R}$$

が成り立つが,

$$\limsup_{n \to \infty} (n|a_n|)^{1/n} = \frac{1}{R'}$$

であることから結論を得る. ∎

以上を次の定理にまとめておく.証明は明らかであろう.

定理 8.12 ベキ級数 $\sum_{k=0}^{n} a_k z^k$ の収束半径 R が 0 でないならば,その高階導関数は

$$f^{(m)}(z) = \sum_{k=m}^{\infty} k(k-1)\cdots(k-m+1) a_k z^{k-m} \quad (m=1,2,\cdots) \quad (8.24)$$

で与えられる.また,これら導関数の収束半径はすべて R である. □

この定理から,次の重要な結果が導かれる.

定理 8.13 収束するベキ級数は一意的に次の形に表される．

$$\sum_{k=0}^{\infty} a_k z^k = \sum_{k=0}^{\infty} \frac{f^{(k)}(0)}{k!} z^k \tag{8.25}$$

［証明］ (8.24) において $z=0$ とおくと，$f^{(m)}(0) = m!a_m$，すなわち

$$a_m = \frac{1}{m!} f^{(m)}(0)$$

を得る．これを (8.25) の左辺に代入すればよい． ∎

この結果は，"ベキ級数が Taylor 級数に一致する" ことを示している．

§8.3 一致の定理と解析接続

(a) 一致の定理

前節の定理 8.13 から，さらに正則関数の特徴を典型的に示す一致の定理を導くことができる．そのために，まず次の定理を証明しておこう．

定理 8.14 関数 $f(z)$ は領域 D で正則であるとする．D の内部のある 1 点 $z=a$ に収束する互いに相異なる点列 $\{z_k\}$ が D 内に存在して，

$$f(z_k) = 0 \qquad (k=1,2,3,\cdots) \tag{8.26}$$

が成り立つならば，D で $f(z) \equiv 0$ である．

［証明］ 仮定から，R を適当に選べば，$f(z)$ は a を中心とする円板領域 $|z-a| < R$ において

$$f(z) = \sum_{m=0}^{\infty} c_m (z-a)^m, \quad c_m = \frac{f^{(m)}(a)}{m!} \tag{8.27}$$

のように Taylor 展開することができる．はじめに，この Taylor 級数が 0 になることを示す．まず，

$$c_0 = f(a) = \lim_{k \to \infty} f(z_k) = 0 \tag{8.28}$$

であるから，(8.27) の定数項は 0 である．したがって，

$$f(z) = (z-a) \sum_{m=1}^{\infty} c_m (z-a)^{m-1}$$

と書くことができる.ところが,すべての k に対して $z_k \neq a$ かつ $f(z_k) = 0$ であることに注意すれば,

$$c_1 = f'(a) = \lim_{k \to \infty} \frac{f(z_k) - f(a)}{z_k - a} = \lim_{k \to \infty} \frac{f(z_k)}{z_k - a} = 0$$

が成り立つ.この操作を繰り返せば,すべての k に対して $c_k = 0$ がいえる.したがって,$|z - a| < R$ において $f(z) \equiv 0$ が成り立つ.

次に,$|z - a| < R$ の外部にありかつ領域 D の内部にある任意の点 $z = c$ に対しても $f(c) = 0$ となることを示そう.いま,点 b_j が D の内部に含まれる円板 $|z - b_j| < R_j$ の中心であって,かつ

$$|b_{j+1} - b_j| < R_j \tag{8.29}$$

をみたすような有限の点列 $b_0 = a, b_1, b_2, \cdots, b_N = c$ をとる(図 6.4).そして,各点 b_j を中心とする Taylor 展開をつくる.

$$\sum_{m=0}^{\infty} c_{m,j}(z - b_j)^m \qquad (j = 0, 1, 2, \cdots, N) \tag{8.30}$$

$j = 0$ の場合,これは (8.27) にほかならない.このとき,(8.29) より点 $z = b_1$ は Taylor 展開 (8.27) の収束円の内部に入るから,

$$c_{m,1} = \frac{f^{(m)}(b_1)}{m!} = 0 \qquad (m = 0, 1, 2, \cdots),$$

すなわち $f^{(m)}(b_1) = 0 \, (m = 0, 1, 2, \cdots)$ となる.これは $|z - b_1| < R_1$ で $f(z) \equiv 0$ となることを示している.次に,(8.29) より点 $z = b_2$ は $|z - b_1| < R_1$ の内部に存在するから,同様の議論によって $|z - b_2| < R_2$ で $f(z) \equiv 0$ を導くことができる.この操作を繰り返せば,結局 $z = b_N = c$ において $f(c) = 0$ であることがわかる.以上から,D において $f(z) \equiv 0$ であることが証明された. ∎

定理 8.15 (一致の定理) 関数 $f_1(z), f_2(z)$ は領域 D で正則であるとする.D の内部のある 1 点 $z = a$ に収束する互いに相異なる点列 $\{z_k\}$ が D 内に存在して,

$$f_1(z_k) = f_2(z_k) \qquad (k = 1, 2, 3, \cdots) \tag{8.31}$$

が成り立つならば,D で $f_1(z) \equiv f_2(z)$ が成り立つ.

[証明] $f(z) = f_1(z) - f_2(z)$ とおいて定理 8.14 を適用すればよい. ∎

これを**一致の定理**という.領域 D の内部の点に収束する点列で二つの関数

$f_1(z)$, $f_2(z)$ が一致すれば領域 D 全体で一致するのだから，例えば D の内部のある曲線上で，あるいはとくに D の内部にある線分上で一致すれば，D 全体で両者は一致することになる．

(b)　解析接続

二つの領域 D_1, D_2 において $f_1(z)$, $f_2(z)$ がそれぞれ正則で，図 8.3 (a) のように D_1 と D_2 が共通部分 D をもつとする．いま，共通領域 D において
$$f_1(z) \equiv f_2(z)$$
が成立しているものとする．このとき，
$$f(z) = \begin{cases} f_1(z) & (z \in D_1) \\ f_2(z) & (z \in D_2) \end{cases}$$
によって新たに関数 $f(z)$ を定義すると，$f(z)$ は $D_1 \cup D_2$ で一つの正則関数を与える．$f_1(z)$ を中心に考えれば，これは D_1 で定義されている関数が，定義域を越えて D_2 へ拡張されたと考えることができる．このことを，$f_1(z)$ が D_2 へ**解析接続**されたといい，$f_2(z)$ を $f_1(z)$ の D_2 における解析接続という．逆に，$f_1(z)$ を $f_2(z)$ の D_1 における解析接続とよぶ．ただし，図 8.3 (b) のように $D_1 \cap D_2$ が D と異なる領域 D' を含む場合には，$f(z)$ は D' で 1 価になるとは限らない (演習問題 8.2)．

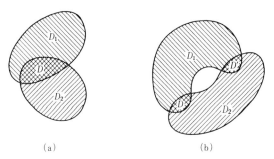

図 **8.3**　解析接続の領域

領域 D_1 で一つの関数 $f_1(z)$ が与えられたとき，これを D_1 を越えて解析接続する方法はいろいろ考えられる．最もよく知られている方法は，ベキ級数を

使う方法である.いま,点 $z = a$ を中心とするベキ級数を,中心を明示して

$$P(z; a) = \sum_{n=0}^{\infty} a_n (z-a)^n \tag{8.32}$$

と書いておく.この級数の収束半径を $R_a > 0$ とする.この級数 $P(z; a)$ は円板領域 $D_1 = \{z \mid |z-a| < R_a\}$ で一つの正則関数を定義する.この関数を D_1 の外部に解析接続してみよう.いま,D_1 の内部に 1 点 $z = b$ をとる.$z = b$ で $P(z; a)$ は正則であるから,これは $z = b$ を中心とする Taylor 級数 (ベキ級数) に展開できる (図 8.4).

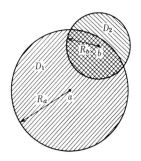

図 **8.4** ベキ級数による解析接続

$$P(z; b) = \sum_{n=0}^{\infty} b_n (z-b)^n \tag{8.33}$$

この級数の収束半径を R_b とするとき,$R_b > R_a - |b-a|$ であれば,円板領域 $D_2 = \{z \mid |z-b| < R_b\}$ は円板領域 D_1 の外部にはみ出す.その場合,はみ出した領域での $P(z; b)$ は $P(z; a)$ の D_2 への解析接続であって,$D_1 \cup D_2$ で一つの正則関数が得られたことになる.

以下同様の手順によって,領域を可能なかぎり広げながら解析接続を行う.このようにして得られるベキ級数の全体は一つの正則関数 $f(z)$ を定義していると考えることができる.このようにしてできた関数を**解析関数**とよぶ.

図 8.4 に示すようにベキ級数によって解析接続していくとき,$R_b < R_a - |b-a|$ となることはないが,$R_b = R_a - |b-a|$ となることはありえる.その場合には,円 $|z-a| = R_a$ と $|z-b| = R_b$ が接し,その接点へは $P(z; a)$ を解析接続することはできない.

例 8.5 点 $z=a$ を中心とするベキ級数

$$P(z;a) = \sum_{n=0}^{\infty} \frac{(-1)^n}{a^{n+1}}(z-a)^n \tag{8.34}$$

を考える．この級数の収束半径は定理 8.9 より $R_a = |a|$ である．$|z|<|a|$ のときこの級数の和は具体的に計算できて，

$$P(z;a) = \frac{1}{z} \tag{8.35}$$

となる．次に，$|z-a|<|a|$ の内部に点 $z=b$ をとり，$P(z;a)$ を $z=b$ を中心とする Taylor 級数に展開すると，

$$P(z;b) = \sum_{n=0}^{\infty} \frac{(-1)^n}{b^{n+1}}(z-b)^n \tag{8.36}$$

となる．この級数の収束半径は $R_b = |b|$ である．もしも，$R_b < R_a$ であってかつ $z=b$ が原点 $z=0$ と $z=a$ を結ぶ半径の上にあるならば，すなわち円 $|z-b|=|b|$ が円 $|z-a|=|a|$ に接するならば，その接点である原点 $z=0$ へは $P(z;a)$ を解析接続することはできない．しかし，$z=b$ が原点 $z=0$ と $z=a$ を結ぶ半径の上にないかぎり，円板領域 $|z-b|<|b|$ は円板領域 $|z-a|<|a|$ からはみ出す．すなわち，$P(z;a)$ はそのはみ出した部分へ解析接続されたことになる．さらに，$|z-b|<|b|$ の内部に $z=c$ をとり，同様にして解析接続を続けていく．すると，図 8.5 に示すように，どの段階でも原点 $z=0$ へは解析接続できないことがわかる．(8.34) のベキ級数から定まる解析関数の実体は $1/z$ であり，原点 $z=0$ は関数 $1/z$ の極であって，この点へは解析接続ができないのである． □

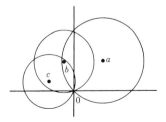

図 8.5　解析接続と特異点

いま,例 8.5 の示唆をもとに,解析関数の**特異点**を,解析関数がその点を越えて解析接続できないような点と定義しよう.

これまで,各ベキ級数に固有の収束円が関数のいかなる性質に基づいて決定されるかについて論じていないが,いま定義した解析関数の特異点という概念を用いれば,次のように明快にこの問題に答えることができる.

定理 8.16 有限な正数 R を収束半径とするベキ級数

$$P(z;a) = \sum_{k=0}^{\infty} a_k(z-a)^k$$

の収束円周上には,そのベキ級数から定まる解析関数 $f(z)$ の特異点が存在する.したがって,ベキ級数の収束半径 R は,ベキ級数の中心から最も近い解析関数 $f(z)$ の特異点までの距離に等しい.

[証明] $a=0$ とおいて一般性を失うことはないので,$a=0$ として証明する.収束円周 $|z|=R$ 上の点がすべて特異点でないとして矛盾を導く.このとき収束円周 $|z|=R$ 上のすべての点は特異点でないから,そのおのおのの点を越えて解析接続できる.したがって,収束円周 $|z|=R$ 上のおのおのの点 ζ のある近傍 $U(\zeta)$ で正則な関数 $g(z;\zeta)$ が存在して,$U(\zeta) \cap \{|z|<R\}$ で $P(z;0) = g(z;\zeta)$ が成り立つ.いま,これらの近傍から有限個の近傍 $U(\zeta_j)$ $(j=1,\cdots,N)$ を適当に選んで収束円周を覆うことができる[*2].収束円とこれらの近傍との合併集合を D とすると,D は R より大きい半径の円 $|z|<R'$ を含む.ところで,$U(\zeta_j) \cap U(\zeta_k) \neq \emptyset$ $(j \neq k)$ ならば,これと $|z|<R$ との共通部分で $g(z;\zeta_j) = P(z;0) = g(z;\zeta_k)$ となるから,一致の定理によって $U(\zeta_j) \cap U(\zeta_k)$ で $g(z;\zeta_j) = g(z;\zeta_k)$ が成り立つ.ゆえに D で正則な関数 $F(z)$ を

$$F(z) = \begin{cases} P(z;0) & (|z|<R) \\ g(z;\zeta_j) & (z \in U(\zeta_j),\ j=1,\cdots,N) \end{cases}$$

によって定義することができる.$F(z)$ の $z=0$ のまわりの Taylor 展開はベキ級数 $P(z;0)$ と一致するが,$F(z)$ は $|z|<R'$ で正則だから,その収束半径は R' 以上である.これは,ベキ級数 $P(z;0)$ の収束半径が R であることに矛

[*2] Heine-Borel の定理(高木貞治,解析概論(改訂第 3 版),岩波書店(1983) p. 16 参照).

盾する. ∎

ベキ級数の収束円周上にベキ級数から定まる解析関数の特異点が存在することがわかったが，ベキ級数の係数が正の実数である場合には，次の定理に述べるように特異点の一つの位置を正確に知ることができる.

定理 8.17 ベキ級数

$$P(z;a) = \sum_{k=0}^{\infty} a_k(z-a)^k$$

において，その収束半径は $0 < R < \infty$ であり，ある N より大きいすべての k に対して a_k は非負の実数であるとする．このとき，$z = a + R$ はベキ級数 $P(z;a)$ から定まる解析関数 $f(z)$ の特異点である．

［証明］$a = 0$ および a_k はすべての k に対して非負の実数であるとしてよい．いま $P(z;0)$ が $z = R$ を越えて解析接続できると仮定する．このとき $P(z;0)$ は $0 < b < R$ を満たす実軸上の任意の点 b を中心とする Taylor 級数 (ベキ級数)

$$P(z;b) = \sum_{k=0}^{\infty} \frac{P^{(k)}(b;0)}{k!}(z-b)^k$$

に展開でき，その収束半径 R_1 は $R - b$ より大きくなる (図 8.6)．したがって，ある $z = R + \delta, \delta > 0$ においてこのベキ級数は収束して

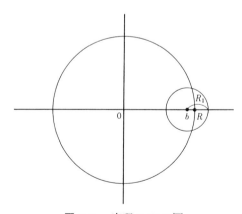

図 8.6　定理 8.17 の図

$$P(R+\delta;b) = \sum_{k=0}^{\infty} \frac{P^{(k)}(b;0)}{k!}(R+\delta-b)^k$$

となる．このとき，(8.24) より

$$P(R+\delta;b) = \sum_{k=0}^{\infty} \frac{1}{k!}\left\{\sum_{n=k}^{\infty} n(n-1)\cdots(n-k+1)a_n b^{n-k}\right\}(R+\delta-b)^k$$

となるが，右辺は正項 2 重級数（項がすべて非負の 2 重級数）であるから和の順序が交換できる*3．和の順序を交換して，さらに 2 項定理を使えば

$$P(R+\delta;b) = \sum_{n=0}^{\infty} a_n \left\{\sum_{k=0}^{n} \binom{n}{k} b^{n-k}(R+\delta-b)^k\right\} = \sum_{n=0}^{\infty} a_n (R+\delta)^n$$

を得る．ところが，これはベキ級数 $P(z;0)$ の収束半径が R ということに矛盾する．よって，$P(z;0)$ は $z=R$ を越えて解析接続することはできない．すなわち，$z=R$ はベキ級数 $P(z;0)$ から定まる解析関数 $f(z)$ の特異点である．∎

例 8.6

(1)
$$P(z;0) = \sum_{k=0}^{\infty} a_k z^k = 1 + z + z^2 + \cdots + z^k + \cdots \qquad (8.37)$$

定理 8.17 より，$z=1$ はこのベキ級数から定まる解析関数の特異点である．このベキ級数から定まる解析関数は関数 $1/(1-z)$ に一致するが，$z=1$ は $1/(1-z)$ の極であり，この点へは解析接続できないのである．

(2)
$$P(z;0) = \sum_{k=0}^{\infty} a_k z^k = -z + \frac{z^2}{2} - \frac{z^3}{3} + \cdots + (-1)^k \frac{z^k}{k} + \cdots \qquad (8.38)$$

$\zeta = -z$ とおくと，このベキ級数は

$$\zeta + \frac{\zeta^2}{2} + \frac{\zeta^3}{3} + \cdots + \frac{\zeta^k}{k} + \cdots$$

となる．したがって，定理 8.17 より，$\zeta=1$ はこのベキ級数から定まる解析関数の特異点である．これより $P(z;0)$ から定まる解析関数は $z=-1$ に特異点をもつことがわかる．このベキ級数 $P(z;0)$ から定まる解析関数は関数 $\log(1+z)$ に一致するが，$z=-1$ はその分岐点であり，この点へは解析接続できないのである．

∎

---

*3 高木貞治，解析概論（改訂第 3 版），岩波書店 (1983) p. 173 参照．

§8.3 一致の定理と解析接続

例 8.7 原点 $z=0$ を中心とするベキ級数

$$P(z;0) = \sum_{k=0}^{\infty} a_k z^k = z + z^2 + z^4 + \cdots + z^{2^n} + \cdots \tag{8.39}$$

を考える．この場合

$$a_k = \begin{cases} 1 & (k = 2^n) \\ 0 & (k \neq 2^n) \end{cases}$$

であるから，定理 8.9 により

$$\frac{1}{R} = \limsup_{k \to \infty} \sqrt[k]{|a_k|} = 1$$

すなわち収束半径は $R=1$ である．また定理 8.17 より，$z=1$ は明らかにこのベキ級数から定まる解析関数の特異点である．一方，

$$\zeta = \exp(-\mathrm{i}\mu\pi/2^\lambda)z \qquad (\lambda = 0,1,2,\cdots;\ \mu = 0,1,2,\cdots)$$

とおくと，このベキ級数は

$$\begin{aligned}
& \exp(\mathrm{i}\mu\pi/2^\lambda)\zeta + \exp(\mathrm{i}\mu\pi/2^{\lambda-1})\zeta^2 + \cdots + \exp(\mathrm{i}\mu\pi)\zeta^{2^{\lambda-1}} \\
& \quad + \exp(\mathrm{i}2\mu\pi)\zeta^{2^\lambda} + \exp(\mathrm{i}2^2\mu\pi)\zeta^{2^{\lambda+1}} + \exp(\mathrm{i}2^4\mu\pi)\zeta^{2^{\lambda+2}} + \cdots \\
&= \exp(\mathrm{i}\mu\pi/2^\lambda)\zeta + \exp(\mathrm{i}\mu\pi/2^{\lambda-1})\zeta^2 + \cdots + \exp(\mathrm{i}\mu\pi)\zeta^{2^{\lambda-1}} \\
& \quad + \zeta^{2^\lambda} + \zeta^{2^{\lambda+1}} + \zeta^{2^{\lambda+2}} + \cdots
\end{aligned}$$

となり，初めの有限個の項を除いて係数はすべて 1 となる．したがって，定理 8.17 より，$\zeta=1$ はこのベキ級数から定まる解析関数の特異点である．これより $P(z;0)$ から定まる解析関数は $z = \exp(\mathrm{i}\mu\pi/2^\lambda)$ ($\lambda = 0,1,2,\cdots;\ \mu = 0,1,2,\cdots$) に特異点をもつことがわかる．これらの点は単位円周 $|z|=1$ 上に稠密に存在するから，単位円周上の任意の点に対してそれを越えて $P(z;0)$ を解析接続することはできない．したがって，単位円周上のすべての点が特異点である．この例のように，ある領域で定義された正則関数 $f(z)$ がその領域の境界を越えて解析接続できず，境界上の点がすべて特異点となるとき，その境界を $f(z)$ の**自然境界**という． □

Taylor 級数を利用する以外にも，解析接続の方法はいろいろある．次の**鏡像原理**もその一つの可能性を示している．

定理 8.18 (鏡像原理) 実軸上の線分 Γ を含む実軸に関して対称なある領域 D で正則な関数 $f(z)$ が線分 Γ 上で実数値をとるならば,
$$f(z) = \overline{f(\bar{z})} \tag{8.40}$$
が成り立つ.

[証明] $f_1(z) = f(z)$, $f_2(z) = \overline{f(\bar{z})}$ とおく. $f_1(z)$ は仮定より D で正則であり, 例 4.10 (1) によって $f_2(z)$ も D で正則であることがわかる. $f(x)$ は $x \in \Gamma$ において実数値をとることから, $f_1(x) = f(x)$, $f_2(x) = \overline{f(x)} = f(x)$ が成立し, ここで $f_1(x)$ と $f_2(x)$ は一致する. したがって, 定理 8.15 により D 全体で $f_1(z) = f_2(z)$ である. ∎

この定理によって, 実軸の上側で定義されている正則関数 $f(z)$ が実軸も含めて正則で, かつ実軸上で実数値をとるならば, $\overline{f(\bar{z})}$ とおくことによって $f(z)$ を実軸の下側へ解析接続することができる.

ここで証明はしないが, 実軸上での正則性を仮定しない場合であっても, 実軸上で連続であれば, やはり $\overline{f(\bar{z})}$ とおくことによって $f(z)$ を実軸の下側へ解析接続することができる.

§8.4 整関数の無限乗積表示

有限個の零点 $a_1, a_2, \cdots, a_n$ が与えられたとき, 1 次因子 $(z - a_k)$ の積をつくることによって一つの多項式が構成される. ここでは, 無限個の零点 $a_1, a_2, a_3, \cdots$ が与えられたとき, 1 次因子 $(z - a_k)$ の積によって一つの関数を構成する問題を考える.

(a) 無限乗積とその収束

w_k を, ある m_0 以上の k に対しては $w_k \neq -1$ であるような複素数として, 積
$$f_n = (1 + w_1)(1 + w_2) \cdots (1 + w_n) \tag{8.41}$$
をつくる. この積の極限
$$\lim_{n \to \infty} f_n = \prod_{k=1}^{\infty} (1 + w_k) \tag{8.42}$$

§8.4 整関数の無限乗積表示

を**無限乗積**という．

$w_k \neq -1 \ (k \geqq m_0)$ の条件は，$1+w_k$ が 0 になる個数が有限の場合だけを考え，無限個の $1+w_k$ が 0 になる場合を除外することを意味する．そこで，無限乗積の収束を，次のように定義する．

定義 8.3 ある自然数 $m_0 \geqq 1$ が存在して，$k \geqq m_0$ に対して $w_k \neq -1$ で，かつ $m \geqq m_0$ ならば

$$\lim_{n \to \infty} \prod_{k=m}^{n} (1+w_k) \tag{8.43}$$

が 0 でない有限の値になるとき，無限乗積 (8.42) は**収束**するという．極限値が存在しないとき，あるいは極限値が ∞ か 0 のとき，(8.42) は**発散**するという．さらに，

$$\prod_{k=1}^{\infty} (1+|w_k|) \tag{8.44}$$

が収束するとき，無限乗積 (8.42) は**絶対収束**するという． □

なお，無限乗積が収束するとき，無限乗積の値は

$$\left(\prod_{k=1}^{m-1} (1+w_k) \right) \left(\lim_{n \to \infty} \prod_{k=m}^{n} (1+w_k) \right) \tag{8.45}$$

で定義する．この値が $m \ (\geqq m_0)$ の選び方によらないことは明らかであろう．

無限級数に対する Cauchy の収束定理 (定理 2.7) に対応して，次の収束定理が成り立つ．

定理 8.19 無限乗積 (8.42) が収束するための必要十分条件は，任意に与えられた $\varepsilon > 0$ に対して適当な n_0 を選べば，$n > n_0$ なる n および $p \geqq 1$ に対して

$$\left| \prod_{k=n+1}^{n+p} (1+w_k) - 1 \right| < \varepsilon \tag{8.46}$$

となることである．

また，(8.42) が絶対収束するための必要十分条件は，任意に与えられた $\varepsilon > 0$ に対して適当な n_0 を選べば，$n > n_0$ なる n および $p \geqq 1$ に対して

$$\prod_{k=n+1}^{n+p} (1+|w_k|) - 1 < \varepsilon \tag{8.47}$$

となることである． □

無限乗積の収束は次の形で判定することができる.

定理 8.20 無限乗積 (8.42) が絶対収束するための必要十分条件は，級数

$$\sum_{k=1}^{\infty} w_k \tag{8.48}$$

が絶対収束することである.

［証明］

$$A_n = \sum_{k=1}^{n} |w_k|, \quad B_n = \prod_{k=1}^{n} (1 + |w_k|)$$

とおくと，不等式

$$1 + A_n \leqq B_n \leqq \exp A_n \tag{8.49}$$

が成り立つ. 第1の不等式は B_n を展開して $|w_k|$ が正であることを使えば導かれ，また第2の不等式は $1 + |w_k| \leqq \exp|w_k|$ から導かれる. A_n, B_n はともに増加列であるから，(8.49) より結論を得る. ∎

定理 8.21 絶対収束する無限乗積は収束する.

［証明］ 不等式

$$\left| \prod_{k=n+1}^{n+p} (1 + w_k) - 1 \right| \leqq \left| \prod_{k=n+1}^{n+p} (1 + |w_k|) - 1 \right|$$

より，定理の主張は明らかである. ∎

定理 2.12 により，絶対収束する級数は和の順序を入れ換えても和の値は変わらない. このことと定理 8.20 および定理 8.21 より，次の定理が導かれる.

定理 8.22 無限乗積が絶対収束するならば，その項の順序を入れ換えてできる無限乗積も絶対収束し，その値は入れ換える前の値と等しい. ∎

(b) 整関数の無限乗積表示

前項の準備に基づいて，無限乗積によって整関数を定義することができる. z の関数 $w_k(z)$ が領域 D で定義されていて，ある m_0 以上の k に対して $w_k(z) \neq -1$ をみたしているとする. このとき，$(1 + w_k(z))$ の積を

$$f(z) = \prod_{k=1}^{\infty} (1 + w_k(z)) \tag{8.50}$$

と書く. これが関数の場合の**無限乗積**である. 関数としての無限乗積の収束は，

§8.4 整関数の無限乗積表示

定理 8.19 に対応して次のように定義することができる.

定義 8.4 $w_k(z)$ $(k = 0, 1, 2, \cdots)$ は領域 D で定義された関数とする. $\varepsilon > 0$ を任意に与えたとき, n_0 を適当に選べば, $n > n_0$ および $p \geqq 1$ に対して, D の任意の z について

$$\left| \prod_{k=n+1}^{n+p} (1 + w_k(z)) - 1 \right| < \varepsilon \tag{8.51}$$

が成り立つとする. このとき, 無限乗積 (8.50) は D で**一様収束**するという.

また, $\varepsilon > 0$ を任意に与えたとき, n_0 を適当に選べば, $n > n_0$ および $p \geqq 1$ に対して, D の任意の z について

$$\left| \prod_{k=n+1}^{n+p} (1 + |w_k(z)|) - 1 \right| < \varepsilon \tag{8.52}$$

が成り立つとする. このとき, 無限乗積 (8.50) は D で**絶対一様収束**するという. □

定理 8.20 に対応して, 次の定理が成り立つ. 証明は, 定理 8.20 の証明から明らかであろう.

定理 8.23 無限乗積 (8.50) が領域 D で絶対一様収束するための必要十分条件は, 級数

$$\sum_{k=1}^{\infty} w_k(z)$$

が領域 D で絶対一様収束することである. □

一様収束の意味が明確になったので, ここで無限乗積の広義一様収束を定義しよう.

定義 8.5 領域 D に含まれる任意の有界閉集合で無限乗積 (8.50) が $f(z)$ に一様収束するとき, $f_n(z)$ は D で**広義一様収束**するという. □

定理 8.3 により, 無限乗積で定義される関数の正則性が導かれる.

定理 8.24 関数 $w_k(z)$ $(k = 1, 2, \cdots)$ は領域 D で正則で,

$$f(z) = \prod_{k=1}^{\infty} (1 + w_k(z))$$

は D で広義一様収束するものとする. このとき, $f(z)$ は D で正則である. □

以上の準備によって, 与えられた無限個の零点をもつ整関数を具体的に構成

することができる.

定理 8.25 無限大に発散する点列 $a_1, a_2, a_3, \cdots$ が

$$\sum_{k=1}^{\infty} \frac{1}{|a_k|^2} < \infty \tag{8.53}$$

をみたすとき,無限乗積

$$f(z) = \prod_{k=1}^{\infty} \left\{ \left(1 - \frac{z}{a_k}\right) \exp \frac{z}{a_k} \right\} \tag{8.54}$$

は $a_1, a_2, a_3, \cdots$ を 1 位の零点とする整関数を与える. □

注意 無限乗積で定義される関数でわれわれに関心があるのは整関数である.したがって,ここで広義一様収束を考える領域 D は拡張された複素平面から無限遠点ただ 1 点を除いた集合である.この集合に含まれる任意の有界閉集合は,R を十分大きくとれば閉円板 $|z| \leq R$ でおおうことができるから,広義一様収束をいうためには,この閉円板での一様収束をいえばよい.

[証明] $\exp(z/a_k)$ を Taylor 級数に展開すると

$$\left(1 - \frac{z}{a_k}\right) \exp \frac{z}{a_k} = \left(1 - \frac{z}{a_k}\right)\left(1 + \frac{z}{a_k} + \frac{z^2}{2!a_k^2} + \frac{z^3}{3!a_k^3} + \cdots\right)$$

$$= 1 - \frac{1}{2!}\frac{z^2}{a_k^2} - \frac{2}{3!}\frac{z^3}{a_k^3} - \frac{3}{4!}\frac{z^4}{a_k^4} - \cdots \tag{8.55}$$

となる.ここで,

$$\left|\frac{z}{a_k}\right| < 1 \tag{8.56}$$

を仮定する.(8.50) の定義に合わせるために

$$w_k(z) = \left(1 - \frac{z}{a_k}\right) \exp \frac{z}{a_k} - 1$$

とおくと,

$$|w_k(z)| = \sum_{j=2}^{\infty} \frac{j-1}{j!}\left|\frac{z}{a_k}\right|^j = \left|\frac{z}{a_k}\right|^2 \sum_{j=2}^{\infty} \frac{j-1}{j!}\left|\frac{z}{a_k}\right|^{j-2} \leq \left|\frac{z}{a_k}\right|^2 \sum_{j=2}^{\infty} \frac{j-1}{j!} \tag{8.57}$$

となる.一方,(8.55) で $z = a_k$ とおくと

§8.4 整関数の無限乗積表示

$$1 = \sum_{j=2}^{\infty} \frac{j-1}{j!}$$

となるから，(8.56) の仮定のもとで，(8.57) より

$$|w_k(z)| \leqq \frac{|z|^2}{|a_k|^2} \tag{8.58}$$

が成り立つことがわかる．無限遠点を除く複素平面全体における広義一様収束をいうためには，すぐ前の注意で述べたように，任意の閉円板

$$|z| \leqq R \tag{8.59}$$

における一様収束をいえばよい．一般性を失うことなく $\{|a_k|\}$ は非減少列と仮定する．(8.59) をみたす任意の z について十分大きい N をとれば，$k \geqq N$ なる k に対して (8.56) を成り立たせることができる．このとき，

$$|w_k(z)| \leqq \frac{|z|^2}{|a_k|^2} \leqq \frac{R^2}{|a_k|^2} \tag{8.60}$$

となり，したがって

$$\sum_{k=N}^{\infty} |w_k(z)| \leqq R^2 \sum_{k=N}^{\infty} \frac{1}{|a_k|^2} \tag{8.61}$$

が成り立つ．また最初の $N-1$ 項の $|w_k(z)|$ の和はもちろん有限である．以上から，仮定 (8.53) と定理 8.23 および定理 8.5 によって (8.54) は $|z| \leqq R$ において一様収束する．したがって，(8.54) は無限遠点を除く複素平面全体で広義一様収束し，$a_1, a_2, a_3, \cdots$ を 1 位の零点とする整関数を与える．∎

仮定 (8.53) のために $z = 0$ が零点である場合が除外されているが，$z = 0$ が零点であるときには，(8.54) を次のように変えておけばよい．

$$f(z) = z \prod_{k=1}^{\infty} \left\{ \left(1 - \frac{z}{a_k}\right) \exp \frac{z}{a_k} \right\} \tag{8.62}$$

注意 無限乗積 (8.54) および (8.62) は絶対収束であるから，定理 8.22 より積の順序を入れ換えることができる．

$0, a_1, a_2, a_3, \cdots$ を零点にもつ一般の整関数は，(8.62) にさらに零点をもたない整関数を乗じたもので与えられる．ここでは証明はしないが，零点をもたない整関数の一般形は，$g(z)$ を一つの整関数として次の形で与えられる．

$$f(z) = e^{g(z)} \tag{8.63}$$

したがって，$0, a_1, a_2, a_3, \cdots$ を 1 位の零点にもつ一般の整関数は，$g(z)$ を一つの整関数として次の形で与えられることになる．

$$f(z) = e^{g(z)} z \prod_{k=1}^{\infty} \left\{ \left(1 - \frac{z}{a_k}\right) \exp \frac{z}{a_k} \right\} \tag{8.64}$$

整関数の表示 (8.64) を，整関数 $f(z)$ の**無限乗積表示**という．

例 8.8 $0, \pm 1, \pm 2, \cdots$ を零点にもつ整関数．この零点の列は定理 8.25 の仮定 (8.53) をみたす．上の注意に従って $\pm k$ を一つの項にまとめて書くと，

$$f(z) = z \prod_{k=1}^{\infty} \left[\left\{ \left(1 - \frac{z}{k}\right) \exp\left(\frac{z}{k}\right) \right\} \left\{ \left(1 + \frac{z}{k}\right) \exp\left(-\frac{z}{k}\right) \right\} \right]$$
$$= z \prod_{k=1}^{\infty} \left(1 - \frac{z^2}{k^2}\right) \tag{8.65}$$

となるが，これは $0, \pm 1, \pm 2, \cdots$ を 1 位の零点にもつ整関数を与える．この関数は実は $\sin \pi z / \pi$ の無限乗積表示になっていることが例 8.10 で示される． □

§8.5 有理形関数の部分分数展開

本節では，まず，無限大に発散する点列 $a_1, a_2, a_3, \cdots$ に極をもち，おのおのの極に対応する留数が $A_1, A_2, A_3, \cdots$ であるような有理形関数を構成する問題を考える．この問題は Mittag-Leffler によって解決されているが，ここにその最も基本的な結果を述べる．

定理 8.26 無限大に発散する互いに相異なる点列 $a_1, a_2, a_3, \cdots$ および数列 $A_1, A_2, A_3, \cdots$ が

$$\sum_{k=1}^{\infty} \frac{|A_k|}{|a_k|^2} < \infty \tag{8.66}$$

をみたしているとき，

$$f(z) = \sum_{k=1}^{\infty} A_k \left(\frac{1}{z - a_k} + \frac{1}{a_k} \right) \tag{8.67}$$

は $a_1, a_2, a_3, \cdots$ を単純な極にもち，おのおのの極における留数がそれぞれ $A_1, A_2, A_3, \cdots$ である有理形関数を与える． □

注意 ここで広義一様収束性を証明すべき領域 D は，無限遠点と極 $a_1, a_2, a_3, \cdots$ を除く複素平面全体である．この領域 D に含まれる任意の有界閉集合 K は，$R > 0$ と $\varepsilon > 0$ を適当に選んでつくった無限遠点と極を除外した閉集合

$$K_{R,\varepsilon} = \{z \mid |z| \leqq R, \ |z - a_k| \geqq \varepsilon, \ k = 1, 2, 3, \cdots\} \tag{8.68}$$

でおおうことができる．したがって，D における広義一様収束性を証明するためには，この $K_{R,\varepsilon}$ における一様収束性を証明すればよい．

[証明] 上の注意により，$K_{R,\varepsilon}$ における一様収束をいえばよい．一般性を失うことなく $\{|a_k|\}$ は非減少列であると仮定する．このとき，N を十分大きくとれば $k \geqq N$ なる k に対して

$$\left|\frac{z}{a_k}\right| \leqq \frac{R}{|a_k|} < q < 1$$

が成り立つようにできるから，(8.67) の各項は

$$|A_k| \left|\frac{1}{z - a_k} + \frac{1}{a_k}\right| = \frac{|z||A_k|}{|a_k|^2} \left|1 + \frac{z}{a_k} + \frac{z^2}{a_k^2} + \cdots\right|$$

$$\leqq \frac{|A_k|}{|a_k|^2} R(1 + q + q^2 + \cdots) = \frac{R|A_k|}{(1-q)|a_k|^2}$$

となる．したがって，(8.67) の N 項目から先の和は

$$\sum_{k=N}^{\infty} |A_k| \left|\frac{1}{z - a_k} + \frac{1}{a_k}\right| \leqq \frac{R}{1-q} \sum_{k=N}^{\infty} \frac{|A_k|}{|a_k|^2}$$

となり，仮定 (8.66) よりこの和は有限である．一方，N 項目より前の和は，

$$M = \max_{1 \leqq k \leqq N-1} |A_k|$$

とおくと，(8.68) より

$$\sum_{k=1}^{N-1} |A_k| \left|\frac{1}{z - a_k} + \frac{1}{a_k}\right| \leqq \frac{M(N-1)}{\varepsilon} + \sum_{k=1}^{N-1} \frac{|A_k|}{|a_k|}$$

となり，やはり有限である．したがって，定理 8.5 より (8.67) は $K_{R,\varepsilon}$ で一様収束，すなわち D で広義一様収束する．その極限が $a_1, a_2, a_3, \cdots$ を単純な極にもち，おのおのの極における留数がそれぞれ $A_1, A_2, A_3, \cdots$ である有理形関数になっていることは明らかであろう． ∎

仮定 (8.66) のために $z = 0$ が極である場合が除外されているが，$z = 0$ が単

純な極でそこでの留数が A_0 であるときには，(8.67) を次のように変えておけばよい．

$$f(z) = \frac{A_0}{z} + \sum_{k=1}^{\infty} A_k \left(\frac{1}{z - a_k} + \frac{1}{a_k} \right) \tag{8.69}$$

一般の有理形関数は，(8.69) に一つの整関数 $g(z)$ を加えることによって得られる．

$$f(z) = \frac{A_0}{z} + \sum_{k=1}^{\infty} A_k \left(\frac{1}{z - a_k} + \frac{1}{a_k} \right) + g(z) \tag{8.70}$$

(8.70) を，有理形関数 $f(z)$ の**部分分数展開**という．

例 8.9

$$\pi \cot \pi z = \frac{\pi \cos \pi z}{\sin \pi z}$$

は $z = 0, \pm 1, \pm 2, \cdots$ に単純な極をもつ有理形関数で，他に極をもたない．そして，例 7.2 より，おのおのの極における留数はすべて 1 である．したがって，定理 8.26 および (8.70) によってこの有理形関数は次の形に部分分数展開できる．

$$\pi \cot \pi z = \frac{1}{z} + \sum_{k=1}^{\infty} \left\{ \left(\frac{1}{z-k} + \frac{1}{k} \right) + \left(\frac{1}{z+k} - \frac{1}{k} \right) \right\} + g(z)$$

$$= \frac{1}{z} + \sum_{k=1}^{\infty} \left(\frac{1}{z-k} + \frac{1}{z+k} \right) + g(z). \tag{8.71}$$

ただし，$g(z)$ はある整関数である．正負対になっている項をまとめたのは，(8.69) が絶対収束するからである．

ここで，$g(z) = 0$ であることを示そう．そのために，はじめに

$$g(z) = \pi \cot \pi z - \frac{1}{z} - \sum_{k=1}^{\infty} \left(\frac{1}{z-k} + \frac{1}{z+k} \right) \tag{8.72}$$

の右辺の各項が無限遠点を除く z 平面全体で有界であることを示す．

まず，

$$f(z) = \frac{1}{z} + \sum_{k=1}^{\infty} \left(\frac{1}{z-k} + \frac{1}{z+k} \right) \tag{8.73}$$

とおくと，この $f(z)$ が周期 1 の周期関数であること，すなわち

$$f(z+1) = f(z)$$

をみたすことは容易に確かめられる．$\pi \cot \pi z$ も周期 1 の周期関数であるから，

(8.72) も周期 1 の周期関数である．したがって，$g(z)$ が整関数であることに注意すれば，$z = x + \mathrm{i}y$ とおくとき，
$$0 \leqq x \leqq 1, \quad 2 \leqq |y| < \infty \tag{8.74}$$
において (8.72) の右辺の各項が有界であることを示せば，$g(z)$ は無限遠点を除く z 平面全体で有界であることが示されたことになる．

最初に，(8.72) の右辺第 2 項の $1/z$ はもちろん有界である．

次に，第 3 項の
$$\sum_{k=1}^{\infty} \left(\frac{1}{z-k} + \frac{1}{z+k} \right) = 2z \sum_{k=1}^{\infty} \frac{1}{z^2 - k^2}$$
は，次のように評価される．

$$\left| 2z \sum_{k=1}^{\infty} \frac{1}{z^2 - k^2} \right| < 2|z| \sum_{k=1}^{\infty} \frac{1}{|z^2 - k^2|}$$
$$< 2(1+|y|) \sum_{k=1}^{\infty} \frac{1}{|x^2 - y^2 + 2\mathrm{i}xy - k^2|} \leqq 2(1+|y|) \sum_{k=1}^{\infty} \frac{1}{k^2 + y^2 - 1}$$
$$\leqq 2(1+|y|) \int_0^{\infty} \frac{\mathrm{d}k}{k^2 + y^2 - 1} = 2(|y|+1) \frac{1}{\sqrt{|y|^2 - 1}} \arctan \frac{k}{\sqrt{|y|^2 - 1}} \bigg|_0^{\infty}$$
$$= \pi \sqrt{\frac{|y|+1}{|y|-1}} \leqq \sqrt{3}\pi$$

したがって，(8.72) の右辺第 3 項も有界である．

最後に，第 1 項は
$$|\pi \cot \pi z| = \left| \pi \frac{\mathrm{e}^{\mathrm{i}\pi z} + \mathrm{e}^{-\mathrm{i}\pi z}}{\mathrm{e}^{\mathrm{i}\pi z} - \mathrm{e}^{-\mathrm{i}\pi z}} \right| = \pi \left| \frac{\mathrm{e}^{\mathrm{i}\pi(x+\mathrm{i}y)} + \mathrm{e}^{-\mathrm{i}\pi(x+\mathrm{i}y)}}{\mathrm{e}^{\mathrm{i}\pi(x+\mathrm{i}y)} - \mathrm{e}^{-\mathrm{i}\pi(x+\mathrm{i}y)}} \right|$$
$$\leqq \pi \frac{\mathrm{e}^{\pi y} + \mathrm{e}^{-\pi y}}{|\mathrm{e}^{\pi y} - \mathrm{e}^{-\pi y}|} = \pi \coth \pi |y| \leqq 2\pi$$
より，やはり有界である．

以上の議論から，$g(z)$ は無限遠点を除く z 平面全体で有界であることがわかった．一方，定理 6.15 により，無限遠点を除く z 平面全体で有界な整関数は定数関数であるから，結局 $g(z)$ は定数であることが結論される．

最後に，この定数が 0 であることを示そう．例 7.2 (1) より，$z = 0$ は $\pi \cot \pi z$ の単純な極でその留数は 1 であり，また $\pi \cot \pi z$ は z の奇関数である．した

がって，$\pi \cot \pi z$ は $z = 0$ で次のように Laurent 展開できる．

$$\pi \cot \pi z = \frac{1}{z} + c_1 z + c_3 z^3 + \cdots$$

これを (8.72) に代入すれば

$$g(z) = c_1 z + c_3 z^3 + \cdots - 2z \sum_{k=1}^{\infty} \frac{1}{z^2 - k^2}$$

となるが，これからただちに $g(0) = 0$ を得る．

したがって，$\pi \cot \pi z$ は次の形に部分分数に展開できることがわかった．

$$\pi \cot \pi z = \frac{1}{z} + \sum_{k=1}^{\infty} \left(\frac{1}{z-k} + \frac{1}{z+k} \right) \tag{8.75}$$

□

例 8.10 $\sin \pi z$ の無限乗積表示．例 8.9 の結果を利用して $\sin \pi z$ の無限乗積表示を求めてみよう．恒等式

$$\frac{\mathrm{d}}{\mathrm{d}x} \mathrm{Log} \frac{\sin \pi x}{\pi x} = \pi \cot \pi x - \frac{1}{x} \quad (-1 < x < 1)$$

の右辺に (8.71) で $g(z) = 0$ とおいたものを代入すると，

$$\frac{\mathrm{d}}{\mathrm{d}x} \mathrm{Log} \frac{\sin \pi x}{\pi x} = \sum_{k=1}^{\infty} \left\{ \left(\frac{1}{x-k} + \frac{1}{k} \right) + \left(\frac{1}{x+k} - \frac{1}{k} \right) \right\}$$

となる．ここで，両辺を 0 から点 x $(0 \leqq x < 1)$ まで積分する．右辺の級数は広義一様収束するから，定理 8.2 により右辺は項別積分できて，次式を得る．

$$\mathrm{Log} \frac{\sin \pi x}{\pi x}$$
$$= \sum_{k=1}^{\infty} \left[\mathrm{Log} \left\{ \left(1 - \frac{x}{k}\right) \exp\left(\frac{x}{k}\right) \right\} + \mathrm{Log} \left\{ \left(1 + \frac{x}{k}\right) \exp\left(-\frac{x}{k}\right) \right\} \right]$$
$$= \mathrm{Log} \left(\prod_{k=1}^{\infty} \left[\left\{ \left(1 - \frac{x}{k}\right) \exp\left(\frac{x}{k}\right) \right\} \left\{ \left(1 + \frac{x}{k}\right) \exp\left(-\frac{x}{k}\right) \right\} \right] \right).$$

ここで，定理 8.25 の証明の後の注意に従って無限乗積の順序を入れ換えると，$\exp(x/k)$ と $\exp(-x/k)$ は打ち消し合うから，結局

$$\sin \pi x = \pi x \prod_{k=1}^{\infty} \left(1 - \frac{x^2}{k^2} \right) \quad (0 \leqq x < 1) \tag{8.76}$$

となる．右辺の変数を複素数に拡張した無限乗積は例 8.8 より整関数であり，

$\sin \pi z$ はもちろん整関数である.したがって,一致の定理により (8.76) は複素平面全体で成り立ち,次の結果を得る.

$$\sin \pi z = \pi z \prod_{k=1}^{\infty}\left(1 - \frac{z^2}{k^2}\right) \tag{8.77}$$

□

§8.6 Γ 関数と鞍点法

(a)　Γ 関数と解析接続

Γ 関数は定積分で定義される有理形関数で,その理論的取扱いには複素関数論のいろいろな局面が現れ,複素関数を学ぶための良い題材となる.

Γ 関数は

$$\Gamma(z) = \int_0^{\infty} t^{z-1} e^{-t} dt \tag{8.78}$$

によって定義される.この積分は $\mathrm{Re}\, z > 0$ のとき有限の値として存在し,$\Gamma(z)$ は z の正則関数となる.部分積分によって

$$\int_0^{\infty} t^z e^{-t} dt = -t^z e^{-t}\Big|_0^{\infty} + z\int_0^{\infty} t^{z-1} e^{-t} dt = z\int_0^{\infty} t^{z-1} e^{-t} dt$$

となるが,これから Γ 関数のみたす漸化式

$$\Gamma(z+1) = z\Gamma(z) \tag{8.79}$$

が導かれる.定義から $\Gamma(1) = 1$ であるから,z が正の整数 n のとき次の関係が成立する.

$$\Gamma(n+1) = n! \tag{8.80}$$

漸化式を

$$\Gamma(z) = \frac{1}{z}\Gamma(z+1) \tag{8.81}$$

と書くと,$\Gamma(z+1)/z$ は $z = 0$ を除いて $\mathrm{Re}\, z > -1$ で定義されるから,左辺も $\mathrm{Re}\, z > -1$, $z \neq 0$ において定義されると考えることができる.漸化式 (8.81) を次々と使って同様の手順を繰り返せば,最初に $\mathrm{Re}\, z > 0$ で定義された $\Gamma(z)$

は $z = 0, -1, -2, \cdots$ を除く全 z 平面に解析接続される.すなわち,このように解析接続して得た $\Gamma(z)$ は,$z = 0, -1, -2, \cdots$ を除く複素平面全体で正則な有理形関数になる.

$$\lim_{z \to 0} z\Gamma(z) = \lim_{z \to 0} \Gamma(z+1) = \Gamma(1) = 1$$

であるから,$z = 0$ は $\Gamma(z)$ の単純な極で,そこでの留数は 1 である.同様にして,

$$\lim_{z \to -n} \frac{\Gamma(z+n+1)}{z(z+1)\cdots(z+n-1)} = \frac{(-1)^n}{n!}$$

より $z = -n$ ($n =$ 整数) も $\Gamma(z)$ の単純な極で,そこでの留数は $(-1)^n/n!$ である.

(b) Γ 関数と無限乗積

Γ 関数は $0, -1, -2, \cdots$ に単純な極をもつから,その逆数 $1/\Gamma(z)$ は $0, -1, -2, \cdots$ に 1 位の零点をもつ関数となる.そこで,本節ではそのような性質をもつ関数をつくってみる.

点 $z = 0, -1, -2, \cdots$ に零点をもつ関数を

$$G(z) = z \prod_{k=1}^{\infty} \left\{ \left(1 + \frac{z}{k}\right) \exp\left(-\frac{z}{k}\right) \right\} \tag{8.82}$$

とおく.定理 8.25 によって,この関数は整関数である.

この関数と Γ 関数の関係を明らかにするために,ここで関数

$$\Gamma_n(z) = \int_0^n t^{z-1} \left(1 - \frac{t}{n}\right)^n dt \qquad (\text{Re}\, z > 0) \tag{8.83}$$

を導入する.$(1 - t/n)^n \to e^{-t}$ $(n \to \infty)$ であるから,$\Gamma_n(z) \to \Gamma(z)$ $(n \to \infty)$ となることが予想される.いま,(8.83) に $t = ns$ を代入すると,

$$\Gamma_n(z) = n^z \int_0^1 s^{z-1}(1-s)^n ds$$

となるが,$\text{Re}\, z > 0$ に注意して部分積分を繰り返すと

§8.6 Γ 関数と鞍点法

$$\Gamma_n(z) = n^z \left[\frac{s^z}{z}(1-s)^n\right]_0^1 + \frac{n^z \cdot n}{z}\int_0^1 s^z(1-s)^{n-1}\mathrm{d}s$$

$$= \cdots = \frac{n^z n!}{z(z+1)\cdots(z+n-1)} \int_0^1 s^{z+n-1}\mathrm{d}s$$

$$= \frac{n! n^z}{z(z+1)\cdots(z+n)} \tag{8.84}$$

を得る．この逆数をつくると

$$\frac{1}{\Gamma_n(z)} = n^{-z} z \prod_{k=1}^n \left(1 + \frac{z}{k}\right) = \mathrm{e}^{-z\,\mathrm{Log}\,n}\, z \prod_{k=1}^n \left(1 + \frac{z}{k}\right)$$

$$= \exp\left\{z\left(1 + \frac{1}{2} + \cdots + \frac{1}{n} - \mathrm{Log}\,n\right)\right\} z \prod_{k=1}^n \left\{\left(1 + \frac{z}{k}\right)\exp\left(-\frac{z}{k}\right)\right\}$$

となるが，

$$\gamma = \lim_{n\to\infty}\left(1 + \frac{1}{2} + \cdots + \frac{1}{n} - \mathrm{Log}\,n\right)$$

がいわゆる Euler の定数 ($\gamma = 0.57721566\cdots$) であることに注意すれば，$n\to\infty$ の極限をとると

$$\lim_{n\to\infty}\frac{1}{\Gamma_n(z)} = z\mathrm{e}^{\gamma z}\prod_{k=1}^\infty\left\{\left(1 + \frac{z}{k}\right)\exp\left(-\frac{z}{k}\right)\right\} = \mathrm{e}^{\gamma z}G(z) \quad (\mathrm{Re}\,z > 0) \tag{8.85}$$

が成り立つことがわかる．

さて，$\Gamma_n(z) \to \Gamma(z)\ (n\to\infty)$ を示すには，この関係が実軸上の区間 $(0,\infty)$ で成立することを確かめ，あとは一致の定理を適用すればよい．(8.83) の被積分関数の n 依存性をみるために

$$\phi(\nu) = \left(1 - \frac{t}{\nu}\right)^\nu = \exp\left(\nu\,\mathrm{Log}\left(1 - \frac{t}{\nu}\right)\right)$$

とおき，この ν の関数の挙動を R を固定して $0 < t \leqq R$ で調べる．

$$\phi'(\nu) = \left\{\mathrm{Log}\left(1 - \frac{t}{\nu}\right) + \frac{t/\nu}{1 - t/\nu}\right\}\exp\left\{\nu\,\mathrm{Log}\left(1 - \frac{t}{\nu}\right)\right\}$$

$$= \left\{\frac{1}{2}\left(\frac{t}{\nu}\right)^2 + \frac{2}{3}\left(\frac{t}{\nu}\right)^3 + \frac{3}{4}\left(\frac{t}{\nu}\right)^4 + \cdots\right\}\exp\left\{\nu\,\mathrm{Log}\left(1 - \frac{t}{\nu}\right)\right\}$$

であるから，$R < \nu$ なる ν では $\phi(\nu)$ は ν の単調増加関数である．しかも $\nu \to \infty$ の極限で $\phi(\nu) \to e^{-t}$ となるから，結局

$$\left(1 - \frac{t}{n}\right)^n < \left(1 - \frac{t}{n+1}\right)^{n+1} < e^{-t} \tag{8.86}$$

が成り立つ．したがって，この単調性は積分にも引き継がれ，十分大きな n に対して

$$\begin{aligned} \Gamma_n(x) &= \int_0^n t^{x-1}\left(1 - \frac{t}{n}\right)^n dt < \int_0^n t^{x-1}\left(1 - \frac{t}{n+1}\right)^{n+1} dt \\ &< \int_0^{n+1} t^{x-1}\left(1 - \frac{t}{n+1}\right)^{n+1} dt = \Gamma_{n+1}(z) \\ &< \int_0^{n+1} t^{x-1} e^{-t} dt < \int_0^{\infty} t^{x-1} e^{-t} dt = \Gamma(x) \end{aligned} \tag{8.87}$$

となる．

一方，$n > R$ において

$$\Gamma_n(x) > \int_0^R t^{x-1}\left(1 - \frac{t}{n}\right)^n dt$$

が成立するが，$(1 - t/n)^n \to e^{-t}$ $(n \to \infty)$ の収束が一様であるから積分記号の中で極限をとることができて

$$\lim_{n\to\infty} \Gamma_n(x) \geqq \int_0^R t^{x-1} e^{-t} dt \tag{8.88}$$

となる．したがって，(8.87) と (8.88) を比較すると，$x > 0$ において

$$\lim_{n\to\infty} \Gamma_n(x) = \Gamma(x) \tag{8.89}$$

となることが結論される．

以上の議論と (8.85) を併せると，$x > 0$ で

$$\frac{1}{\Gamma(x)} = x e^{\gamma x} \prod_{k=1}^{\infty} \left\{\left(1 + \frac{x}{k}\right) \exp\left(-\frac{x}{k}\right)\right\} \tag{8.90}$$

が成り立つが，ここで一致の定理 (定理 8.15) を適用すれば結局

$$\frac{1}{\Gamma(z)} = z e^{\gamma z} \prod_{k=1}^{\infty} \left\{\left(1 + \frac{z}{k}\right) \exp\left(-\frac{z}{k}\right)\right\} \tag{8.91}$$

が成立することがわかる．定理 8.25 により右辺は整関数であるから，$1/\Gamma(z)$ は整関数である．(8.91) を $1/\Gamma(z)$ の **Weierstrass の標準積**という．

(c) Γ 関数の関係式と表示

本節では，前節までに得た結果を使って，Γ 関数の二三の関係式と代表的な表示を導いておく．まず，(8.79) から

$$\Gamma(z)\Gamma(1-z) = -z\Gamma(z)\Gamma(-z)$$
$$= \frac{1}{z}\prod_{m=1}^{\infty}\left\{\left(1+\frac{z}{m}\right)e^{-z/m}\right\}^{-1}\prod_{n=1}^{\infty}\left\{\left(1-\frac{z}{n}\right)e^{+z/n}\right\}^{-1}$$
$$= \frac{1}{z}\prod_{k=1}^{\infty}\left(1-\frac{z^2}{k^2}\right)^{-1}$$

が成り立つ．最後の等号は，定理 8.25 の証明の後の注意による．これを (8.77) と比べれば，次のよく知られた公式が得られる．

$$\Gamma(z)\Gamma(1-z) = \frac{\pi}{\sin\pi z} \tag{8.92}$$

また，とくに $z = 1/2$ とおけば

$$\Gamma\left(\frac{1}{2}\right) = \sqrt{\pi} \tag{8.93}$$

を得る．

さて，(8.84) において n の代わりに $n-1$ とおくと，

$$\Gamma(z) = \lim_{n\to\infty}\frac{(n-1)!\,(n-1)^z}{z(z+1)\cdots(z+n-1)}$$
$$= \lim_{n\to\infty}\frac{(n-1)!\,n^z}{z(z+1)\cdots(z+n-1)}\left(1-\frac{1}{n}\right)^z$$
$$= \lim_{n\to\infty}\frac{(n-1)!\,n^z}{z(z+1)\cdots(z+n-1)} \tag{8.94}$$

を得る．これを **Gauss の公式**という．Gauss の公式を変形すると，

$$\Gamma(z) = \frac{1}{z} \lim_{n\to\infty} \left\{ \frac{2^z}{1^z} \frac{1}{z+1} \frac{3^z}{2^z} \frac{2}{z+2} \cdots \frac{n^z}{(n-1)^z} \frac{n-1}{z+n-1} \right\}$$

$$= \frac{1}{z} \lim_{n\to\infty} \prod_{k=1}^{n-1} \left\{ \left(\frac{k+1}{k}\right)^z \frac{k}{z+k} \right\}$$

$$= \frac{1}{z} \lim_{n\to\infty} \left\{ \left(1 + \frac{1}{k}\right)^z \left(1 + \frac{z}{k}\right)^{-1} \right\} \tag{8.95}$$

となる．これを **Euler の公式** という．

(d) Γ 関数の積分表示

Γ 関数にはいくつかの複素積分表示が知られている．ここでは，Hankel による表示を導いてみよう．いま，図 8.7 (a) に示すような積分路 C に沿う次の複素積分を考える．

$$H(z) = \int_C (-\zeta)^{z-1} e^{-\zeta} d\zeta \qquad (\mathrm{Re}\, z > 0) \tag{8.96}$$

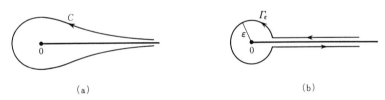

図 **8.7** Γ 関数の積分路の変形

被積分関数に $e^{-\zeta}$ が含まれることおよび $\mathrm{Re}\, z > 0$ の仮定に注意すれば，この積分路 C を，図 8.7 (b) のように，原点を正の向きに回る半径 ε の小さな円周と正の実軸のすぐ上側と下側を往復する半直線で結んだ積分路 Γ_ε に変形することができる．このとき，補題 7.8 の証明と同様の議論を行うことができて，$\varepsilon \to 0$ とすると，$\mathrm{Re}\, z > 0$ の仮定から，(7.53) より原点を回る小円周に沿う積分は 0 になる．また，正の実軸の両側を往復する半直線に沿う積分は (7.54)，(7.55) のようになり，結局

$$H(z) = 2\mathrm{i}\sin\pi(z-1) \int_0^\infty t^{z-1} e^{-t} dt = -2\mathrm{i}\sin\pi z\, \Gamma(z) \tag{8.97}$$

が成り立つ．

§8.6 Γ関数と鞍点法

このようにして，$\operatorname{Re} z > 0$ のときに成立する Γ 関数の積分表示

$$\Gamma(z) = \frac{i}{2\sin \pi z} \int_C (-\zeta)^{z-1} e^{-\zeta} d\zeta \tag{8.98}$$

が導かれた．ただし，この表示には $\sin \pi z$ の項を含むので，$z = 0, 1, 2, \cdots$ のときは成立しない．なお，(8.92) を使えば，Γ 関数の逆数に対する次のような表示が得られる．

$$\frac{1}{\Gamma(z)} = \frac{i}{2\pi} \int_C (-\zeta)^{-z} e^{-\zeta} d\zeta \tag{8.99}$$

この表示は $z = 0, 1, 2, \cdots$ のときにも成り立つ．(8.98) および (8.99) を **Hankel の積分表示**という．

(e) 正則関数の鞍点

実関数 $f(x)$ が $f'(s) = 0$, $f''(s) \neq 0$ をみたす点 $x = s$ は $f(x)$ の極大または極小を与える．一方，複素関数 $f(z)$ の場合には，最大値の原理によって $|f(z)|$ は極小値 0 以外の極値をとらない．では，$f'(s) = 0$ をみたす正則な点 $z = s$ は $f(z)$ のどのような点に対応しているのであろうか．

例として $f(z) = -z^2$ を取り上げ，$f'(s) = 0$ をみたす点 $s = 0$ を考える．

$$f(z) = (-x^2 + y^2) - 2ixy, \quad z = x + iy$$

であるから，$z = s$ の近くでは，$f(z)$ の実部は，実軸方向 $(y = 0)$ でみると $\operatorname{Re} f(z) = -x^2$ のように極小，虚軸方向 $(x = 0)$ でみると $\operatorname{Re} f(z) = y^2$ のように極大であることがわかる．そして，実軸方向から虚軸方向へ向かって連続的に極小から極大へ変化している．すなわち，ここはちょうど峠あるいは鞍のような形になっている．

この例に限らず，一般に正則関数 $f(z)$ の微分が 0 となる点はすべて同様の性質をもつ．そして，

$$f'(s) = 0, \quad f''(s) \neq 0 \tag{8.100}$$

をみたしている点を $f(z)$ の**鞍点**という．なお，§4.3(f) でみたように，鞍点では $f(z)$ の等角写像性は成り立たない．

鞍点の性質が応用されるのは，主として，t をパラメータとして

$$f(z) = \exp\{tg(z)\} \tag{8.101}$$

の形で表される関数の場合である。
$$f'(z) = tg'(z)\exp\{tg(z)\}$$
であるから，$f(z)$ の鞍点 $z = s$ は $g(z)$ の鞍点と等しく，
$$g'(s) = 0 \tag{8.102}$$
の解として求められる．このとき，$z = s$ を中心として $g(z)$ を Taylor 展開すると，
$$g(z) = g(s) + \frac{g''(s)}{2!}(z-s)^2 + \frac{g'''(s)}{3!}(z-s)^3 + \cdots \tag{8.103}$$
となるが，$z = s$ では $g''(s)/2!$ に比較して高階微分の項 $g^{(m)}(s)/m!$ は十分小さいと仮定して第 3 項以下を無視すると，鞍点の近くでは
$$\begin{aligned}f(z) &\simeq \exp\{tg(s)\}\exp\left\{\frac{1}{2}tg''(s)(z-s)^2\right\}\\&= \exp\{tg(s)\}\\&\quad \times \exp\left\{\frac{1}{2}|tg''(s)||z-s|^2\{\cos(\beta+2\theta)+\mathrm{i}\sin(\beta+2\theta)\}\right\}\end{aligned} \tag{8.104}$$
となる．ただし，
$$\beta = \mathrm{Arg}\{tg''(s)\}, \quad \theta = \mathrm{Arg}(z-s) \tag{8.105}$$
である．ここで $\beta + 2\theta = \pi$，すなわち $\theta = -\beta/2 + \pi/2$ の方向では絶対値に関して
$$|f(z)| \simeq \exp\{\mathrm{Re}\,tg(s)\}\exp\left\{-\frac{1}{2}|tg''(s)||z-s|^2\right\} \tag{8.106}$$
となり，$|f(z)| = |\exp\{tg(z)\}|$ は $z = s$ で極大になるいわゆる Gauss の誤差曲線の形を呈する．(8.106) からわかるように，$|tg''(s)|$ の値が大きいほどその極大の山の形は鋭くなる．

一方，これと直交する $\theta = -\beta/2$ の方向を考えると，絶対値に関して
$$|f(z)| \simeq \exp\{\mathrm{Re}\,tg(s)\}\exp\left\{+\frac{1}{2}|tg''(s)||z-s|^2\right\} \tag{8.107}$$
となり，$z = s$ で極小になる．すなわち，(8.102) をみたす鞍点 $z = s$ では，$f(z) = \exp\{tg(z)\}$ は絶対値が峠あるいは鞍の形をしていることがわかる．とく

§8.6　Γ関数と鞍点法

に $|t|$ を大きくとれば，その峠は急峻になる．

例 8.11
$$f(z) = \exp(-z^2)$$

ここで $g(z) = -z^2$, $t = 1$ である．$g'(0) = 0$, $g''(0) = -2$ より原点 $z = 0$ は $f(z)$ の鞍点である．また，$g^{(m)}(0) = 0$ $(m \geq 3)$ となる．実際，この例では
$$|f(z)| = \exp(-x^2 + y^2), \quad z = x + \mathrm{i}y$$
が正確に成り立つ．$|\exp(-z^2)|$ の立体図を図 8.8 に示した．この図からも，鞍点の意味を理解することができるであろう． □

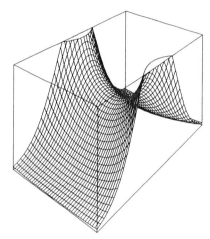

図 8.8　$f(z) = \exp(-z^2)$ の絶対値と鞍点 $z = 0$

(f)　鞍点法

複素積分 $\int_C f(z)\mathrm{d}z$ を実際に計算するとき，$f(z)$ が正則な範囲であれば計算に都合の良いように積分路 C を変形することが許される．そこで，このことと鞍点の性質を利用して積分の近似値を計算する問題を考える．

正則関数 $f(z)$ がその鞍点 $z = s$ の近くで (8.104) のように表されていて，高階の微分項 $|g^{(m)}(s)|/m!$ $(m \geq 3)$ は $|g''(s)|/2!$ に比較して十分小さく，無視できるものと仮定する．このとき，$|t|$ を大きくとれば $\theta = -\beta/2 + \pi/2$ の方向での $|f(z)|$ の極大の山の形は十分鋭くなっていると考えられる．このような条件

の下で,積分
$$I = \int_C f(z)\mathrm{d}z = \int_C \exp\{tg(z)\}\mathrm{d}z \tag{8.108}$$
の積分路 C を変形して直線に沿うように $f(z)$ の鞍点を通過させ,その通過する方向をとくに $\theta = -\beta/2 + \pi/2$ の方向に選ぶ.すると,積分路 C は,$|f(z)|$ の鋭い山を登り,峠(鞍点 $z = s$)を越えて下ることになる.また,積分路 C の鞍点から離れた部分からの積分への寄与は小さくて無視できるものと仮定する.このとき,鞍点の近くでは C に沿って
$$z - s = r\exp\!\left(\mathrm{i}\left(-\frac{\beta}{2} + \frac{\pi}{2}\right)\right), \quad \mathrm{d}z = \exp\!\left(\mathrm{i}\left(-\frac{\beta}{2} + \frac{\pi}{2}\right)\right)\mathrm{d}r$$
となり,また上の仮定から C 上で鞍点から適当な距離 δ 離れたところでは $|f(z)|$ の値は十分減衰していると考えられる.したがって,積分 I は次のように近似的に計算することができることになる.

$$\begin{aligned}
I &\simeq \exp\!\left(\mathrm{i}\left(-\frac{\beta}{2} + \frac{\pi}{2}\right)\right)\exp\{tg(s)\}\int_{-\delta}^{\delta}\exp\!\left\{-\frac{|tg''(s)|}{2}r^2\right\}\mathrm{d}r \\
&\simeq \exp\!\left(\mathrm{i}\left(-\frac{\beta}{2} + \frac{\pi}{2}\right)\right)\exp\{tg(s)\}\int_{-\infty}^{\infty}\exp\!\left\{-\frac{|tg''(s)|}{2}r^2\right\}\mathrm{d}r \\
&= \frac{\exp\{tg(s)\}}{\sqrt{\exp\mathrm{i}(\beta-\pi)}}\frac{\sqrt{2\pi}}{\sqrt{|tg''(s)|}} = \frac{\sqrt{2\pi}\exp\{tg(s)\}}{\sqrt{\mathrm{e}^{-\mathrm{i}\pi}|tg''(s)|\mathrm{e}^{\mathrm{i}\beta}}} = \frac{\sqrt{2\pi}\exp\{tg(s)\}}{\sqrt{-tg''(s)}} \\
&= \frac{\sqrt{2\pi}f(s)}{\sqrt{-tg''(s)}} \tag{8.109}
\end{aligned}$$

平方根は変数が正の実数のときは正の実数になるような分枝を選ぶ.この公式に従って積分の近似値を計算する方法を**鞍点法**という.

例 8.12 Γ 関数の定義の積分に鞍点法を適用して,$n!$ に対する近似公式を導いてみよう.n を正の整数とするとき,(8.80) より
$$n! = \Gamma(n+1) = \int_0^{\infty} z^n \mathrm{e}^{-z}\mathrm{d}z \tag{8.110}$$
であるが,被積分関数は
$$f(z) = z^n \mathrm{e}^{-z} = \exp(-z + n\log z) = \exp\!\left(n\left(-\frac{z}{n} + \log z\right)\right)$$

であるから，

$$g(z) = -\frac{z}{n} + \log z, \quad g'(z) = -\frac{1}{n} + \frac{1}{z}, \quad g''(z) = -\frac{1}{z^2}$$

となる．$g'(s) = 0$ の解である鞍点は $s = n$ であり，$g''(s) = -1/n^2$，$\beta = \pi$ となる．高階の微分項は

$$\frac{g^{(m)}(s)}{m!} = \frac{(-1)^{m-1}}{m} \frac{1}{s^m}$$

であり，$s = n$ が十分大きければ $g''(s)/2$ と比較して無視できる．また，(8.110) の積分路は初めからこの鞍点を $\theta = 0$ の方向に通過しているので，ただちに (8.109) を適用することができて，n が大きいときの $n!$ に対する次の近似式を得る．

$$n! = \Gamma(n+1) \simeq \sqrt{2\pi n}\, n^n e^{-n} \tag{8.111}$$

この公式を **Stirling の公式** という． □

演習問題

8.1 級数

$$\sum_{n=-\infty}^{\infty} c_n(z-a)^n = \sum_{n=0}^{\infty} c_n(z-a)^n + \sum_{n=1}^{\infty} \frac{c_{-n}}{(z-a)^n}$$

が円環領域 $D = \{z \mid R_1 < |z-a| < R_2\}$ $(0 \leqq R_1 < R_2)$ において関数 $f(z)$ に収束するならば，

$$c_n = \frac{1}{2\pi i} \int_C \frac{f(\zeta)}{(\zeta-a)^{n+1}} d\zeta \qquad (n = 0, \pm 1, \pm 2, \cdots)$$

であることを証明せよ．ただし，積分路 C は円板 $|z-a| < R_2$ の内部にあってかつ円 $|z-a| = R_1$ をその内部に含む任意の単純閉曲線である．

注意 この結果は Laurent 展開が一意であることを示している．

8.2 $f(z) = \sqrt{z}$ を実軸上の点 $x = a$ を中心とする Taylor 級数に展開すると，次のようになる．

$$P(z;a) = a^{1/2} + \frac{1}{2}a^{-1/2}(z-a)$$
$$+ \sum_{k=2}^{\infty} \frac{(-1)^k 1 \cdot 3 \cdots (2k-3)}{2^k k!} a^{-(2k-1)/2}(z-a)^k$$

ただし，$\sqrt{z}$ は z が正の実数のとき正の実数となる分枝をとるものとする．このベキ級数展開を出発点として，図 8.9 のように次々と

$$\alpha = a\mathrm{e}^{\mathrm{i}\theta}, \quad \theta = \frac{m\pi}{4} \quad (m = 1, 2, \cdots, 8)$$

を中心とする Taylor 展開をつくると，解析接続をしながら原点を 1 周することになる．中心が元の点 $z = a$ に到達したときのベキ級数展開を $Q(z;a)$ とすると，$Q(z;a) = -P(z;a)$ であることを示せ．

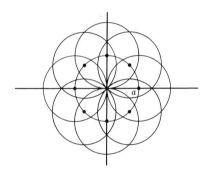

図 **8.9** $\sqrt{z}$ の解析接続

8.3 無限大に発散する点列 $a_1, a_2, a_3, \cdots$ が

$$\sum_{k=1}^{\infty} \frac{1}{|a_k|} < \infty$$

をみたすとき，無限乗積

$$f(z) = \prod_{k=1}^{\infty} \left(1 - \frac{z}{a_k}\right)$$

は $a_1, a_2, a_3, \cdots$ を零点とする整関数を与えることを示せ．

8.4 無限大に発散する互いに相異なる点列 $a_1, a_2, a_3, \cdots$ および数列 $A_1, A_2, A_3, \cdots$ が

$$\sum_{k=1}^{\infty} \frac{|A_k|}{|a_k|} < \infty$$

をみたしているとき，

$$f(z) = \sum_{k=1}^{\infty} \frac{A_k}{z-a_k}$$

は $a_1, a_2, a_3, \cdots$ を単純な極にもち，おのおのの極における留数がそれぞれ $A_0, A_1, A_2, A_3, \cdots$ である有理形関数を与えることを示せ．

8.5 $f(z)$ を原点で正則で，$a_k\ (k=1,2,\cdots)$ に 1 位の極をもつ有理形関数とし，$0 < |a_1| \leq |a_2| \leq \cdots$ とする．さらに，単調に無限大に発散する正数列 $\{l_n\}_{n=1}^{\infty}$ と正の定数 M が存在して，$\pm l_n \pm \mathrm{i} l_n$ を頂点とする正方形 R_n の周 $\partial R_n\ (n=1,2,\cdots)$ 上で $|f(z)| \leq M$ が成り立っているとする．このとき $f(z)$ は次のように表現 (部分分数展開) されることを証明せよ．

$$f(z) = f(0) + \lim_{n\to\infty} \sum_{a_j \in R_n} \mathrm{Res}(f, a_j)\left(\frac{1}{z-a_j} + \frac{1}{a_j}\right)$$

右辺の和 $\sum_{a_j \in R_n}$ は正方形 R_n の内部に含まれる a_j について和をとることを意味する．

[ヒント]

$$\frac{1}{2\pi \mathrm{i}} \int_{\partial R_n} \frac{f(\zeta)z}{\zeta(\zeta-z)}\mathrm{d}\zeta = \frac{1}{2\pi \mathrm{i}} \int_{\partial R_n} \frac{f(\zeta)}{(\zeta-z)}\mathrm{d}\zeta - \frac{1}{2\pi \mathrm{i}} \int_{\partial R_n} \frac{f(\zeta)}{\zeta}\mathrm{d}\zeta$$

$$= f(z) - f(0) - \sum_{a_j \in R_n} \mathrm{Res}(f, a_j)\left(\frac{1}{z-a_j} + \frac{1}{a_j}\right)$$

を示し，$n \to \infty$ とする．

8.6

(i) r, n をそれぞれ正の実数，自然数とするとき，次の等式が成り立つことを示せ．

$$\int_0^1 x^r (1-x)^n \mathrm{d}x = \frac{n!}{(r+1)(r+2)\cdots(r+n+1)}$$

(ii) (i) の等式で適当に変数変換することによって，次の等式を導け．

$$\int_0^1 \left(\frac{1-x^s}{s}\right)^n \mathrm{d}x = \frac{n!}{(1+s)(1+2s)\cdots(1+ns)} \quad \left(\text{ここで } s = \frac{1}{1+r}\right)$$

(iii) (ii) の等式で $r \to \infty$，すなわち $s \to 0$ とすることによって，次の等式を導け．

$$\int_0^1 \left(\log \frac{1}{x}\right)^n \mathrm{d}x = n!$$

注意 (iii) の積分は，変数を $\log(1/x) = t$ と変換すれば，$\Gamma(n+1)$ に他ならないことがわかる．Euler は上記 (i), (ii), (iii) のようにして $n!$ を表現する関数，Γ 関数に到達したといわれている．

[ヒント] (i) 部分積分を繰り返し用いる．(ii) 変数を $x = y^{1/(r+1)}$ のように変換する．

第9章
等角写像とその応用

これまでもいろいろな複素関数をみてきたが,本章ではいくつかの重要な等角写像を具体的に取り上げ,その性質などについて応用的な視点も含めてやや詳しく調べることにする.

§9.1 1次変換

(a) 1次変換の基本的性質

1次分数関数

$$w = \frac{az+b}{cz+d} \quad (ad-bc \neq 0) \tag{9.1}$$

を複素関数論では単に 1 次関数とよぶことが多く, (9.1) を z 平面から w 平面への写像とみなすとき通常これを **1 次変換**とよぶ.

1次変換 (9.1) を z について解くと,

$$z = \frac{-dw+b}{cw-a} \tag{9.2}$$

となる.したがって,**1 次変換の逆**もやはり 1 次変換である.

また,もう一つの 1 次変換を

$$\zeta = \frac{a'w+b'}{c'w+d'} \tag{9.3}$$

として (9.1) と (9.3) の合成を考えると，
$$\zeta = \frac{(a'a+b'c)z + (a'b+b'd)}{(c'a+d'c)z + (c'b+d'd)} \tag{9.4}$$
となるから，**1次変換の合成**もやはり1次変換である．

1次変換 (9.1) に対して
$$z = \frac{az+b}{cz+d} \tag{9.5}$$
をみたす z を，1次変換 (9.1) の**不動点**という．$c \neq 0$ であれば (9.5) は z の2次方程式になり，不動点は2個存在する．また，$c = 0$, $a \neq d$ であれば (9.5) は1次方程式になり，不動点は1個存在する．

1次変換による円の写像に関して次の定理が成り立つ．

定理 9.1 (円円対応) 1次変換によって円または直線は円または直線に写像される．

[証明] §3.2(a) でみたように，1次変換は $M_\alpha(z) = \alpha z$ (拡大と回転)，$T_\beta(z) = z + \beta$ (平行移動)，$I(z) = 1/z$ (逆数) の合成で表現できる．M_α あるいは T_β によって円または直線は円または直線に写像されることは明らかなので，$I(z)$ による写像について証明する．円または直線は α を複素数，c を実数として
$$\lambda z\bar{z} - \bar{\alpha}z - \alpha\bar{z} + c = 0$$
で表される (§1.2 (c))．$\lambda = 0$ とすれば直線を表し，$\lambda = 1$ とすれば円を表す．これに $z = 1/w$ を代入すると
$$\lambda - \bar{\alpha}\bar{w} - \alpha w + cw\bar{w} = 0$$
となり，これは円または直線を表す． ■

注意 直線は無限遠点を通る円とみなせるから，この定理は複素球面上で考えれば文字どおり円円対応の定理になる．なお，円の内部が円の内部に写像されるとはかぎらないし，円の内部が円の内部に写像される場合でも一般には中心が中心に写像されるわけではない．

定義 9.1 2点 z_1 および z_2 が円 $|z-a| = r$ に関して
$$|z_1 - a||z_2 - a| = r^2 \tag{9.6}$$

をみたし,かつ点 a, z_1, z_2 が同一直線上にあるとき,点 z_1 と z_2 は円 $|z-a|=r$ に関して**鏡像**の位置にあるという (図 9.1). □

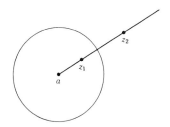

図 9.1 円に関する鏡像の位置

Apollonius の円 (§1.2 (c))

$$\left|\frac{z-z_1}{z-z_2}\right| = k \tag{9.7}$$

の中心 a および半径 r は,(1.47) より

$$a = \frac{z_1 - k^2 z_2}{1-k^2}, \quad r = \frac{k}{|1-k^2|}|z_1 - z_2|$$

である.ここで,

$$z_1 - a = \frac{k^2}{1-k^2}(z_2 - z_1), \quad z_2 - a = \frac{1}{1-k^2}(z_2 - z_1)$$

であるから,a, z_1, z_2 は同一直線上にある.また,

$$|z_1 - a||z_2 - a| = \left(\frac{k}{|1-k^2|}|z_1 - z_2|\right)^2 = r^2$$

が成り立つ.したがって,点 z_1, z_2 は Apollonius の円 (9.7) に関して鏡像の位置にある.$k=1$ のとき (9.7) は z_1, z_2 を結ぶ直線の垂直 2 等分線を表す.このときには,z_1, z_2 がその直線に関して対称の位置にあることを鏡像の位置にあるということにする.

定理 9.2 z 平面の円 C_z が 1 次変換 (9.1) によって w 平面の円 C_w に写像されるとする.このとき,円 C_z に関して鏡像の位置にある 2 点は (9.1) によって円 C_w に関して鏡像の位置にある 2 点に写像される.

[証明] (9.1) によって z_1, z_2 が w_1, w_2 に写像されるとする.このとき,簡

単な計算によって

$$\left|\frac{w-w_1}{w-w_2}\right| = \left|\frac{cz_2+d}{cz_1+d}\right|\left|\frac{z-z_1}{z-z_2}\right|$$

となることがわかる．すなわち，z_1, z_2 からの距離の比が一定の点の軌跡である Apollonius の円は (9.1) によって w_1, w_2 からの距離の比が一定の点の軌跡である Apollonius に写像される．したがって，w_1, w_2 は鏡像の位置にある．■

(b) 1次変換の構成

ここでは，与えられた特別な性質を具えた1次変換を構成する問題を考える．

$$\frac{z_1-z_3}{z_1-z_4} \Big/ \frac{z_2-z_3}{z_2-z_4} \tag{9.8}$$

を4個の複素数 z_1, z_2, z_3, z_4 の**非調和比**という．非調和比は1次変換によって不変である．すなわち，

$$w_j = \frac{az_j+b}{cz_j+d} \quad (j=1,2,3,4) \tag{9.9}$$

とすると，

$$\frac{w_1-w_3}{w_1-w_4} \Big/ \frac{w_2-w_3}{w_2-w_4} = \frac{z_1-z_3}{z_1-z_4} \Big/ \frac{z_2-z_3}{z_2-z_4} \tag{9.10}$$

が成り立つ．この結果は，(9.9) を (9.10) の左辺に代入して計算すれば確かめることができる．

(9.10) によって，指定した点を対応させる1次変換を導くことができる．

定理 9.3 z 平面の相異なる3点 z_1, z_2, z_3 をそれぞれ w 平面の相異なる3点 w_1, w_2, w_3 に写像する1次変換はただ一つ定まり，

$$\frac{w-w_2}{w-w_3} \Big/ \frac{w_1-w_2}{w_1-w_3} = \frac{z-z_2}{z-z_3} \Big/ \frac{z_1-z_2}{z_1-z_3} \tag{9.11}$$

で与えられる．

[証明] $\mu = (w_1-w_3)/(w_1-w_2)$, $\lambda = (z_1-z_3)/(z_1-z_2)$ とおけば，(9.11) は

$$\mu \frac{w-w_2}{w-w_3} = \lambda \frac{z-z_2}{z-z_3}$$

§9.1 1次変換

となる．これを w について解くと

$$w = \frac{(\mu w_2 - \lambda w_3)z + (\lambda w_3 z_2 - \mu w_2 z_3)}{(\mu - \lambda)z + (\lambda z_2 - \mu z_3)}$$

となり，確かに1次変換である．(9.1) における $ad - bc \neq 0$ の条件を調べると，

$$(\mu w_2 - \lambda w_3)(\lambda z_2 - \mu z_3) - (\lambda w_3 z_2 - \mu w_2 z_3)(\mu - \lambda)$$
$$= (w_2 - w_3)(z_2 - z_3)\lambda\mu = \frac{(w_2 - w_3)(w_1 - w_3)}{w_1 - w_2} \frac{(z_2 - z_3)(z_1 - z_3)}{z_1 - z_2}$$

となり，仮定からこれは 0 にならない．z_1, z_2, z_3 が w_1, w_2, w_3 に対応することは明らかである．また，1次変換は本質的に3個の定数で決定されるから，(9.11) が唯一の1次変換である． ∎

注意 もしも $z_1 = \infty$ であれば，(9.11) の右辺を $\dfrac{z - z_2}{z - z_3}$ とし，$w_1 = \infty$ であれば，(9.11) の左辺を $\dfrac{w - w_2}{w - w_3}$ とすればよい．

例 9.1 z 平面の単位円の内部を w 平面の上半平面に写像する一般の1次変換は

$$w = \frac{az - \bar{a}}{cz - \bar{c}}, \quad \operatorname{Im} \frac{a}{c} < 0 \tag{9.12}$$

で与えられる．

実際，3点 z_1, z_2, z_3 を単位円周上にとって $z_1 = \mathrm{i}$, $z_2 = -1$, $z_3 = 1$ とおけば，対応する w_1, w_2, w_3 は実軸上にあり，したがっていずれも実数である．このとき，(9.11) は

$$k\frac{w - w_2}{w - w_3} = \mathrm{i}\frac{z + 1}{z - 1}, \quad k = 実数 \tag{9.13}$$

となる．これを w について解くと

$$w = \frac{(kw_2 - \mathrm{i}w_3)z - (kw_2 + \mathrm{i}w_3)}{(k - \mathrm{i})z - (k + \mathrm{i})} \tag{9.14}$$

となり，(9.12) の形が導かれる．

z 平面は単位円周を境界としてその内部と外部に分けられる．これに対応して，(9.12) によって w 平面は実軸を境界として上半平面と下半平面に分けられる．z 平面の単位円の内部が w 平面のいずれの半平面に対応するか調べるため

に，(9.12) に単位円の内部にある 1 点 $z = 0$ を代入する．このとき，$w = \bar{a}/\bar{c}$ となるが，$\operatorname{Im} w = \operatorname{Im}(\bar{a}/\bar{c}) = -\operatorname{Im}(a/c) > 0$ より，この点は w 平面の上半平面にある．したがって，単位円の内部は上半平面に写像される． □

§9.2　多価関数による写像

(a)　Schwarz–Christoffel 変換

複素変数 z と w の間の関係が

$$\frac{dw}{dz} = (z-a)^{-\lambda}(z-b)^{-\mu} \tag{9.15}$$

によって与えられている変換を考える．a, b は $a < b$ なる実定数で，λ, μ も実定数とする．両辺の偏角をとると

$$\arg dw = \arg dz - \lambda \arg(z-a) - \mu \arg(z-b) \tag{9.16}$$

となる．ここで，図 9.2 (a) に示すように，点 z が z 平面の実軸に沿って $x = -\infty$ から $+\infty$ まで動くとして，対応する点 w の動きを追跡してみる．$z - a$ および $z - b$ の偏角は $x < a$ のときともに π であるとし，点 $z = a$ および $z = b$ を通過するときはそれらを小さな円周に沿って負の向きに回って避けるものとする．このときの偏角の変化を表 9.1 に示す．点 z はつねに実軸上を正の向きに動くだけであるから，$\arg dz = 0$ である．w 平面におけるこの変化を図 9.2 (b) に示す．点 A, B はそれぞれ w 平面における点 a, b の像である．この図に見るように，z 平面の実軸は $w = A$，$w = B$ においてそれぞれ角度 $\lambda\pi$，$\mu\pi$ だけ折れ曲がる折れ線に写像されることがわかる．z 平面の実軸の上側は w 平面の折れ線の上側に対応する．

表 9.1　変換 (9.15) による偏角の変化

	$x < a$	$a < x < b$	$b < x$
$\arg(z-a)$	π	0	0
$\arg(z-b)$	π	π	0
$\arg dw$	$-(\lambda+\mu)\pi$	$-\mu\pi$	0

§9.2 多価関数による写像

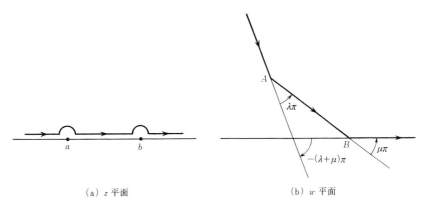

(a) z 平面   (b) w 平面

図 9.2　変換 (9.15) による実軸の像

一般に，a_k, λ_k を実数として

$$\frac{dw}{dz} = (z-a_1)^{-\lambda_1}(z-a_2)^{-\lambda_2} \cdots (z-a_m)^{-\lambda_m} \tag{9.17}$$

の形で与えられる変換を，**Schwarz–Christoffel 変換**という．この変換によって，z 平面の実軸は各 a_j の像である A_j において $\lambda_j\pi$ だけ折れ曲がる w 平面の折れ線に写像される．もしも $\lambda_1\pi + \lambda_2\pi + \cdots + \lambda_m\pi = 2\pi$ ならば，この折れ線は閉じた多角形になる．

(b) 長方形への変換

Schwarz–Christoffel 変換の一つの具体例として，次の変換を取り上げよう．

$$\frac{dw}{dz} = \frac{1}{\sqrt{(1-z^2)(1-k^2z^2)}} \qquad (0 < k < 1) \tag{9.18}$$

(9.18) を積分すると

$$w = \int_0^z \frac{d\zeta}{\sqrt{(1-\zeta^2)(1-k^2\zeta^2)}} \qquad (0 < k < 1) \tag{9.19}$$

となる．これは，**Legendre–Jacobi の第 1 種の楕円積分**とよばれる k をパラメータとする z の関数である．

z 平面の実軸上を点 z が右へ動くとき，対応する w 平面上の点がどのように動くかを調べてみよう．点 z は実軸を右に向かって動くから $\arg dz = 0$ として

よいことに注意して (9.18) の偏角をとると，次のようになる．

$$\arg dw = -\frac{1}{2}\{\arg(1+kz) + \arg(1+z) + \arg(1-z) + \arg(1-kz)\} \tag{9.20}$$

ここで，図 9.3 (a) に示すように，点 z が実軸上を $-\infty \to -1/k \to -1 \to +1 \to +1/k \to +\infty$ のように動くときの偏角の変化を表 9.2 に示す．$1+kz$, $1+z$, $1-z$, $1-kz$ の偏角は $-1 < x < 1$ のときすべて 0 であるとし，点 $x = -1/k$, $-1, 1, 1/k$ を通過するときはそれらを小さな円周に沿って負の向きに回って避けるものとする．

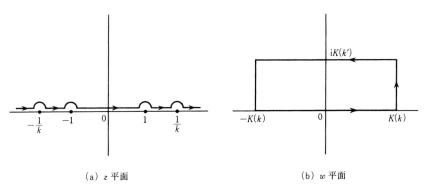

(a) z 平面　　　　(b) w 平面

図 9.3 変換 (9.18) による点 w の動き

表 9.2 変換 (9.18) による偏角の変化

	$x<-1/k$	$-1/k<x<-1$	$-1<x<1$	$1<x<1/k$	$1/k<x$
$\arg(1+kz)$	π	0	0	0	0
$\arg(1+z)$	π	π	0	0	0
$\arg(1-z)$	0	0	0	$-\pi$	$-\pi$
$\arg(1-kz)$	0	0	0	0	$-\pi$
$\arg dw$	$-\pi$	$-\pi/2$	0	$\pi/2$	π

この表に示した dw の偏角の変化から，次のことがわかる．z 平面において点 z が原点から実軸上を右へ動くと，点 w はまず実軸上を右へ動き，$z=1$ で点 w は直角に上 ($\pi/2$ の方向) に向きを変え，さらに点 z が実軸を右へ動くと，$z=1/k$ で点 w は直角に左 (π の方向) に向きを変える．点 z が原点から実軸

§9.2 多価関数による写像

上を左へ動くときも点 w は虚軸に関して対称に同様の動きを示し,結局図 9.3 (b) に示した長方形を描くことになる.

以上の動きを定量的に調べてみよう.まず,z が実軸上 $(z = x)$ の $0 < x < 1$ を動くとき,(9.19) は x の単調増加な実関数であって,$x = 1$ のとき

$$w = \int_0^1 \frac{\mathrm{d}\zeta}{\sqrt{(1-\zeta^2)(1-k^2\zeta^2)}} = K(k) \tag{9.21}$$

となる.$K(k)$ は**完全楕円積分**とよばれ,k の関数である.次に,$1 < x < 1/k$ のとき,

$$\begin{aligned} w &= \int_0^x \frac{\mathrm{d}\zeta}{\sqrt{(1-\zeta^2)(1-k^2\zeta^2)}} \\ &= \int_0^1 \frac{\mathrm{d}\zeta}{\sqrt{(1-\zeta^2)(1-k^2\zeta^2)}} + \int_1^x \frac{\mathrm{d}\zeta}{\sqrt{(1-\zeta^2)(1-k^2\zeta^2)}} \\ &= K(k) + \mathrm{i} \int_1^x \frac{\mathrm{d}\zeta}{\sqrt{(\zeta^2-1)(1-k^2\zeta^2)}} \end{aligned}$$

となる.最後の等号では,$1 < \zeta < 1/k$ において,$\mathrm{d}w = \mathrm{d}\zeta/\sqrt{(1-\zeta^2)(1-k^2\zeta^2)}$ の絶対値は $\mathrm{d}\zeta/\sqrt{(\zeta^2-1)(1-k^2\zeta^2)}$ であり,偏角は表 9.2 より $\pi/2$ であることを使った.最後の虚数項の積分は,$\zeta = 1/\sqrt{1-k'^2 t^2}$ $(k' = \sqrt{1-k^2})$ なる変数変換を行うと,

$$\mathrm{i} \int_1^x \frac{\mathrm{d}\zeta}{\sqrt{(\zeta^2-1)(1-k^2\zeta^2)}} = \mathrm{i} \int_0^{\sqrt{x^2-1}/(k'x)} \frac{\mathrm{d}t}{\sqrt{(1-t^2)(1-k'^2 t^2)}}$$

となり,$x = 1/k$ のとき $\mathrm{i}K(k')$ に等しくなる.最後に,$1/k < x$ のとき,

$$\begin{aligned} w &= \int_0^x \frac{\mathrm{d}\zeta}{\sqrt{(1-\zeta^2)(1-k^2\zeta^2)}} \\ &= K(k) + \mathrm{i}K(k') + \int_{1/k}^x \frac{\mathrm{d}\zeta}{\sqrt{(1-\zeta^2)(1-k^2\zeta^2)}} \end{aligned}$$

であるが,表 9.2 よりここでは $\mathrm{d}w$ の偏角が π であることに注意して,$\zeta = 1/(kt)$ なる変数変換を行うと,最後の項は

$$\int_{1/k}^x \frac{\mathrm{d}\zeta}{\sqrt{(1-\zeta^2)(1-k^2\zeta^2)}} = -\int_{1/k}^x \frac{\mathrm{d}\zeta}{\sqrt{(\zeta^2-1)(k^2\zeta^2-1)}}$$

$$= -\int_{1/(kx)}^{1} \frac{\mathrm{d}t}{\sqrt{(1-t^2)(1-k^2t^2)}}$$

となる．したがって，$x \to +\infty$ のときこの項は $-K(k)$ になり，点 w は $\mathrm{i}K(k')$ に到達する．すなわち，図 9.3 に示すように，x が $0 \to 1 \to 1/k \to \infty$ のように動くとき，点 w は $0 \to K(k) \to K(k) + \mathrm{i}K(k') \to \mathrm{i}K(k')$ のように動く．同様にして，x が $0 \to -1 \to -1/k \to -\infty$ のように動くと，点 w は $0 \to -K(k) \to -K(k) + \mathrm{i}K(k') \to \mathrm{i}K(k')$ のように動く．こうして，(9.18) によって z 平面の実軸は，$K(k), K(k) + \mathrm{i}K(k'), -K(k) + \mathrm{i}K(k'), -K(k)$ を頂点とする w 平面の長方形に写像されることがわかる．

§9.3 境界値問題への応用

(a) 複素ポテンシャル

いわゆる**ポテンシャル**と名の付く物理量は多くの場合 Laplace 方程式をみたす．とくにある特定な 1 方向に変化がない場合には，それらは 2 次元の **Laplace 方程式**で記述できる．さらに，このような物理量 $\Phi(x,y)$ にはやはり Laplace 方程式をみたすもう一つの物理量 $\Psi(x,y)$ が対応していて，しかも $\Phi(x,y) =$ 定数 をみたす曲線群と $\Psi(x,y) =$ 定数 をみたす曲線群が互いに直交していることが多い．例えば，電荷が存在しない 2 次元の場所では，電位 $\Phi(x,y)$ は Laplace 方程式をみたすが，$\Phi(x,y) =$ 定数 をみたす等電位線は力線 $\Psi(x,y) =$ 定数 と直交していて，その $\Psi(x,y)$ はやはり Laplace 方程式をみたす．また，渦のない非圧縮性完全流体を 2 次元で考えると，Laplace 方程式をみたす速度ポテンシャル $\Phi(x,y)$ に対してやはり Laplace 方程式をみたす流れの関数 $\Psi(x,y)$ が存在し，$\Phi(x,y) =$ 定数 をみたす曲線群と $\Psi(x,y) =$ 定数 をみたす流線は互いに直交する．

一方，§4.4 (b) でみたように，正則関数 $f(z)$ の実数部 $u(x,y)$ および虚数部 $v(x,y)$ はそれぞれ Laplace 方程式をみたす．また，$u(x,y) =$ 一定 なる曲線群と $v(x,y) =$ 一定 なる曲線群とは互いに直交することを §4.3 (f) でみた．したがって，一方の物理量 $\Phi(x,y)$ を正則関数 $f(z)$ の実数部 $u(x,y)$ に対応させ，

§9.3 境界値問題への応用

他方の物理量 $\Psi(x,y)$ を $f(z)$ の虚数部 $v(x,y)$ に対応させて，これらを一つにまとめて $f(z)=\Phi(x,y)+\mathrm{i}\Psi(x,y)$ $(z=x+\mathrm{i}y)$ と書けば，これら二つの物理量の数学的取扱いを複素関数論の枠組みに乗せて一括して行うことが可能になる．等角写像が自然科学や工学で応用されてきた主な理由の一つはこの点にある．

以上の考え方に基づいてポテンシャルに関する具体的な問題に等角写像を応用する手順は，次の通りである．すなわち，電位あるいは速度ポテンシャルが境界条件として与えられたとき，その境界の形状がちょうど $\Phi(x,y)=c_0$ ($c_0=$ ある定数) になっているような関数 $\Phi(x,y)$ を求める．次に，例 4.13 に述べた方法によって $\Phi(x,y)$ に対応する共役調和関数 $\Psi(x,y)$ を求める．あるいは，境界が $\Psi(x,y)=c_0'$ ($c_0'=$ ある定数) になっているような関数 $\Psi(x,y)$ を先に求めてもよい．そして，

$$w=f(z)=\Phi(x,y)+\mathrm{i}\Psi(x,y),\quad z=x+\mathrm{i}y \tag{9.22}$$

によって正則関数 $f(z)$ を構成する．この $f(z)$ から考えている領域全体での $\Phi(x,y)$ および $\Psi(x,y)$ を知ることができる．ただし，むしろ $\mathrm{Re}\,w=\mathrm{Re}\,f(z)=\Phi(x,y)=c_0$，あるいは $\mathrm{Im}\,w=\mathrm{Im}\,f(z)=\Psi(x,y)=c_0'$ が境界の形状に一致しているような正則関数 $f(z)$ を直接求め，それから出発する方が実際的であることが多い．次項以下に，二三の応用例を示す．(9.22) の $f(z)$ を**複素ポテンシャル**とよぶ．

(b) 流れの問題への応用

最初に，§3.2 (c) で扱った Joukowski 関数を少々一般化した

$$w=z+\frac{a^2}{z} \tag{9.23}$$

を取り上げよう．これを **Joukowski 変換**とよぶ．

$$z=r\mathrm{e}^{\mathrm{i}\theta},\quad w=u+\mathrm{i}v \tag{9.24}$$

とおくと，(9.23) から

$$u=\left(r+\frac{a^2}{r}\right)\cos\theta,\quad v=\left(r-\frac{a^2}{r}\right)\sin\theta \tag{9.25}$$

となる．ここで，$\mathrm{Im}\,w=v=c=$定数 とおくと

$$\left(r - \frac{a^2}{r}\right)\sin\theta = c \tag{9.26}$$

となるが,とくに $c=0$ ととると $r=a$, $\theta = k\pi$ ($k = 0, \pm 1, \pm 2, \cdots$) が得られる. $r=a$ は半径 a の円周を表すから,この写像は半径 a の円周上に境界条件を与えた問題に利用することができる.つまり,c をいろいろ変えて (9.26) の曲線

$$\Psi(x, y) = \left(r - \frac{a^2}{r}\right)\sin\theta = c \tag{9.27}$$

を描くと,半径 a の円柱をその軸に垂直によぎる定常流の流線が得られる (図 9.4).

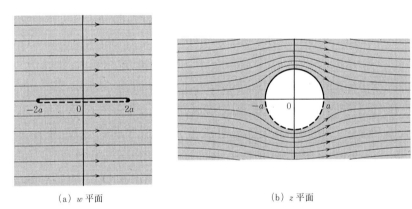

(a) w 平面　　　　　　(b) z 平面

図 9.4　円柱をよぎる流れの流線

流速 (s_x, s_y) は速度ポテンシャル $\Phi(x, y)$ によって

$$s_x = \frac{\partial \Phi}{\partial x}, \quad s_y = \frac{\partial \Phi}{\partial y}$$

のように与えられるので,(4.25) より

$$\frac{dw}{dz} = \frac{\partial \Phi}{\partial x} + i\frac{\partial \Psi}{\partial x} = \frac{\partial \Phi}{\partial x} - i\frac{\partial \Phi}{\partial y} = s_x - is_y \tag{9.28}$$

なる関係が得られる.一方,(9.23) を微分することによって

$$\lim_{|z|\to\infty} \frac{dw}{dz} = \lim_{|z|\to\infty} \left(1 - \frac{a^2}{z^2}\right) = 1$$

§9.3 境界値問題への応用

となるから，この流れは $s_x = 1$, $s_y = 0$, すなわち遠方で実軸方向に速度 1 の流れを表していることがわかる．

次に，指数関数を含む変換の例として

$$z = Ae^{aw} - Be^{-bw} \tag{9.29}$$

の逆関数として定義される関数

$$w = g(z) \tag{9.30}$$

を取り上げる．a, b, A, B はすべて正の実数とする．$w = u + iv$, $z = x + iy$ とおいて成分ごとに書くと，

$$\begin{cases} x = Ae^{au}\cos av - Be^{-bu}\cos bv \\ y = Ae^{au}\sin av + Be^{-bu}\sin bv \end{cases} \tag{9.31}$$

となる．これから容易にわかるように，w 平面の実軸に平行な直線 $\mathrm{Im}\,w = v = c = $ 定数 の像は，$u \to \pm\infty$ のとき z 平面で半直線

$$\begin{cases} y = (\tan ac)x, \ x > 0, \quad u \to +\infty \ \text{のとき} \\ y = (\tan bc)x, \ x < 0, \quad u \to -\infty \ \text{のとき} \end{cases} \tag{9.32}$$

に漸近する．さらに，w 平面の 2 直線

$$\mathrm{Im}\,w = \pm \frac{\pi}{a+b} \tag{9.33}$$

は z 平面の 2 本の半直線

$$y = \pm \left(\tan \frac{a\pi}{a+b}\right) x, \quad |y| > y_{\min} \tag{9.34}$$

に写像される．ただし，

$$y_{\min} = \left(\sin \frac{a}{a+b}\right)\left(\left(\frac{b}{a}\right)^{\frac{a}{a+b}} + \left(\frac{a}{b}\right)^{\frac{b}{a+b}}\right) A^{\frac{b}{a+b}} B^{\frac{b}{a+b}} \tag{9.35}$$

である．(9.34) は，(9.33) を (9.31) に代入し，$p = Ae^{au}$, $q = Be^{-bu}$, $\theta = a\pi/(a+b)$ とおいて y/x を計算すると，

$$\frac{y}{x} = \frac{p\sin\theta + q\sin(\pi-\theta)}{p\cos\theta - q\cos(\pi-\theta)} = \frac{p\sin\theta + q\sin\theta}{p\cos\theta + q\cos\theta} = \tan\theta$$

となることから導かれる．また，$y_{\min}$ は，$y = (Ae^{au} + Be^{-bu})\sin\dfrac{a\pi}{a+b}$ を u の関数として実際に最小値を計算すれば得られる．

図 9.5(b) に，これらの半直線と，w 平面の実軸に平行な直線の像を示した．以上の解析から，関数 (9.29) によって，w 平面の帯状領域

$$|\mathrm{Im}\,w| < \frac{\pi}{a+b} \tag{9.36}$$

が z 平面全体に写像されることがわかる．ただし，w 平面の境界の 2 直線 (9.33) の像である 2 本の半直線 (9.34) は除く．流体の問題に対応させるために，(9.31) で $v = c$ とおいた

$$\begin{cases} x = Ae^{au}\cos ac - Be^{-bu}\cos bc \\ y = Ae^{au}\sin ac + Be^{-bu}\sin bc \end{cases} \tag{9.37}$$

で定まる点 (x, y) の軌跡を u を変えながら描くと，開いた堰 (9.34) をよぎる流体の流線 $\Psi(x, y) = c$ が得られることになる．図 9.5(b) がその流線を示す．

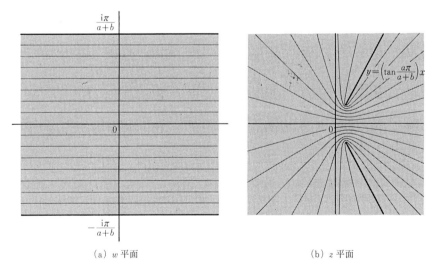

(a) w 平面　　　　　　　　　(b) z 平面

図 **9.5** 開いた堰 (せき) をよぎる流れの流線

演習問題

9.1 z平面の単位円の内部をw平面の単位円の内部に写像する一般の1次変換は

$$w = e^{i\gamma}\frac{z-a}{\bar{a}z-1} \qquad (\gamma = 実数,\ |a| < 1) \tag{9.38}$$

で与えられることを示せ．

[ヒント] 定理 9.2 を使え．

9.2 z平面の上半平面をw平面の上半平面に写像する一般の1次変換は

$$w = \frac{az+b}{cz+d} \qquad (a,b,c,d = 実数,\ ad-bc > 0) \tag{9.39}$$

で与えられることを示せ．

9.3 複素級数の収束領域を変数変換によって拡大することを考える．次の問に答えよ．ただし，zは複素変数で，Log は対数関数の主値を表すものとする．

(ⅰ) $\mathrm{Log}\,(1+z)$を$z=0$を中心とする Taylor 級数に展開せよ．また，この級数はz平面のどのような領域で収束するか．

(ⅱ) 変換$z = \dfrac{2w}{1-w}$によって，w平面の単位円の内部$|w|<1$はz平面のどのような領域に写像されるか．

(ⅲ) $z = \dfrac{2w}{1-w}$を$\mathrm{Log}\,(1+z)$に代入し，それを$w=0$を中心とする Taylor 級数に展開せよ．また，この級数はw平面のどのような領域で収束するか．

(ⅳ) zの値を与えたとき$z = \dfrac{2w}{1-w}$の関係を通じて一つのwの値がきまる．このwを (ⅲ) の級数に代入すると，(ⅰ) とは異なる級数による $\mathrm{Log}\,(1+z)$ の表示が得られる．この表示をzの関数として書き下せ．また，それが収束するのはzがz平面のどのような領域にあるときか．

9.4 前問に関連して，次の問に答えよ．

(ⅰ) 二つの変換$\zeta = \dfrac{2w}{1-w}$，$z = (\zeta+1)^2 - 1$の合成によって，w平面の単位円の内部はz平面のどのような領域に写像されるか．

(ⅱ) $\mathrm{Log}\,(1+z)$に (ⅰ) の関係を代入してこれをwの関数として表し，それを$w=0$を中心とする Taylor 級数に展開せよ．また，この級数はw平面のどのような領域で収束するか．

(ⅲ) zの値を与えたとき$\zeta = \dfrac{2w}{1-w}$，$z = (\zeta+1)^2 - 1$の関係を通じて一つのwの値がきまる．このwの値を (ⅱ) の級数に代入すると，(ⅰ) とは異なる級数

による $\mathrm{Log}\,(1+z)$ の表示が得られる.この表示を z の関数として書き下せ.また,それが収束するのは z が z 平面のどのような領域にあるときか.

参考書

複素関数論に関して，おびただしい数の本が出版されている．ここでは本書を読んだ後，さらに深く勉強される読者のためにいくつかの参考書を挙げておく．ただし著名な本で触れていないものも多く，著者の印象に残った著作のリストであると思っていただきたい．

[全般的な参考書]

[1] 吉田洋一，函数論 (岩波全書)，第 2 版，岩波書店，1965．
初版は 1938 年に出版され，古くから定評がある．細かいところまで気が配られている名著．

[2] 犬井鉄郎，石津武彦，複素函数論，東京大学出版会，1966．
等角写像や常微分方程式への応用も豊富な工学部の学生向きの書物．

[3] 小平邦彦，複素解析 (岩波基礎数学選書)，岩波書店，1991．非常に丁寧にかつ厳密に書かれた本で，Cauchy の積分定理が初等的な幾何学的考察に基づいて厳密に証明されている．

[4] Titchmarsh, E. C., The Theory of Functions, 4-th ed., Oxford University Press, Oxford, 1968.
複素関数論のみならず，実変数関数論，Fourier 解析までも論じてあり，豊富な内容をもつ本．本著の Cauchy の積分定理 (とくに補題 5.4 の) 証明の基本的考え方は同書によっている．

[5] Hille, E., Analytic Function Theory, I, II, Blaisdell, New York/Toronto/London, 1959, 1963.
厳密かつ丁寧に書かれていて，数学者以外にもわかりやすい名著．

[6] Henrici, P., Applied and Computational Complex Analysis, I, II, III, John Wiley and Sons, New York/London/Sydney/Toronto, 1974, 1977, 1986.
「問題が解決された＝解を構成する算法が見つかる」という態度で，複素関数論を論じた膨大な (ほぼ 2000 頁) 著作．III では Bieberbach 予想の証明も与えられている．

[7] Boas, R. P., Invitation to Complex Analysis, Random House, New York, 1987.

普通の教科書にはない多くの興味深い話題に言及しており，どこを開いてもおもしろい本．

[演習書]
以下は両書とも，かなり程度の高い問題まで解説した内容豊富な演習書である．
[8]　辻正次，小松勇作(編)，大学演習函数論，裳華房，1959．
[9]　藤家龍雄，岸正倫，関数論演習，サイエンス社，1988．

演習問題解答

第1章

1.1 「$z\bar{w}$ が 0 または正の実数」 $\iff$ 「$z\bar{w}=0$，または，$z\bar{w}\neq 0$ であって $z\bar{w}$ が正の実数」 $\iff$ 「$z=0$，または，$w=0$，または，$z\neq 0, w\neq 0$ であって $z\bar{w}$ が正の実数」 $\iff$ 「$z=0$，または，$w=0$，または，$z\neq 0, w\neq 0$ であって $\arg z - \arg w \equiv 0 \pmod{2\pi}$」（ここで，「$z\neq 0$ であって $\arg z \equiv 0 \pmod{2\pi}$ $\iff$ z が正の実数」を用いた） $\iff$ (1).

(1) と (2) の同値性は明らか．

1.2 (1) $i^2=-1$ から，$(\rho(i))^2=\rho(-1)=|-1|=1$．$\rho(i)$ は非負であるから，$\rho(i)=1$．

(2) (1) から，$\rho(\cos n\theta+i\sin n\theta)\leqq \rho(\cos n\theta)+\rho(i)\rho(\sin n\theta)=|\cos n\theta|+|\sin n\theta|\leqq 2$．したがって，$\rho(\cos\theta+i\sin\theta)^n=\rho((\cos\theta+i\sin\theta)^n)=\rho(\cos n\theta+i\sin n\theta)\leqq 2$（2番目の等式は de Moivre の公式による）．ゆえに，$\rho(\cos\theta+i\sin\theta)\leqq 2^{1/n}$．ここで n は任意の自然数であるから，$\rho(\cos\theta+i\sin\theta)\leqq 1$．

(3) (2) と同様．

(4) $\rho(\cos\theta+i\sin\theta)\rho(\cos(-\theta)+i\sin(-\theta))=\rho((\cos\theta+i\sin\theta)(\cos(-\theta)+i\sin(-\theta)))=\rho(\cos^2\theta+\sin^2\theta)=\rho(1)=1$ であるから，$\rho(\cos\theta+i\sin\theta)\leqq 1$，$\rho(\cos(-\theta)+i\sin(-\theta))\leqq 1$ より $\rho(\cos\theta+i\sin\theta)=1$，$\rho(\cos(-\theta)+i\sin(-\theta))=1$．

(5) 複素数 z を極形式 $z=r(\cos\theta+i\sin\theta)$ で表せば，$\rho(\cos\theta+i\sin\theta)=1$ より，$\rho(z)=\rho(r(\cos\theta+i\sin\theta))=\rho(r)\rho(\cos\theta+i\sin\theta)=\rho(r)=r=|z|$．

1.3 次の等式による．

(1) $(7+i)^5(79+i3)^2=78125000+i\,78125000$．

(2) $(2+i)(5+i)(8+i)=65+i\,65$．

(3) $(4+i)^3(20+i)(1985+i)=1970113+i\,1970113$．

(4) $(8+i)^6(57+i)^2(239+i)=150837781250+i\,150837781250$．

1.4

$$\cos n\theta + i\sin n\theta = (\cos\theta + i\sin\theta)^n \quad \text{(de Moivre の公式)}$$
$$= \sum_{k=0}^{n}\binom{n}{k}(i\sin\theta)^k \cos^{n-k}\theta \quad \text{(二項展開公式)}$$
$$= \sum_{k=0}^{[n/2]}(-1)^k\binom{n}{2k}\sin^{2k}\theta\cos^{n-2k}\theta$$
$$+ i\sum_{k=0}^{[(n-1)/2]}(-1)^k\binom{n}{2k+1}\sin^{2k+1}\theta\cos^{n-2k-1}\theta.$$

1.5 (1.44) より,$(\beta-z)/(\alpha-z)=t\varepsilon$(ここで,$\varepsilon=\cos\theta+i\sin\theta$, t は任意の実数)とおける.したがって,$\varepsilon^{-1}(\beta-z)/(\alpha-z)=\bar{\varepsilon}(\beta-z)/(\alpha-z)=t$(任意の実数).(1.9)を用い,式を変形すると,
$$(\varepsilon-\bar{\varepsilon})z\bar{z}+(\bar{\varepsilon}\bar{\alpha}-\varepsilon\bar{\beta})z-(\varepsilon\alpha-\bar{\varepsilon}\beta)\bar{z}+(\varepsilon\alpha\bar{\beta}-\bar{\varepsilon}\bar{\alpha}\beta)=0.$$
この式をさらに変形して(1.45)を得る.

1.6 (1.46)の両辺を自乗して,(1.12)を用いて変形すると
$$(1-k^2)z\bar{z}-(\bar{\beta}-k^2\bar{\alpha})z-(\beta-k^2\alpha)\bar{z}+|\beta|^2-k^2|\alpha|^2=0.$$
この式をさらに変形して(1.47)を得る.

1.7 (1.47)より,円の中心は$(\beta-k^2\alpha)/(1-k^2)$で与えられるから,円の中心が線分$\alpha\beta$上にあることは明らかであり,線分$\alpha\beta$上にある円の直径の両端点は$(\beta-k^2\alpha)/(1-k^2)\pm k(\beta-\alpha)/(1-k^2)=(\beta-k\alpha)/(1-k),(\beta+k\alpha)/(1+k)$で与えられる.

第2章

2.1 (1) 二項定理および不等式 $\binom{n}{k}\dfrac{1}{n^k}\leq\dfrac{1}{k!}$ により
$$\left|\left(1+\frac{\alpha}{n}\right)^n-1\right|\leq\sum_{k=1}^{n}\binom{n}{k}\frac{|\alpha|^k}{n^k}\leq\sum_{k=1}^{n}\frac{|\alpha|^k}{k!}\leq e^{|\alpha|}-1.$$

(2) (1)および $\lim_{n\to\infty}\eta_n=0$ により
$$\left|\left(1+\frac{\eta_n}{n}\right)^n-1\right|\leq e^{|\eta_n|}-1\to 0 \quad (n\to\infty).$$

(3)
$$e^z e^w = \lim_{n\to\infty}\left(1+\frac{z}{n}\right)^n \lim_{n\to\infty}\left(1+\frac{w}{n}\right)^n = \lim_{n\to\infty}\left(1+\frac{z}{n}\right)^n\left(1+\frac{w}{n}\right)^n$$
$$= \lim_{n\to\infty}\left(1+\frac{z+w}{n}+\frac{zw}{n^2}\right)^n = \lim_{n\to\infty}\left(1+\frac{z+w}{n}\right)^n\left(1+\frac{\eta_n}{n}\right)^n$$

$$(ここで,\ \eta_n = (zw)/[n(1+(z+w)/n)])$$
$$= \lim_{n\to\infty}\left(1+\frac{z+w}{n}\right)^n \quad (\eta_n \to 0\ (n\to\infty)\ および\ (2)\ による)$$
$$= \mathrm{e}^{z+w}.$$

2.2 ［(i)の場合］(1) $a_k(n) \to 0\ (n\to\infty)$. (2) $s_n = 1$. 一方, $a_k(n)$ の極限の和 $= 0$.

［(ii)の場合］(1) $a_k(n) \to 2^{-k}\ (n\to\infty)$. (2) $s_n = 3(1-2^{-n}) \to 3\ (n\to\infty)$. 一方, $a_k(n)$ の極限の和 $= \sum_{k=1}^{\infty} 2^{-k} = 1$.

2.3 まず,十分大きなすべての k に対して不等式 $|b_k| \leqq M_k$ が成り立つから,級数 $\sum_{k=1}^{\infty} b_k$ は絶対収束することに注意する.

$$c_k(n) = \begin{cases} a_k(n) - b_k & (k \leqq n) \\ -b_k & (k > n) \end{cases}$$

とおくと

$$s_n - \sum_{k=1}^{\infty} b_k = \sum_{k=1}^{n} a_k(n) - \sum_{k=1}^{\infty} b_k = \sum_{k=1}^{\infty} c_k(n).$$

最右辺の和を $k=1$ から l までの和 $S_1(n)$ と, $k=l+1$ から ∞ までの和 $S_2(n)$ の二つに分けて,それぞれを評価する. $S_2(n)$ については, l が十分大きければ,

$$|S_2(n)| \leqq \sum_{k=l+1}^{\infty} |c_k(n)| \leqq \sum_{k=l+1}^{\infty} 2M_k$$

と評価されるから,任意に与えられた正の実数 ε に対して,十分大きな l をとれば, n に無関係に $|S_2(n)| < \varepsilon/2$ とできる.このように定められた l を固定して, n を十分大きくとれば, $c_k(n) = a_k(n) - b_k \to 0\ (n\to\infty)\ (k=1,2,\cdots,l)$ であるから, $|S_1(n)| < \varepsilon/2$ とできる.したがって,十分大きなすべての n に対して,

$$\left| s_n - \sum_{k=1}^{\infty} b_k \right| \leqq |S_1(n)| + |S_2(n)| < \varepsilon.$$

ゆえに, $s_n \to \sum_{k=1}^{\infty} b_k\ (n\to\infty)$.

2.4 絶対収束性は明らか. $\sum_{k=0}^{n} z^k = (1-z^{n+1})/(1-z)$ であり, $\lim_{n\to\infty} z^n = 0$ であるから, $\sum_{n=0}^{\infty} z^n = 1/(1-z)$.

2.5 前問 2.4 の結果および系 2.16 より,

$$\left(\sum_{n=0}^{\infty} z^n\right)\left(\sum_{n=0}^{\infty} z^n\right) = \sum_{n=0}^{\infty}\left(\sum_{j+k=n} z^{j+k}\right) = \sum_{n=0}^{\infty}(n+1)z^n$$

であり，$\sum_{n=0}^{\infty}(n+1)z^n$ は絶対収束しその和は $1/(1-z)^2$ である．したがって，$\sum_{n=0}^{\infty} nz^n$ $= z\sum_{n=0}^{\infty}(n+1)z^n$ も絶対収束し，その和は $z/(1-z)^2$ である．

2.6 (1)
$$\mathrm{e}^{iy} = \sum_{n=0}^{\infty} \frac{(iy)^n}{n!} = \left(1 - \frac{y^2}{2!} + \frac{y^4}{4!} + \cdots\right) + i\left(y - \frac{y^3}{3!} + \frac{y^5}{5!} + \cdots\right)$$
$$= \cos y + i\sin y$$

(2) 指数関数の加法定理 $\mathrm{e}^{z+w} = \mathrm{e}^z \mathrm{e}^w$，および，(1)の結果より，$\mathrm{e}^z = \mathrm{e}^x \mathrm{e}^{iy} = \mathrm{e}^x(\cos y + i\sin y)$．

第3章

3.1 (1) 共通の焦点を F とし，交点を P とする．放物線の焦点の定義より，「P における接線と PF のなす角 = P における接線と軸に平行な P を通る直線とのなす角」が成立するので，図1(a)に書いたような角に関する相等が成立し，このことから，容易に二つの放物線が交点 P において直交することがわかる．

(2) 2の焦点を F, F' とし，交点を P とする．楕円の焦点の定義より，P における接線は ∠F'PF の内角を2等分し，双曲線の焦点の定義より，P における接線は ∠F'PF の外角を2等分する(図1(b)参照)．したがって，これらの接線は P において直交する．

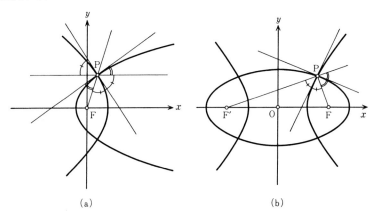

図1 (a) 問題3.1(1)の解答 (b) 問題3.1(2)の解答

演習問題解答

3.2 (1) $(0,0,1)$, (ξ,η,ζ), $(x,y,0)$ が同一直線上にあることより, $x/\xi = y/\eta = 1/(1-\zeta)$. これより, $x=\xi/(1-\zeta)$, $y=\eta/(1-\zeta)$ であるから, $z=(\xi+i\eta)/(1-\zeta)$. このとき, $|z|^2 = (1+\zeta)/(1-\zeta)$ より, $\zeta = (|z|^2-1)/(|z|^2+1)$. また, $\xi = x(1-\zeta) = 2\mathrm{Re}\,z/(|z|^2+1)$, $\eta = y(1-\zeta) = 2\mathrm{Im}\,z/(|z|^2+1)$.

(2) 立体射影により, 複素球面上の点 (ξ,η,ζ) が複素数 z に, 複素球面上の点 (ξ',η',ζ') が複素数 $w=z^{-1}$ に対応するとする. (1) の結果より, $\xi = 2\mathrm{Re}\,z/(|z|^2+1)$, $\eta = 2\mathrm{Im}\,z/(|z|^2+1)$, $\zeta = (|z|^2-1)/(|z|^2+1)$ であり, $\xi' = 2\mathrm{Re}\,z^{-1}/(|z^{-1}|^2+1) = 2\mathrm{Re}\,z/(|z|^2+1)$, $\eta' = 2\mathrm{Im}\,z^{-1}/(|z^{-1}|^2+1) = -2\mathrm{Im}\,z/(|z|^2+1)$, $\zeta' = (|z^{-1}|^2-1)/(|z^{-1}|^2+1) = -(|z|^2-1)/(|z|^2+1)$ であるから, $\xi'=\xi$, $\eta'=-\eta$, $\zeta'=-\zeta$.

3.3 (1) $(z-1)/(z+1) = w$ とおいて z について解くと $z = -(w+1)/(w-1)$ であるから, $|z| = |w+1|/|w-1|$, $\arg z \equiv \pi + \arg(w+1)/(w-1) \pmod{2\pi}$ が成立することがわかる. したがって, 半直線 $\arg z = \theta$ の像は $\arg(w+1)/(w-1) \equiv \theta - \pi \pmod{2\pi}$, つまり, 2点 $1, -1$ から w を見込む角 $\angle 1\,w\,-1$ が $\theta - \pi$ である円弧となり ((1.44) 参照), また, 円 $|z|=r$ の像は $|w+1|/|w-1|=r$, つまり, 2点 $1, -1$ に関する Apollonius の円となる ((1.46) 参照).

(2) 立体射影により, 複素球面上の点 (ξ,η,ζ) が複素数 z に, 複素球面上の点 (ξ',η',ζ') が複素数 $w=(z-1)/(z+1)$ に対応するとする. このとき $\xi' = (2\mathrm{Re}\,w)/(|w|^2+1) = (|z|^2-1)/(|z|^2+1)$, $\eta' = (2\mathrm{Im}\,w)/(|w|^2+1) = (2\mathrm{Im}\,z)/(|z|^2+1)$, $\zeta' = (|w|^2-1)/(|w|^2+1) = -(2\mathrm{Re}\,z)/(|z|^2+1)$ であるから, $\xi'=\zeta$, $\eta'=\eta$, $\zeta'=-\xi$. $(\xi,\eta,\zeta) \to (\xi',\eta',\zeta')$ は η 軸回りの $90°$ 回転に対応する.

3.4 (1) $f(z) = (z-1+1)/(z-1)^2 = 1/(z-1)^2 + 1/(z-1)$. したがって, $\zeta = 1/(z-1)$ を新しい変数にとれば, $f(\zeta) = \zeta^2 + \zeta$.

(2) $\zeta = 1/(z-1)$ によって, 単位円内部は $\{\zeta \mid \mathrm{Re}\,\zeta < -1/2\}$ に 1 対 1 に写像され, この領域は $f(\zeta) = \zeta^2 + \zeta = (\zeta+1/2)^2 - 1/4$ によって, w 平面から実軸上の半直線 $\{w \mid w\ \text{は実数で}, -\infty < w < -1/4\}$ を除いた領域に 1 対 1 に写像される.

3.5 略.

3.6 $\{z$ 平面上の区域 $-\pi < \mathrm{Re}\,z \leqq \pi$, $\mathrm{Im}\,z \geqq 0$ にある虚軸に平行な直線 $\mathrm{Re}\,z = a$, 実軸に平行な直線 $\mathrm{Im}\,z = b\} \xrightarrow{\zeta_1 = iz} \{\zeta_1$ 平面上の区域 $-\pi \leqq \mathrm{Im}\,\zeta_1 < \pi$, $\mathrm{Re}\,\zeta_1 \geqq 0$ にある実軸に平行な直線 $\mathrm{Im}\,\zeta_1 = -a$, 虚軸に平行な直線 $\mathrm{Re}\,\zeta_1 = b\} \xrightarrow{\zeta_2 = e^{\zeta_1}} \{\zeta_2$ 平面上の区域 $|\zeta_2| \geqq 1$ にある半直線 $\arg \zeta_2 = -a$, 円 $|w| = e^b\} \xrightarrow{\zeta_3 = \zeta_2 + 1/\zeta_2} \{\zeta_3$ 平面上の双曲線 $|\zeta_3+2| - |\zeta_3-2| = 4\cos a$, および, 楕円 $|\zeta_3+2| + |\zeta_3-2| = 2(e^b + e^{-b})\} \xrightarrow{w = \zeta_3/2} \{w$ 平面上の双曲線 $|w+1| - |w-1| = 2\cos a$, および, 楕円 $|w+1| + |w-1| = (e^b + e^{-b})\}$

3.7 略.

3.8 $\cot z = -\tan(z+\pi/2)$ であるから,$\tan z$ のみを調べれば十分である.また,$\tan z$ は周期 π の周期関数であるから,z 平面上の $-\pi/2 < \operatorname{Re} z \leqq \pi/2$ の区域を考えればよい.

$\tan z$ の定義より容易にわかるように,$\tan z = -\mathrm{i}(\mathrm{e}^{2\mathrm{i}z}-1)/(\mathrm{e}^{2\mathrm{i}z}+1) = M_{-\mathrm{i}} \circ L \circ e \circ M_{2\mathrm{i}}(z)$(ここで,$L(z) = (z-1)/(z+1)$(演習問題 3.3 参照),$e(z) = \mathrm{e}^z$)と表すことができる.$z$ 平面上の区域 $-\pi/2 < \operatorname{Re} z \leqq \pi/2$ にある虚軸に平行な直線 $\operatorname{Re} z = a$,実軸に平行な直線 $\operatorname{Im} z = b$ が一連の写像 $M_{2\mathrm{i}}, e, L, M_{-\mathrm{i}}$ によって逐次どのような図形に写像されていくかをみると次のようになる:

$\{z$ 平面上の区域 $-\pi/2 < \operatorname{Re} z \leqq \pi/2$ にある虚軸に平行な直線 $\operatorname{Re} z = a$,実軸に平行な直線 $\operatorname{Im} z = b\} \xrightarrow{\zeta_1 = 2\mathrm{i}z} \{\zeta_1$ 平面上の区域 $-\pi < \operatorname{Im} \zeta_1 \leqq \pi$ にある実軸に平行な直線 $\operatorname{Im} \zeta_1 = 2a$,虚軸に平行な直線 $\operatorname{Re} \zeta_1 = -2b\} \xrightarrow{\zeta_2 = \mathrm{e}^{\zeta_1}} \{\zeta_2$ 平面上の区域 $|\zeta_2| \geqq 1$ にある直線 $\arg \zeta_2 = 2a$,円 $|w| = \mathrm{e}^{-2b}\} \xrightarrow{\zeta_3 = (\zeta_2-1)/(\zeta_2+1)} \{\zeta_3$ 平面上の $\arg(\zeta_3+1)/(\zeta_3-1) \equiv 2a - \pi \pmod{2\pi}$,$|\zeta_3+1|/|\zeta_3-1| = \mathrm{e}^{-2b}\} \xrightarrow{w = -\mathrm{i}\zeta_3} \{w$ 平面上の $\arg(w-\mathrm{i})/(w+\mathrm{i}) \equiv 2a - \pi \pmod{2\pi}$ (2 点 $-\mathrm{i}, \mathrm{i}$ から w を見込む角 $\angle -\mathrm{i}w\mathrm{i}$ が $2a-\pi$ である円弧),$|w-\mathrm{i}|/|w+\mathrm{i}| = \mathrm{e}^{-2b}$ (2 点 $-\mathrm{i}, \mathrm{i}$ に関する Apollonius の円)$\}$

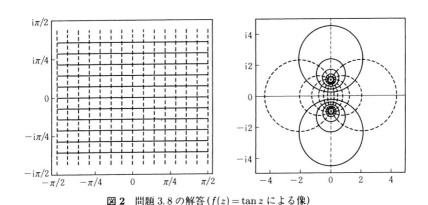

図 2 問題 3.8 の解答($f(z) = \tan z$ による像)

3.9 略.

3.10 (1) $\{\log z_1 z_2\} = \{\operatorname{Log}|z_1||z_2| + \mathrm{i}(\operatorname{Arg}(z_1 z_2) + 2k\pi) \mid k:$ 任意の整数$\}$,$\{\log z_1\} + \{\log z_2\} = \{\operatorname{Log}|z_1| + \operatorname{Log}|z_2| + \mathrm{i}(\operatorname{Arg} z_1 + \operatorname{Arg} z_2 + 2k\pi) \mid k:$ 任意の整数$\}$.

(2) (1) と同様.

(3) $\{\log z^n\} = \{n \operatorname{Log}|z| + \mathrm{i}(n \operatorname{Arg} z + 2k\pi) \mid k:$ 任意の整数$\}$,

$n\{\log z\} = \{n \operatorname{Log}|z| + \mathrm{i}(n \operatorname{Arg} z + 2nk\pi) \mid k : 任意の整数\}$.

(4) $\{\log \mathrm{e}^z\} = \{z + 2k\pi\mathrm{i} \mid k : 任意の整数\}$.

3.11 (1) $\{z^\alpha z^\beta\} = \{\mathrm{e}^{(\alpha+\beta)\operatorname{Log} r + \mathrm{i}(\alpha+\beta)\theta + \mathrm{i}(2\pi(m\alpha + n\beta))} \mid m, n : 任意の2整数\}$,
$\{z^{\alpha+\beta}\} = \{\mathrm{e}^{(\alpha+\beta)\operatorname{Log} r + \mathrm{i}(\alpha+\beta)\theta + \mathrm{i}(2\pi l(\alpha+\beta))} \mid l : 任意の整数\}$.

(2) $\{(z^\alpha)^\beta\} = \{\mathrm{e}^{(\alpha\beta)\operatorname{Log} r + \mathrm{i}(\alpha\beta)\theta + \mathrm{i}(2\pi(m\alpha\beta + n\beta))} \mid m, n : 任意の2整数\}$,
$\{z^{\alpha\beta}\} = \{\mathrm{e}^{(\alpha\beta)\operatorname{Log} r + \mathrm{i}(\alpha\beta)\theta + \mathrm{i}(2\pi l(\alpha\beta))} \mid l : 任意の整数\}$.

3.12 $z^{\pm m/n}$ は「n 個の複素平面上の 1 価関数
$$f_k(z) = \mathrm{e}^{(\pm m/n)\operatorname{Log} r + \mathrm{i}(\pm m/n)(\theta + 2k\pi)} \quad (\theta = \operatorname{Arg} z, \ k = 0, 1, 2, \cdots, n-1)$$
の集まり」とみなすことができる. f_k の定義されている複素平面をそれぞれ $\boldsymbol{C}_k$ と書くとき, $\boldsymbol{C}_0$ の負の実軸の上側の $f_0(z)$ の値は $\boldsymbol{C}_1$ の負の実軸の下側の $f_1(z)$ の値になめらかにつながり, $\boldsymbol{C}_1$ の負の実軸の上側の $f_1(z)$ の値は $\boldsymbol{C}_2$ の負の実軸の下側の $f_2(z)$ の値になめらかにつながり, $\cdots$, $\boldsymbol{C}_k$ の負の実軸の上側の $f_k(z)$ の値は $\boldsymbol{C}_{k+1}$ の負の実軸の下側の $f_{k+1}(z)$ の値になめらかにつながり, $\cdots$. 最後の $\boldsymbol{C}_{n-1}$ の負の実軸の上側の $f_{n-1}(z)$ の値は $\boldsymbol{C}_0$ の負の実軸の下側の $f_0(z)$ の値になめらかにつながることがわかる. そこで, $\boldsymbol{C}_0$ の負の実軸の上側と $\boldsymbol{C}_1$ の負の実軸の下側をなめらかにつなぎ, $\boldsymbol{C}_1$ の負の実軸の上側と $\boldsymbol{C}_2$ の負の実軸の下側をなめらかにつなぎ, $\cdots$, $\boldsymbol{C}_k$ の負の実軸の上側と $\boldsymbol{C}_{k+1}$ の負の実軸の下側をなめらかにつなぎ, $\cdots$, 最後の $\boldsymbol{C}_{n-1}$ の負の実軸の上側と $\boldsymbol{C}_0$ の負の実軸の下側をなめらかにつないだ面を考える. この面上で $z^{\pm m/n}$ はなめらかな 1 価関数と考えられる.

3.13 $z = \tan w = \sin w / \cos w = (1/\mathrm{i})(\mathrm{e}^{\mathrm{i}w} - \mathrm{e}^{-\mathrm{i}w})/(\mathrm{e}^{\mathrm{i}w} + \mathrm{e}^{-\mathrm{i}w}) = (1/\mathrm{i})(\mathrm{e}^{2\mathrm{i}w} - 1)/(\mathrm{e}^{2\mathrm{i}w} + 1)$ より, $\mathrm{e}^{2\mathrm{i}w} = (1 + \mathrm{i}z)/(1 - \mathrm{i}z)$. したがって, $w = (1/(2\mathrm{i})) \log((1 + \mathrm{i}z)/(1 - \mathrm{i}z))$.

3.14 まず, $\arcsin z = (1/\mathrm{i}) \log(\mathrm{i}z + (1 - z^2)^{1/2})$ の対数関数の中にある無理関数 $(1 - z^2)^{1/2}$ を考える. これは 2 価関数であって, $1 - z^2 = 0$ のとき, つまり, $z = \pm 1$ のとき 0, その他のとき $\sqrt{|1 - z^2|}\,\mathrm{e}^{\mathrm{i}\theta/2}$, $\sqrt{|1 - z^2|}\,\mathrm{e}^{\mathrm{i}(\theta/2 + \pi)}$ ($\theta = \arg(1 - z^2)$) を対応させる関数である. $\theta = \arg(1 - z^2)$ のとり方に任意性があるが, $\arg(1 - z^2) \equiv \arg(1 + z) + \arg(1 - z) \pmod{2\pi}$ であるから, 右辺の各項を主値にとって, $\theta = \operatorname{Arg}(1 + z) + \operatorname{Arg}(1 - z)$ ととることにする. このとき, 逆正弦関数 $\arcsin z = (1/\mathrm{i}) \log(\mathrm{i}z + (1 - z^2)^{1/2})$ は, 次の二つの無限多価関数の組と考えられる.

$$f^{(0)}(z) = (1/\mathrm{i}) \log(\mathrm{i}z + \sqrt{|1 - z^2|}\,\mathrm{e}^{\mathrm{i}\theta/2}),$$
$$f^{(1)}(z) = (1/\mathrm{i}) \log(\mathrm{i}z + \sqrt{|1 - z^2|}\,\mathrm{e}^{\mathrm{i}(\theta/2 + \pi)}),$$
$$(\theta = \operatorname{Arg}(1 + z) + \operatorname{Arg}(1 - z)).$$

いま，等式 $iz+\sqrt{|1-z^2|}\,e^{i(\theta/2+\pi)} = -1/(iz+\sqrt{|1-z^2|}\,e^{i\theta/2})$ に注意すれば，$f^{(1)}(z)$ は次のように表現できる．
$$f^{(1)}(z) = \pi - (1/i)\log(iz+\sqrt{|1-z^2|}\,e^{i\theta/2}).$$
ここで，対数関数の多価性に注意すれば，逆正弦関数 $\arcsin z$ は (3.61) で定義される無限個の複素平面上の1価関数の集まりとみなすことができることがわかる．

3.15

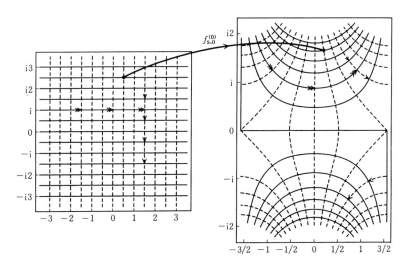

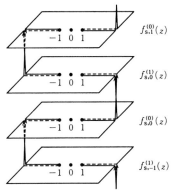

図3 問題 3.15 の解答 ($f_{s,0}^{(0)}(z)$ による像と $\arcsin z$ の Riemann 面)

第4章
4.1
$$\lim_{z \to z_0} \frac{f(z)}{g(z)} = \lim_{z \to z_0} \frac{f(z_0)+f'(z_0)(z-z_0)+\mathrm{o}(|z-z_0|)}{g(z_0)+g'(z_0)(z-z_0)+\mathrm{o}(|z-z_0|)} = \frac{f'(z_0)}{g'(z_0)}.$$

4.2 (1) 問題にある等式から導かれる等式 $\mathrm{i}f_x = f_y$ に $f = u+\mathrm{i}v$ を代入し，両辺の実数部と虚数部を等置する．

(2) (4.45) から導かれる等式 $\mathrm{i}rf_r = f_\theta$ に $f = u+\mathrm{i}v$ を代入し，両辺の実数部と虚数部を等置して，$ru_r = v_\theta,\ u_\theta = -rv_r$ を得る．

(3) (2) で用いた等式 $\mathrm{i}rf_r = f_\theta$ に $f(z) = R(r,\theta)\mathrm{e}^{\mathrm{i}\theta(r,\theta)}$ を代入し，得られた等式から $\mathrm{e}^{\mathrm{i}\theta(r,\theta)}$ を除し，さらに両辺の実数部と虚数部を等置して，示すべき式を得る．

4.3 (1) $|\mathrm{Re}\,z|, |\mathrm{Im}\,z| \leqq |z| \leqq |\mathrm{Re}\,z|+|\mathrm{Im}\,z|$ による．

(2) $f'(z_0) = a+\mathrm{i}b$ とおく．$f(z)$ の $z = z_0$ における微分可能性から，
$$\lim_{\Delta z \to 0} \frac{h(\Delta z)}{\Delta z} = 0.$$
ここで，(1) の同値関係から，
$$\lim_{(\Delta x, \Delta y) \to (0,0)} \frac{u(x_0+\Delta x, y_0+\Delta y) - u(x_0, y_0) - (a\Delta x - b\Delta y)}{\sqrt{\Delta x^2 + \Delta y^2}} = 0,$$
$$\lim_{(\Delta x, \Delta y) \to (0,0)} \frac{v(x_0+\Delta x, y_0+\Delta y) - v(x_0, y_0) - (b\Delta x + a\Delta y)}{\sqrt{\Delta x^2 + \Delta y^2}} = 0.$$
これは，$u(x,y),\ v(x,y)$ の (x_0, y_0) での微分可能性を意味する．

4.4 $z, \bar{z}$ に関する偏微分の定義 (4.33) に従って計算すればよい．なお，$z, \bar{z}$ に関する偏微分は
$$f(z_0+h) = f(z_0) + f_z(z_0)h + f_{\bar{z}}(z_0)\bar{h} + \mathrm{o}(h) \quad (h \to 0)$$
という形でも定義できる（各自確かめよ）．ただし，ここで，$\partial f/\partial z,\ \partial f/\partial \bar{z}$ をそれぞれ $f_z,\ f_{\bar{z}}$ と略記した．これを用いて証明してもよい．たとえば，(4.38) は
$$\begin{aligned}
&g(f(z_0+h)) \\
&= g\big(f(z_0) + f_z(z_0)h + f_{\bar{z}}(z_0)\bar{h} + \mathrm{o}(h)\big) \\
&= g(w_0) + g_w(w_0)\big(f_z(z_0)h + f_{\bar{z}}(z_0)\bar{h} + \mathrm{o}(h)\big) \\
&\quad + g_{\bar{w}}(w_0)\overline{\big(f_z(z_0)h + f_{\bar{z}}(z_0)\bar{h} + \mathrm{o}(h)\big)} + \mathrm{o}(h) \\
&= g(w_0) + \big(g_w(w_0)f_z(z_0) + g_{\bar{w}}(w_0)\overline{f_{\bar{z}}(z_0)}\big)h \\
&\quad + \big(g_w(w_0)f_{\bar{z}}(z_0) + g_{\bar{w}}(w_0)\overline{f_z(z_0)}\big)\bar{h} + \mathrm{o}(h)
\end{aligned}$$

$$= g(w_0) + \big(g_w(w_0)f_z(z_0) + g_{\bar{w}}(w_0)\overline{f_{\bar{z}}(z_0)}\big)h$$
$$+ \big(g_w(w_0)f_{\bar{z}}(z_0) + g_{\bar{w}}(w_0)\overline{f_z(z_0)}\big)\bar{h} + \mathrm{o}(h)$$

と証明される.

4.5 (1)
$$(u_{\bar z})_z = \left(\frac{u_x + \mathrm{i} u_y}{2}\right)_z = \frac{(u_{xx}+u_{yy}) + \mathrm{i}(-u_{xy}+u_{yx})}{4} = \frac{\Delta u}{4}.$$

(2) $(f_{\bar z})_z = (u_{\bar z})_z + \mathrm{i}(v_{\bar z})_z$ による.

(3) Cauchy–Riemann の関係式より,$f_{\bar z} = \overline{f_z} = 0$ に注意すれば,
$$\Delta(g \circ f) = 4((g \circ f)_{\bar z})_z = 4\big(g_\zeta \overline{f_{\bar z}}\big)_z = 4g_{\zeta\bar\zeta}\overline{f_z}f_z = \Delta g|f'|^2.$$

4.6 (1) 偏微分の順序交換が可能であるから,
$$16\frac{\partial^4 u}{\partial z^2 \partial \bar z^2} = 4\frac{\partial^2}{\partial z \partial \bar z}\left(4\frac{\partial^2 u}{\partial z \partial \bar z}\right) = \Delta(\Delta u).$$

(2) $\dfrac{\partial^2}{\partial \bar z^2}(\bar z f(z) + g(z)) = 0$ による.

4.7 $f'(z) = 0$ および Cauchy–Riemann の関係式から,$u_x = u_y = 0$, $v_x = v_y = 0$. したがって $u = c$ (定数), $v = d$ (定数). つまり,$f = c + \mathrm{i} d$.

第5章

5.1 原点から R に至る路を Γ_1^1,R から $R+\mathrm{i}R$ に至る路を Γ_1^2 と書くことにする:
$$\Gamma_1^1 = \{z = x \mid 0 \leqq x \leqq R\}, \quad \Gamma_1^2 = \{z = R + \mathrm{i}y \mid 0 \leqq y \leqq R\}.$$
このとき Cauchy の積分定理より,
$$\int_{\Gamma_1^1} \mathrm{e}^{-z^2}\mathrm{d}z + \int_{\Gamma_1^2} \mathrm{e}^{-z^2}\mathrm{d}z = \int_{\Gamma_2} \mathrm{e}^{-z^2}\mathrm{d}z.$$
ここで,$R \to \infty$ とするとき,各項は次のように評価される.
$$\lim_{R\to\infty}\int_{\Gamma_2} \mathrm{e}^{-z^2}\mathrm{d}z = \int_0^\infty \mathrm{e}^{-\mathrm{i}r^2}\mathrm{e}^{\mathrm{i}\pi/4}\mathrm{d}r$$
$$= \frac{\sqrt{2}}{2}\left(\int_0^\infty \cos r^2 \mathrm{d}r + \int_0^\infty \sin r^2 \mathrm{d}r\right)$$
$$+ \mathrm{i}\frac{\sqrt{2}}{2}\left(\int_0^\infty \cos r^2 \mathrm{d}r - \int_0^\infty \sin r^2 \mathrm{d}r\right).$$

演習問題解答　247

$$\left|\int_{\Gamma_1^2}\mathrm{e}^{-z^2}\mathrm{d}z\right|\leqq\int_0^R\mathrm{e}^{-R(R-y)}\mathrm{d}y=\frac{1-\mathrm{e}^{-R^2}}{R}\to 0\quad(R\to\infty).$$

$$\lim_{R\to\infty}\int_{\Gamma_1^1}\mathrm{e}^{-z^2}\mathrm{d}z=\int_0^\infty\mathrm{e}^{-x^2}\mathrm{d}x=\frac{\sqrt{\pi}}{2}.$$

これらから証明すべき等式を得る．

5.2 (1)
$$J[\phi+\varepsilon\eta]=\int_a^b f(\phi(t)+\varepsilon\eta(t))(\phi'(t)+\varepsilon\eta'(t))\mathrm{d}t$$
$$=\int_a^b(f(\phi(t))+f'(\phi(t))\varepsilon\eta(t)+\mathrm{o}(\varepsilon))(\phi'(t)+\varepsilon\eta'(t))\mathrm{d}t$$
$$=J[\phi]+\varepsilon\int_a^b(f'(\phi(t))\phi'(t)\eta(t)+f(\phi(t))\eta'(t))\mathrm{d}t+\mathrm{o}(\varepsilon)$$

(2)
$$\delta J=\int_a^b(f(\phi(t))\eta(t))'\mathrm{d}t=f(\phi(b))\eta(b)-f(\phi(a))\eta(a)=0.$$

5.3 (1)
$$\int_C f(z)\mathrm{d}z=\int_C(u+\mathrm{i}v)\mathrm{d}(x+\mathrm{i}y)$$
$$=\int_C(u\,\mathrm{d}x-v\,\mathrm{d}y)+\mathrm{i}\int_C(v\,\mathrm{d}x+u\,\mathrm{d}y)$$

(2) Green の公式より
$$\int_C f(z)\mathrm{d}z=\int_C(u\,\mathrm{d}x-v\,\mathrm{d}y)+\mathrm{i}\int_C(v\,\mathrm{d}x+u\,\mathrm{d}y)$$
$$=\iint_E(-u_y-v_x)\mathrm{d}x\,\mathrm{d}y+\mathrm{i}\iint_E(-v_y+u_x)\mathrm{d}x\,\mathrm{d}y$$
$$=2\mathrm{i}\iint_E\frac{\partial f}{\partial\bar{z}}\mathrm{d}x\,\mathrm{d}y.$$

右辺に Cauchy–Riemann の微分方程式を代入する．

5.4 問題 5.3(2) の略解に示した等式を使う．

第 6 章

6.1 (i) 極形式で表した Cauchy–Riemann の微分方程式より，$\Theta_x=\Theta_y=0$ が得られるから，$\Theta=c$ (定数)．したがって，$f=M\mathrm{e}^{\mathrm{i}c}$．

(ii) $M^2=f(z)\overline{f(z)}$ の両辺を z で偏微分すると，

$$0 = \frac{\partial}{\partial z}(f\overline{f}) = \frac{\partial f}{\partial z}\overline{f} + f\frac{\partial \overline{f}}{\partial z} = \frac{\partial f}{\partial z}\overline{f} + f\overline{\frac{\partial f}{\partial \overline{z}}} = \frac{\mathrm{d}f}{\mathrm{d}z}\overline{f}.$$

したがって，$f'(z)=0$．

6.2 略．

6.3 $f(z)$ の原点まわりの Taylor 展開 $f(z) = \sum_{n=0}^{\infty}(f^{(n)}(0)/n!)z^n$ を考える．ここで，$n \geq [\rho]+1$ に対して $f^{(n)}(0)=0$ が示されればよい．しかし，これは次のように Cauchy の評価式を用いて容易に示される．

$$|f^{(n)}(0)| \leq \frac{n!(M_1 + M_2 r^\rho)}{r^n} \to 0 \quad (r \to \infty).$$

6.4 $f(z)$ の Laurent 展開 $f(z) = \sum_{n=-\infty}^{\infty} c_n(z-a)^n$ を考える．ここで，$n \leq -[\rho]-1$ に対して $c_n=0$ が示されればよい．しかし，これは次のように容易に示される．

$$|c_n| \leq \left|\frac{1}{2\pi\mathrm{i}}\int_{|\zeta|=\varepsilon}\frac{f(\zeta)}{(\zeta-a)^{n+1}}\mathrm{d}\zeta\right| \leq \frac{M\varepsilon}{\varepsilon^\rho \varepsilon^{n+1}} \to 0 \quad (\varepsilon \to 0).$$

6.5 $g(z) = f(z) - \sum_{j=1}^{n} f_j(z) - f_\infty(z)$ とおくと，$g(z)$ は無限遠点を含む全平面で正則な関数，すなわち，全平面で有界かつ正則な関数である．よって，Liouville の定理（定理 6.15）により $g(z)=$ 定数 である．

第7章

7.1 式 (7.4) で積分変数を $z=1/\zeta$ と変換する：

$$\mathrm{Res}(f,\infty) = -\frac{1}{2\pi\mathrm{i}}\int_{\Gamma_{r^{-1}}}\frac{1}{\zeta^2}f\left(\frac{1}{\zeta}\right)\mathrm{d}\zeta.$$

$g(\zeta) = \zeta^{-2}f(\zeta^{-1})$ は積分路 $\Gamma_{r^{-1}}$ の内部で $\zeta=0$ にのみ極をもつから，

$$\mathrm{Res}(f,\infty) = -\mathrm{Res}(g,0) = -\lim_{\zeta\to 0}\zeta g(\zeta) = -\lim_{z\to\infty}zf(z).$$

7.2 $f(z) = 1/(z^3+1)$ は $z=-1, \mathrm{e}^{\pm\mathrm{i}\pi/3}$ に単純な極をもつから，(7.43) で $a=0$, $b=1$, $a_1=-1$, $a_2=\mathrm{e}^{\mathrm{i}\pi/3}$, $a_3=\mathrm{e}^{-\mathrm{i}\pi/3}$ とおいた式より，

$$\int_0^1 f(x)\mathrm{d}x = -\frac{1}{3}\mathrm{Log}\frac{1}{2} - \frac{1}{3}\mathrm{e}^{-\mathrm{i}2\pi/3}\cdot\left(-\mathrm{i}\frac{\pi}{3}\right) - \frac{1}{3}\mathrm{e}^{\mathrm{i}2\pi/3}\cdot\mathrm{i}\frac{\pi}{3}$$
$$= \frac{1}{3}\left(\mathrm{Log}\, 2 + \frac{\pi}{\sqrt{3}}\right).$$

7.3 (i) $(\sin^2 x/x^2)' = 2\sin x(x\cos x - \sin x)/x^3$ による．

(ii) F の特異点は $z=0$, $z=\pm\mathrm{i}$, $z=\pm r_k$ $(k=1,2,\cdots)$ で与えられること，およ

び，
$$\operatorname{Res}(F;\pm r_k) = \lim_{z\to \pm r_k} \frac{(z\mp r_k)z^2}{(\tan z - z)(1+z^2)} = \frac{r_k^2}{\tan^2 r_k\,(1+r_k^2)} = \frac{\sin^2 r_k}{r_k^2}$$
に注意して，留数定理を用いる．

(iii) C_N 上で $|\tan z| \leqq 2$ が成立することに注意すれば，C_N (N は十分大きいとする) 上で次の一連の不等式が成り立つ．

$$\left| \frac{z^2}{(1+z^2)(\tan z - z)} + \frac{1}{z} \right| = \left| \frac{(1+z^2)\tan z - z}{(1+z^2)(\tan z - z)z} \right|$$
$$\leqq \frac{2(1+|z|^2)+|z|}{(|z|^2-1)(|z|-2)|z|} \leqq \frac{M}{|z|^2}.$$

$$\left| \frac{1}{2\pi \mathrm{i}} \int_{C_N} \left(F(z) + \frac{1}{z} \right) \mathrm{d}z \right| \leqq \frac{1}{2\pi} \int_{C_N} \frac{M}{|z|^2} |\mathrm{d}z|$$
$$\leqq \frac{1}{2\pi} \frac{M}{(N\pi)^2} 8N\pi \to 0 \quad (n \to \infty)$$

および
$$\frac{1}{2\pi \mathrm{i}} \int_{C_N} \frac{1}{z}\,\mathrm{d}z = 1$$
による．

(iv) $\operatorname{Res}(F,0)=3$，$\operatorname{Res}(F,\mathrm{i})=-(\mathrm{e}^2+1)/4$，$\operatorname{Res}(F,-\mathrm{i})=-(\mathrm{e}^2+1)/4$ であるから，
$$\operatorname{Var}\left[\frac{\sin^2 x}{x^2}\right] = \frac{(\mathrm{e}^2-5)}{2}.$$

7.4 問題 6.5，および，留数の定義による．

7.5 略．

7.6
$$f(z) = \frac{c_0 + c_1 z + \cdots + c_\mu z^\mu}{d_0 + d_1 z + \cdots + d_\nu z^\nu}$$

と書くとき，$c_\mu \neq 0$，$d_\nu \neq 0$ で，分母分子に共通因子はないものとする．系 6.17 より，$f(z)$ の分子は重複度も含めて μ 個の零点をもつから，$f(z)$ の有限な零点の位数の和は μ である．分母について同様の議論を行えば，$f(z)$ の有限な極の位数の和は ν である．次に $z \to \infty$ のとき

$$f(z) = \frac{z^\mu(c_\mu + \cdots + c_0 z^{-\mu})}{z^\nu(d_\nu + \cdots + d_0 z^{-\nu})} = \frac{c_\mu}{d_\nu} z^{\mu-\nu}(1 + \gamma_1 z^{-1} + \gamma_2 z^{-2} + \cdots)$$

であるから，$\mu>\nu$ ならば，$z=\infty$ は $\mu-\nu$ 位の極，$\mu=\nu$ ならば，$z=\infty$ は $f(z)\to c_\mu/d_\nu$ となる通常点，$\mu<\nu$ ならば，$z=\infty$ は $\nu-\mu$ 位の零点である．したがって，$z=\infty$ を含む全平面において，零点の位数の和と極の位数の和は，$\mu\geqq\nu$ ならばともに μ，$\mu<\nu$ ならばともに ν であり，つねに等しい．

第 8 章

8.1
$$\frac{1}{2\pi i}\int_C \frac{f(\zeta)}{(\zeta-a)^{m+1}}d\zeta = \sum_{n=-\infty}^{\infty} c_n \frac{1}{2\pi i}\int_C \frac{(\zeta-a)^n}{(\zeta-a)^{m+1}}d\zeta = c_m.$$

ここで，第一の等式，すなわち項別積分可能であることは，級数が D で広義一様収束であることより従う．

8.2 $f_0(z)=P(z;a)$ の点 $z=ae^{i\pi/4}$ における Taylor 展開 $f_1(z)$ を求める．$|z-a|<a$ では $f_0(z)=z^{1/2}$ であるから，$f_0^{(k)}(ae^{i\pi/4})=e^{i\pi/8}e^{-ik\pi/4}f_0^{(k)}(a)$ $(k=0,1,2,\cdots)$．よって，

$$f_1(z) = \sum_{k=0}^{\infty} \frac{f_0^{(k)}(ae^{i\pi/4})}{k!}(z-ae^{i\pi/4})^k$$
$$= e^{i\pi/8}\sum_{k=0}^{\infty} \frac{f_0^{(k)}(a)}{k!}(e^{-i\pi/4}z-a)^k = e^{i\pi/8}f_0(e^{-i\pi/4}z)$$

を得る．

次に，$f_1(z)$ の $z=ae^{i\pi/2}$ における Taylor 展開 $f_2(z)$ を求めると，$f_1(z)=e^{i\pi/8}\cdot f_0(e^{-i\pi/4}z)$ より $f_1^{(k)}(ae^{i\pi/2})=e^{i\pi/8}e^{-ik\pi/4}f_0^{(k)}(ae^{i\pi/4})$ $(k=0,1,2,\cdots)$ であるから，

$$f_2(z) = \sum_{k=0}^{\infty} \frac{f_1^{(k)}(ae^{i\pi/2})}{k!}(z-ae^{i\pi/2})^k$$
$$= e^{i\pi/8}\sum_{k=0}^{\infty} \frac{f_0^{(k)}(ae^{i\pi/4})}{k!}(e^{-i\pi/4}z-ae^{i\pi/4})^k = e^{i\pi/8}f_1(e^{-i\pi/4}z)$$

を得る．

以下同様にして $z=e^{im\pi/4}$ $(m=0,1,\cdots,7)$ における Taylor 展開 $f_m(z)$ から $z=e^{i(m+1)\pi/4}$ における Taylor 展開 $f_{m+1}(z)$ をつくると，$f_{m+1}(z)=e^{i\pi/8}f_m(e^{-i\pi/4}z)$ が成り立つことがわかる．ゆえに，$Q(z;a)=f_8(z)=e^{i\pi}f_0(e^{-i2\pi}z)=-P(z;a)$ を得る．

8.3 $R>0$ を任意にとる．$|z|\leqq R$ において $\left|\dfrac{z}{a_k}\right|\leqq \dfrac{R}{|a_k|}$ であり，仮定により $\sum_{k=1}^{\infty} R/|a_k|$ は収束するから，$\sum_{k=1}^{\infty} z/a_k$ は $|z|\leqq R$ で絶対一様収束する．よって，定理

8.23, 定理 8.24 より, $f(z)$ は $|z|\leqq R$ で絶対一様収束し, 正則関数を表す. R は任意であるから, 結局 $f(z)$ は全平面で正則な関数を表し, $z=a_k$ $(k=1,2,\cdots)$ に零点をもつ.

8.4 $R>0$ を任意にとり, $|z|\leqq R$ とする. $|a_k|\to\infty$ より, 十分大きい整数 N をとれば $|a_k|\geqq 2R$ $(k\geqq N)$ とできる. したがって, $k\geqq N$ に対し

$$\left|\frac{A_k}{z-a_k}\right|\leqq \frac{|A_k|}{|a_k|-R}\leqq \frac{2|A_k|}{|a_k|}$$

が成り立つ. 仮定より $\sum_{k\geqq N}2|A_k|/|a_k|$ は収束するから, $|z|\leqq R$ において $\sum_{k\geqq N}A_k/(z-a_k)$ は絶対一様収束し, 正則関数を表す. したがって, $|z|\leqq R$ において $f(z)$ は単純な極 $z=a_k$ $(|a_k|\leqq R)$ を除いて正則な関数を表す.

R は任意に大きくとれるから, 結局 $f(z)$ は全平面で単純な極 $z=a_k$ $(k=1,2,\cdots)$ を除き正則である.

8.5 「[ヒント]の等式の左辺 $\to 0$ $(n\to\infty)$」を示せばよい. しかし, これは次のように容易に示される.

$$\left|\frac{1}{2\pi i}\int_{\partial R_n}\frac{f(\zeta)z}{\zeta(\zeta-z)}d\zeta\right|\leqq \frac{1}{2\pi}\frac{M|z|}{l_n(l_n-|z|)}8l_n\to 0 \quad (n\to\infty).$$

8.6 略.

第9章

9.1 題意の1次変換を $w=\lambda(z)$ とおく. $\lambda(a)=0$ $(|a|<1)$ とすると, 定理 9.2 より $\lambda(\bar{a}^{-1})=\infty$ であるから, $w=\lambda(z)=C\dfrac{z-a}{\bar{a}z-1}$ (C は定数) と書ける. さらに, $|z|=1$ のとき $|w|=1$ であるから, $1=|C|^2\left|\dfrac{z-a}{\bar{a}z-1}\right|^2=|C|^2$ より $C=e^{i\gamma}$ (γ は実数) を得る.

逆に (9.38) の形の1次変換が与えられたとき,

$$1-|w|^2=\frac{(1-|a|^2)(1-|z|^2)}{|\bar{a}z-1|^2}$$

より, 単位円 $|z|<1$ は単位円 $|w|<1$ に写されることがわかる.

9.2 実軸は実軸に写されるから, 題意の1次変換は $w=\dfrac{az+b}{cz+d}$ (a,b,c,d は実数) と表される. このとき, $\operatorname{Im}w=\dfrac{(ad-bc)(\operatorname{Im}z)}{|cz+d|^2}$ であるから, 上半平面 $\operatorname{Im}z>0$ が上半平面 $\operatorname{Im}w>0$ に写されるためには, $ad-bc>0$ でなければならない. 逆に (9.39) の1次変換が与えられたとき, 題意をみたすことは明らかである.

9.3 (i) $\mathrm{Log}(1+z) = \sum_{n=1}^{\infty} \dfrac{(-1)^{n-1}}{n} z^n$. 収束域は $|z|<1$.

(ii) $z = 2w/(1-w)$ を w について解いた式 $w = z/(z+2)$ を $|w|<1$ に代入して, $|z| < |z+2|$. これは $\mathrm{Re}\, z > -1$ を意味する.

(iii) $\mathrm{Log}(1+z) = \mathrm{Log}\left(\dfrac{1+w}{1-w}\right) = \mathrm{Log}(1+w) - \mathrm{Log}(1-w) = \sum_{n=0}^{\infty} \dfrac{2}{2n+1} w^{2n+1}$. 収束域は $|w|<1$.

(iv) $\mathrm{Log}(1+z) = \sum_{n=1}^{\infty} \dfrac{2}{2n+1} \left(\dfrac{z}{z+2}\right)^{2n+1}$. 収束域は $\mathrm{Re}\, z > -1$.

9.4 (i) $\zeta = 2w/(1-w)$ により $|w|<1$ は半平面 $\mathrm{Re}\,\zeta > -1$ に写り, さらに $z = (\zeta+1)^2 - 1$ により全平面から半直線 $\{x \leqq -1\}$ を除いた領域 $\mathbf{C} - \{x \leqq -1\}$ に写る.

(ii) $\mathrm{Log}(1+z) = 2\mathrm{Log}\left(\dfrac{1+w}{1-w}\right) = \sum_{n=0}^{\infty} \dfrac{4}{2n+1} w^{2n+1}$. 収束域は $|w|<1$.

(iii) $w = ((z+1)^{1/2}-1)/((z+1)^{1/2}+1)$ を (ii) の式に代入して
$$\mathrm{Log}(1+z) = \sum_{n=0}^{\infty} \dfrac{4}{2n+1} \left(\dfrac{(z+1)^{1/2}-1}{(z+1)^{1/2}+1}\right)^{2n+1}.$$
収束域は $\mathbf{C} - \{x \leqq -1\}$.

欧文索引

- Γ 関数　205
  - ——の Euler の公式　210
  - ——の Gauss の公式　209
  - ——の Hankel の積分表示　211
  - ——の積分表示　210
  - ——の漸化式　205
- Cauchy 核　120
- Cauchy の収束定理　21, 26
- Cauchy の主値積分　151
- Cauchy の乗積級数　29
- Cauchy の積分公式　120, 124
- Cauchy の積分定理　93, 102, 104, 108
- Cauchy の評価式　127
- Cauchy–Goursat の積分公式　124
- Cauchy–Hadamard の公式　183
- Cauchy–Riemann の関係式　79
- Cauchy–Riemann の微分方程式　77, 79
- de Moivre の公式　11
- Euler の公式　47
- Euler の定数　207
- Fresnel の積分　117
- Green の公式　118
- Heine–Borel の定理　179, 190
- Jordan の不等式　148
- Joukowski 関数　44
- Joukowski 変換　229
- Laplace 方程式　88, 228
- Laurent 級数　132
- Laurent 展開　132
- Liouville の定理　127
- Maclaurin 級数　131
- Maclaurin 展開　131
- Mittag-Leffler　200
- Morera の定理　124
- Riemann 面　42, 53
- Rouché の定理　167
- Schwarz–Christoffel 変換　225
- Stirling の公式　215
- Taylor 級数　130
- Taylor 展開　130
- Weierstrass の判定法　180
- Weierstrass の標準積　209

和文索引

ア 行

- 鞍点　211
- 鞍点法　214
- 1 次関数　35, 219
- 1 次結合　68
- 1 次分数関数　38, 219
- 1 次変換　219
  - ——の逆　219
  - ——の構成　222
  - ——の合成　220
- 一様収束　175
- 一致の定理　186
- 円円対応　220

和文索引

円に関する鏡像　221
円の方程式　15

カ 行

開集合　74
開集合性の仮定　73
解析関数　188
解析接続　187
拡張された複素平面　41
各点収束　173
関数項級数　179
　——の収束　180
　——の和　179
完全楕円積分　227
逆関数定理　89
逆三角関数　62
級数の総和　152
鏡像　221
鏡像原理　193
共役な調和関数　88
共役複素数　2
極　135
　——の位数　135
　単純な——　135
極形式　8, 47
極限　19, 71
極限関数　173
虚軸　5
虚数単位　1
虚数部　1
近傍　73
区分的になめらかな曲線　96
原始関数　102
広義一様収束　175
合成　68
項別積分可能　181
項別微分可能　181, 184

弧の長さに関する積分　99
孤立特異点　135

サ 行

最大値原理　125
佐藤の超函数　155
三角関数　45, 47
　——の連続性　70
指数関数　24, 45
　——の連続性　70
自然境界　193
実数　1
実数部　1
実軸　5
写像　34
収束　26, 71, 173
　一様——　175
　各点——　173
　広義一様——　175
　正則関数列の——　177
　連続関数列の——　176
収束円　183
収束半径　183
重調和関数　92
主値　59
　対数関数の——　59
　偏角の——　8
主部　135
主要部　135
純虚数　1
除去可能な特異点　135
初等関数　33
真性特異点　136
整関数　138
　——の無限乗積表示　200
整級数　181
正則　86

正則関数　85, 86
正則関数列の収束　177
正の向き　113
積分路　94
　——の近似　101
　——の変更　112
絶対収束　26
絶対収束級数　26
絶対値　2, 8
切断線　54
速度ポテンシャル　228

タ 行

代数学の基本定理　128
対数関数　58
　——の連続性　69
代数関数　57
対数的分岐点　60
代数的分岐点　60
楕円積分　225
　完全——　227
多価性　61
多項式　33
単純曲線　108
単純な極　135
単純閉曲線　108
単連結領域　104
調和関数　88
直線の方程式　14
電位　228
等角　85
等角写像　219
導関数　86, 122
特異点　190
　孤立——　135
　除去可能な——　135
　真性——　136

ナ 行

内分点　13
流れの関数　228
なめらかな曲線　95
2次関数　36
2次分数関数　43

ハ 行

発散　26
非調和比　222
微分可能　73
微分可能写像の等角性　84
微分係数　73
複素関数
　——の極限　71
　——の正則性　86
　——の積分　93
　——の微分　67, 72
　——の連続性　69
複素級数　19, 25, 26
複素球面　42
複素数　1
複素数列　19
複素積分　94
複素平面　5
複素ポテンシャル　229
不定積分　111
不動点　220
負の向き　113
部分分数展開　202
分岐点　54
分枝　51, 59
平均値の定理　125
平方根　50
ベキ級数　181
　——の項別微分　184

ベキ乗関数　60
ベクトル　6
　——の直交条件　14
　——のなす角　13
　——の平行条件　14
偏角　8
　——の主値　8
偏角の原理　167
ポテンシャル　228

マ 行

無限遠点　41, 137
　——における留数　142
無限乗積　195, 196
　——の一様収束　197
　——の広義一様収束　197
　——の収束　195
　——の絶対一様収束　197
　——の絶対収束　195
　——の発散　195
無理関数　50

ヤ 行

有理関数　38
有理形　138
有理形関数　138
有理整関数　138

ラ 行

力線　228
立体射影　42
留数　141
　——の計算法　143
　無限遠点における——　142
留数定理　142
領域　74
零点　136
　——の位数　136
連結　74
連結性の仮定　74
連続　67
連続関数　67, 68
連続関数列の収束　176

■岩波オンデマンドブックス■

複素関数論

|2003 年 5 月22日　第 1 刷発行
2008 年 7 月 3 日　第 2 刷発行
2015 年12月10日　オンデマンド版発行

著　者　森　正武　杉原正顯

発行者　岡本　厚

発行所　株式会社　岩波書店
　　　　〒101-8002 東京都千代田区一ツ橋2-5-5
　　　　電話案内 03-5210-4000
　　　　http://www.iwanami.co.jp/

印刷／製本・法令印刷

© Masatake Mori, Masaaki Sugihara 2015
ISBN 978-4-00-730331-9　Printed in Japan